U0279732

女性

滋补靓汤

大全

李青／编著

北京联合出版公司
Beijing United Publishing Co.,Ltd.

图书在版编目（CIP）数据

女性滋补靓汤大全 / 李青编著 . — 北京：北京联合出版公司，2015.10
（2024.7 重印）

ISBN 978-7-5502-6424-3

Ⅰ . ①女… Ⅱ . ①李… Ⅲ . ①女性 – 保健 – 汤菜 – 菜谱 Ⅳ . ① TS972.122

中国版本图书馆 CIP 数据核字（2015）第 244249 号

女性滋补靓汤大全

编　著：李　青
责任编辑：肖　桓
封面设计：韩　立
内文排版：李丹丹　盛小云
图片摄影：赵佳赫

北京联合出版公司出版
（北京市西城区德外大街 83 号楼 9 层　100088）
三河市万龙印装有限公司印刷　新华书店经销
字数 450 千字　720 毫米 ×1020 毫米　1/16　27.5 印张
2015 年 10 月第 1 版　2024 年 7 月第 2 次印刷
ISBN 978-7-5502-6424-3
定价：88.00 元

前言

PREFACE

　　汤汤水水最养人。喝汤是中国人自古延续至今的饮食传统，也是公认的最好的滋补养生方式。一缕醇香、一种味道，演绎着传统与现代的生活方式。常喝汤的女人，笑容可掬，风姿绰约，赏心悦目；爱喝汤的女人，个性鲜明，丽质天成，秀外慧中。一碗靓汤，或养颜美容，或轻盈体态，或舒缓压力，或防病强身，都能带给女性朋友美妙的享受。

　　汤润人，女人是水做的，所以女人爱喝汤；喝汤滋养了女人的身，也滋养了女人的心。靓汤不仅是人类的滋补品，更是女性的"美容品"。汤是由新鲜蔬菜、肉类、中药材等慢慢煮制而成的，食物中的各种营养物质在烫煲中经过慢熬细炖，慢慢发生化学反应，使其中的营养物质源源不断地从食物中释放到汤中，所以汤中的营养成分更容易被人体吸收，而且不易流失，在人体内的利用率也高。对于女性朋友而言，靓汤不仅味道鲜美可口，而且营养也十分丰富。如鲫鱼汤可以通乳，墨鱼汤能够补血，鸽肉汤则利于伤口的收敛，黑木耳汤可以明目，银耳汤可以补阴等。早餐喝汤，可以润肠养胃，迅速补充夜间代谢掉的水分，促进废物排泄；饭前喝汤，可以增加饱腹感，从而减少食物的摄取量，达到瘦身减肥的效果；春秋季节喝汤，可以驱赶寒冷，增强机体免疫力。现代女性每天都在钢筋水泥的都市森林里来来往往，忙碌紧张的生活会带来无法排解的忧虑和压力，甚至给身心造成负担。失眠、便秘、皮肤粗糙暗沉，这些给爱美的女性带来了许多困扰。求助于药物解决，可能会带来副作用或依赖，一煲好汤更能让女人容光焕发，神清气爽。女性经常饮用可以促进新陈代谢、排出毒素、改善体质、提高机体免疫力，具有美容养颜、保健养生的功效。不同的食材、药材巧妙地搭配在一起煲汤饮用，能使女性面色红润、身姿轻盈，还能调理脏腑、养气血，甚至能缓解女性各种特殊时期的不适症状，以及防治困扰女性的妇科疾病。女性朋友根据自身的体质，选择合适的食材，就可以煲出来鲜美的浓汤，在享受美味的同时轻松达到保健养生的目的，由内而外散发美丽的光芒。

　　经常喝汤，益处多多。一碗看似平常的汤，饱含着养生保健的大学问。可是煲汤不只是食材加水那么简单，也不只是饭菜里多余的汤汁，有很多细节的讲究，掌握这些细节才能事半功倍，熬出好汤。本书立足于食材，从食材的特性出发，并根据营养的搭配，教女性朋友们煲一锅鲜美的汤饮。从靓汤本身的功效出发，我们将汤饮细分为调气补血、美容纤体、四季滋补、女性特殊期及预防妇科病五个部分，每道汤品都将蔬菜、肉类、水产等食材和调料、药材巧妙搭配，材料、调料、做法面面俱到，语言通俗易懂，分步详解的烹饪步骤清晰明了，同时结合精美精美的分步图片和成品图，女性朋友可以一目了然地了解汤品的制作方法，即使没有任何经验，也能做得有模有样，有滋有味。不管你出于何种目的，相信你一定能在其中找到适合自己的靓汤，饮出健康和美丽。

一煲好汤能满足女性朋友的健康需要，把美丽的容颜、良好的睡眠、健康的身体、愉快的心情带给女人，让女人一生幸福、健康、快乐！

目录

C O N T E N T S

第3章
美容纤体，让女人窈窕妩媚

去除皱纹

提亮肤色

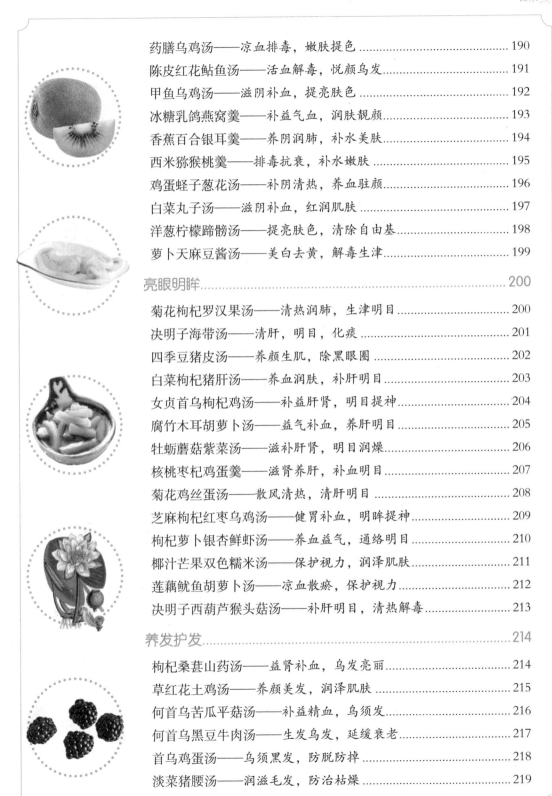

消脂瘦身 230

丰胸塑形 244

第4章
顺时滋补，女人才能健康美丽

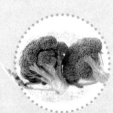

夏季消暑，生津祛毒 288

秋季除燥，清心润肺 304

第5章
靓汤相伴，女性特殊期不用愁

产妇滋补汤 344

更年期调理汤 358

第6章
汤饮对抗妇科病，轻轻松松做女人

带下病 …………………………………………………… 398

子宫肌瘤 ………………………………………………… 409

第1章

滋补靓汤煲出女性健康

经过精心煲煮的汤品具有很好的滋补功效，这是因为汤品中含有丰富的营养成分，可以有效补充身体中所需的蛋白质、维生素、钙等多种营养物质。汤品一般是采用文火慢炖的方式煲出来的，在这一过程中，食材中的营养成分慢慢融入水中，汤也就具有了多种的滋补功效。女性经常饮用汤品，不仅可以适当补充身体中所需的水分，还可以调气补血、滋养脏腑，维系身体内部环境的稳定，减少各种病症的发生，让身体更加健康。

掌握煲美味汤技巧

什么是靓汤

　　汤，是人们所吃的各种食物中最富营养、最易消化的品种之一。许多女性把汤视为美容的佳品，靓汤成为她们生活中必不可少的一部分。

　　靓汤，从狭义的角度讲，主要指广东的一种煲汤方法。因其汤中含有多种维生素和微量元素，如钾、钠、钙、磷、镁等，能够补充人体中所需的多种营养物质，保持人体的活力与健康。一年之中，广东有 3/4 的时间处于炎热而潮湿的天气之中，身体中的水分流失得较多，为了适应这种生活环境，广州人都喜欢在进餐前先喝汤，以及时补充身体中的水分。家庭主妇也因此将自己对子女和亲人的爱倾注于一锅靓汤之中。

　　从广义的角度来讲，靓汤一般是指以水为传热介质，对各种烹饪原料经过煮、熬、炖、汆、蒸等加工工艺烹调而成的汁多的、有滋有味的饮品。这种靓汤经常选用一些具有互补功能的食材，将其一同放入锅中，经过细煮慢炖，煲出味道鲜美的汤饮。值得一提的是，食材中的营养成分经过充分的熬煮，充分溶入汤汁中，增加了汤汁的营养价值，人们进而可以通过饮用此类汁汤补充身体中所需的营养成分。

　　煲汤所用的材料比较广泛，通常包括动物性食物，如肉、骨、鱼、龟等；植物性食物，如胡萝卜、荸荠、菠菜、白菜等蔬菜。动物性食物中的主要营养成分有蛋白质、脂肪、维生素、矿物质等，这些营养成分可以保持人体活力，让机体保持正常的活动。植物性食物中的主要营养成分是膳食纤维、水溶性维生素和矿物质等，其能调节肠胃的运行，让身体更加健康。

　　汤饮因选用不同的食材，其营养成分也不尽相同，所以选择饮用何种汤品，要根据自己身体的实际情况，补充所需的营养成分，进而达到预期的补益效果。如红酒木瓜靓汤中含有丰富的番茄红素、胶原蛋白肽等微量元素，可以在丰胸的同时为身体提供能量，促进身体新陈代谢，并及时将身体中多余的脂肪、毒素等排出体外，达到改善体形和美化身体曲线的目的。

　　只要选对了食材，汤品就不再是填补饥饿的简单饭菜，更是美味的营养佳肴。靓汤需要你的倾心准备，它定会回馈给你美的生活。

喝汤有益健康

汤是用新鲜味美、营养丰富的原料加水炖煮，取其精华而制成的饮品。汤的保健作用因食材的选择而异，如黄瓜和瘦肉搭配，对于治疗咽炎有特殊的食疗效果；粉葛与红豆煮汤，可以消除夏季的闷热。

民间有一种说法，即喝汤有益身体健康。无论是在家庭中举办的餐宴，还是在酒店举办宴会，餐桌上都少不了一款汤饮。通常情况下，北方人喜欢饭后食用汤饮，南方人喜欢饭前食用汤饮，不管哪种生活方式，汤都不会离开人们的生活。"宁可食无肉，不可饭无汤"，很多人都认为吃饭若是不喝汤，就称不上一顿真正的饭，而且吃着也不舒服。有些人甚至以喝汤来代替吃晚饭。

喝汤有益身体健康，不仅是民间的一种认识，也得到了科学的解释。因为各种汤饮所选用的原料，如鱼、肉、骨头、蔬菜等都含有极高的营养价值，用这些食材熬煮出来的汤富含大量的营养成分，如其中含有大量的蛋白质、无机盐和维生素。再加上一些烹调佐料，不仅可提升汤饮的味道，还能增强汤饮的营养。如番茄酱不仅能提升汤饮的鲜味，还能够刺激胃液的分泌，有助于消化吸收，使得营养得到充分的吸收利用。另外，用动物肉煮出来的高汤中含有丰富的蛋白质、胶原蛋白等营养成分，将这些高汤加入到汤煲中熬煮汤汁，可以使汤更具有鲜味和营养。汤越鲜越浓，就越能促使胃腺分泌，可使身体消化更多的食材。

此外，饭前一碗汤，可以刺激食欲，促进消化。饭前食用汤饮能够润滑肠道，再食用其他饭菜，可以缓解肠胃的负担，有利于身体健康。饭前喝汤还可提前感受到一种饱腹感，大脑接受到这一信息，反馈到口腔，可以防止食用过多的食物，避免摄入过多的脂肪造成肥胖。所以说，喝汤不仅能补充足够的营养，还能有效防止肥胖症的发生。

喝汤有益健康，也是一种生活态度。大家已经知道汤的营养价值，殊不知，汤中也饱含着一种生活态度。喝汤时，暖暖的汤饮顺着食道进入身体中，可以让身体感受到沁人心脾的温暖，尤其是在冬季可以帮助我们驱除冬日的寒冷。从这一层面讲，喝汤喝的不仅是一份健康，也是一份生活感受。

喝汤的注意事项

靓汤中的营养成分大家有目共睹，如何才能让汤饮中的营养成分被身体充分吸收呢？要做到这一点，就要掌握一些喝汤的要领，防止造成营养成分的流失。为了使喝汤真正达到补益的效果，大家需要注意喝汤的一些具体细节，让汤饮的补益效果彻底显现出来，并达到良好的效果。我们为大家列举了一些喝汤的注意事项，希望大家可以学到更多的煲汤知识，让喝汤成为一种健康的生活方式。

1. 具有食疗作用的汤要常喝才能起作用，只是偶尔进补不会起到滋补的作用，只能称为尝鲜。一般情况下，每周 2～3 次为宜。

2. 感冒的时候不适合选汤品进补，滋补性非常强的西洋参也最好不要服用，如果服用，可能会加重感冒的症状。

3. 喝什么样的汤要根据个人的身体状况选择汤料，如果身体火气旺盛，可以选择用绿豆、海带、冬瓜、莲子等具有清火、滋润作用的食材，如果身体寒气过盛，就应选择以参类为主的汤料。

4. 女性月经前适合喝性温和的汤，不要喝大补的汤，以免补得过火而导致经血过多。

5. 体胖者适合在餐前喝一碗蔬菜汤，既可满足食欲，又有利减肥。体型瘦弱者多喝含高糖、高蛋白的汤可增强体质。

6. 晨起最适合喝肉汤，因肉汤中含有丰富的蛋白质和脂肪，在体内消化可维持 3～5 小时，避免人们一般在上午 10～12 点这个时段易产生饥饿和低血糖现象。

7. 小火慢煲汤时，中途不能打开锅盖，也不能加水，因为正加热的肉类遇冷会收缩，使得蛋白质不易溶解，汤便失去了原有的鲜香味，影响汤品的口感。

8. 用鸡、鸭、排骨等肉类煲汤时，最好先将肉在开水中焯烫一下，这样不仅可以除去血水，还能去除一部分的脂肪，避免汤品过于油腻。

9. 煲鱼汤的技巧是先用油把鱼两面煎一下，使鱼皮定结，否则煲汤的过程中，鱼容易碎烂，此外，这样煲出来的汤也不会有鱼腥味。

10. 煲汤时忌过多地放入葱、姜、料酒等调料，以免影响汤汁的原汁原味。

11. 汤中的营养物质主要是氨基酸类，加热时间过长，会产生新的物质，营养反而被破坏，一般鱼汤 1 小时左右，鸡汤、排骨汤 3 小时左右，所以煲汤的时间并非越久越好。

12. 煲汤器具以选择质地细腻的砂锅为宜，内壁洁白的陶锅也非常好。新买的砂锅第一次要先用来煮粥，或是锅底抹油放置一天后再洗净，煮一次水。新锅完成开锅手续再用来煲汤。

汤的种类

汤的种类多种多样，既可以从食材的角度划分，也能根据汤的风味类型差别划分。前者可分为菌藻类、蔬菜类、畜肉类、禽肉类、水产类、豆制品类等；后者则可分为老成型、闺秀型、清艳型、风味型和高枝型。

首先，我们先了解从食材角度进行划分的种类。

顾名思义，菌藻类汤中含有的主要食材有香菇、草菇、海带、木耳等菌类食材。这类汤含有丰富的矿物质、维生素和一些微量元素，具有

良好的抗癌和预防流感的作用，对提高人体免疫力也具有一定的帮助作用。蔬菜类汤饮中主要含有冬瓜、萝卜、莲藕、山药、菠菜等蔬菜。此汤饮中含有丰富的维生素、纤维素等营养成分，可以润肠通便，排出身体中的毒素，并能让肌肤水润富有弹性。畜肉类汤品则主要以牛肉、羊肉、排骨、猪蹄等为主要食材，其可以提供人体丰富的蛋白质、脂肪等，具有保暖养胃的功效。禽肉类汤品主要以鸡肉、鸭肉、鹌鹑、乳鸽等为食材，此类汤品的补益效果比较大。水产类汤品中主要含有鲫鱼、虾肉、贝肉、海米等食材。豆制品类中含有豆腐、豆芽、豆泡、豆皮等食材。

其次，我们再了解一下风味类型的汤品。

老成汤以广东的"老火汤"为代表，这类汤是集汤味、药味、火候味"三味"为一炉的老火靓汤。闺秀型汤以江西、湖北的煨汤为代表，这种汤讲求热量的传递，密封不溢，它的汤味浓郁醇和。清艳型汤则以质嫩味美，胶质浓厚，鱼丸软滑鲜美。风味型汤必备材料有笋丝、猪红丝、豆腐丝、冬菇丝和肉丝，汤用鸡汤，最后可用米醋带出酸味。高枝型汤主要是以各种高汤为主要的原味汤，其汤品的味道较为鲜香，如用鸡汤为原料的高汤，具有浓厚的鸡汁味，所以用其熬出来的汤也十分鲜香。

当然，除了上述的两种主要分法，还有其他很多划分方法，这里不一一赘述，但万变不离其宗，即汤离不开水和食材。

煲汤选料与用水

煲汤具有一定的讲究，最重要的是选料和用水的讲究。大家都知道煲汤主要煲其中的营养，而汤中的营养主要靠食材来获得，所以选料成为煲汤中的重要步骤。比如，选料时要选择

哪些食材，选择哪些富含营养的食材。此外，汤煲的好坏也要看水的选择，这里的选择主要是水量多少的选择，因为水量的大小直接决定了煲汤的时间，并最终导致了汤品质量的好坏。

选料

选料是煲汤的关键。总体上来说，要熬好汤，必须选择鲜味十足、异味小、新鲜的原料。

购买原料时，要选用鲜味浓厚的动植物原料，一般而言，动物性原料鲜味更加十足，如鸡肉中含有浓厚的鲜味，并且其中含有丰富的蛋白质、脂肪、糖类、维生素等营养成分，用其煲汤，自然可以使煲出来的汤汁中含有大量的营养成分，喝汤也能喝进健康。

值得注意的是，煲鲜汤时最好选择低脂食物作为食材，这样可以防止煲出来的汤成为高脂肪、高热量的汤汁，如做高汤时，要尽量少选择肥鸭等食材。即使选择此类原料，也要在煲汤前将其中多余的油脂撇去。瘦肉、鲜鱼、虾米、萝卜、番茄、黄瓜、冬瓜等都是非常好的低脂肪原料，大家在煲汤时可以多选择此类汤料。

煲汤时原料要足够的新鲜，这里所说的新鲜是指鱼或禽类等食材杀死后 3 ~ 5 小时为食材的新鲜期。因为，此时其中的各种酶使蛋白质、脂肪等分解为氨基酸、脂肪酸等人体易于吸收的物质。这时熬煲出来的汤不仅新鲜，味道也十分鲜美。

用水

煲汤时水的配比非常重要，因为水量的大小会影响汤汁的味道。一般而言，水量是食材的 3 倍，并且最好食材与冷水一同受热，这样可以保证食材的原汁原味，煲汤时一定要将水一次性加足，切忌中途向锅中加水。

煲汤时应该用冷水。如果一开始向锅中注入热水，肉的表面突然遇到高温，外层蛋白质会马上凝固，因而使得里层的蛋白质不能充分溶解到汤汁中，不仅影响了汤汁的味道，还使其中的营养大打折扣，造成一定的浪费。

此外，煲汤时也不能先将盐放入汤汁中，因为盐具有一定的渗透作用，如果较早放入锅中，会吸出原料中的水分，使蛋白质凝固，致使汤汁不浓，味道不鲜。所以，煲汤时一定要注意冷水入锅，待汤料将熟时，加入盐等调味即可。

◈ 煲汤时间和火候 ◈

煲汤的时间和火候直接影响汤的味道，在这里我们要纠正大家一个认识误区，即"煲汤时间越久，汤汁的味道越好"。煲汤的时间越长，汤中的营养成分未必最多，汤也未必越好。因为如果煲汤的时间越长，就越容易破坏食材中的营养成分，使得汤汁中的营养成分随着蒸汽而大量流失，所以汤熬制的时间过于久反而会影响汤汁的营养。

此外，我们还需要注意火候的大小。通常情况下，煲汤要做到"大火烧沸，小火煨汤"。火候要以汤面的沸腾程度为准，不要大火急煮，要避免汤大滚大沸，因为这样容易造成汤中蛋白质等营养成分因剧烈运动，使汤变得浑浊。其他一些以滚煮方式为主的汤饮，则要根据食材的易熟程度先用大火烧沸，再用中火或小火煮熟，这样才能使汤中含有较多的营养成分，又能使汤鲜而可口。

下面我们选择四种常见汤饮，具体说明其煲汤时所需要注意的时间和火候。

1. 蔬菜水果汤

蔬菜水果汤一般以滚煮的方法为主，即煮沸即可。熬制此类汤饮时要避免由于长期加热造成营养成分的破坏，即主要破坏其中的维生素 C。因为维生素 C 容易被高温分解，如果煲汤时长时间加热则会使其分解，随水分而蒸发。另外，还要注意水面要没过蔬菜，以保持和空气之间的间隔，从而减少营养成分的流失。

2. 鱼汤

鱼肉一般较为细嫩，相比于其他肉类，鱼肉成熟的时间较短。所以煲鱼汤的最佳时间是1 小时左右，而且火候要用中小火煨煲。鱼汤中的营养成分主要来自氨基酸类，煲鱼汤时如果加热时间过长，会产生新的物质，反而破坏了鱼汤中的营养成分。

3. 排骨汤

排骨汤的煲汤时间一般在 1 ~ 2 小时，煲汤时如果超过了这个时间，汤汁中会出现较高的嘌呤，会造成尿酸在血液中沉积，影响身体健康。而且如果食用过量，轻则使人发胖，重则可能引起糖尿病等。

4. 老火靓汤

广东的老火靓汤一般要煲 2 小时以上，如果是用炖的方法，则需要 4 小时以上。其火候也是要等大火煮沸后改小火煨汤，这样煲出来的汤可以保持其原汁原味，味道鲜美。

总结各类不同的汤品，其煲汤的火候基本相同，即大火煮沸后要改用小火慢炖。可以说这是所有汤的类似之处，而时间的长短则需要根据食材而定，灵活运用。想要煲出一锅好汤还要亲身领悟其中的奥妙，一定要注意火候不可过大，否则会把汤汁熬干。

如何烹煮出一锅
色、香、味俱全的好汤

◁ 清汤的制作方法 ▷

普通清汤：选料为老母鸡，配一些瘦猪肉。方法是先将老母鸡和瘦肉放入沸水锅中汆烫，去掉浮沫后放入葱姜酒，改小火，保持汤面微开，翻碎小的水泡。要注意火候过大会煮成白色奶汤，火候过小则鲜香味不浓厚。

◁ 高汤的制作方法 ▷

高汤是煲汤必不可少的原料之一，一般的汤水都可以用高汤来代替，用高汤煲出来的鲜汤大多味道十足，即使做蔬菜汤，如果加入高汤也能使汤汁的味道鲜美而醇香。

高汤一般分为毛汤和奶汤。

毛汤

毛汤一般用于普通烹调，是连续滚煮，连续取用补水的。

其原料一般是猪皮（或者鸡骨、鸭骨、猪骨、碎骨等）。做法是先将猪皮清洗干净，切成小块，冷水煮滚后撇去浮沫，放入葱、姜或葱姜汁及料酒等调料，再转小火慢煮几小时即可。

奶汤

奶汤一般选用猪蹄、猪骨、猪肘、猪肚、鸡骨、鸭骨等，可以让汤汁泛白的原料。做法是先将猪蹄洗净切块，再用沸水氽烫，放入冷水用大火煮开，撇去浮沫，再放入葱、姜、料酒等调料，用小火慢煮至汤稠，汤汁呈乳白色即可。

白汤的制作方法

　　白汤，从字面的意思讲就是煮白肉的汤，或者是不加佐料的汤。

　　做法是取适量猪肉或猪蹄切块，氽烫后放入冷水锅中，煮沸后转小火炖煮 1 小时左右。

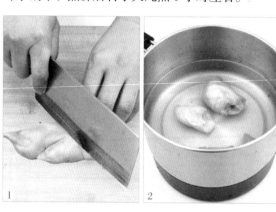

牛骨汤的制作方法

　　牛骨汤以牛骨为主要食材，熬制的浓汤含有丰富的钙质、蛋白质，具有强筋壮骨的功效。具体做法是：将牛骨洗净后斩块，放入沸水，氽去血水。将氽过水的牛骨放入汤锅中，加入少许姜片、葱段，大火煮沸后，转小火煲煮 4 ~ 5 小时。待煮至汤汁乳白时，将汤汁过滤，即可作为各式汤品之底汤。

素汤的制作方法

　　素汤即选用胡萝卜、黄豆芽等素菜熬煮成的汤汁。

　　其做法是选用竹笋、胡萝卜、黄豆芽、香菇等，将竹笋切成小块，豆芽洗净，香菇洗净切块，把材料放入冷水锅中煮沸，再转小火炖煮成汤汁。

菌汤的制作方法

菌汤是以各种菌类食材为主要原料的汤底，味道鲜美，营养丰富，食用不仅可以暖身，还能保养容颜。菌汤极易制作，适用于各种汤品。

做法是先将菌类放入水中泡发，再分别择洗干净。然后锅中加入适量清水，放入处理好的各种菌类，大火煮沸，再转小火煮制 2 ~ 3 小时，煮至汤汁变色，然后将煮好的汤过滤即可。

鱼汤的制作方法

　　鱼的营养十分丰富，食疗功效不可小视，而且不同种类的鱼保健功能也不尽相同，所以常常成为诸多靓汤的主料。

　　鱼汤的制作方法很简单，将新鲜的鱼收拾干净，片下鱼肉，切成片。锅中加入适量清水，煮沸后放入鱼片。再次煮沸后撇去汤中浮沫，过滤即可。

煲汤的调料

　　汤具有特殊的味道，主要是因为其所选用的调料，选用不同的调料就会具有不同的味道。例如，加入中药材的汤中有明显的草药味，或者一些本身具有味道的蔬菜在煲汤时也可不用放入调料进行调味，就能让汤品具有特殊的口味，如用佛手瓜、莲藕等。调料是调味的关键所在，正确使用调料，能使汤的味道浓淡适中，汤味鲜香。

调料名称	图片	功用
料酒		具有去腥、提鲜的功用，并可以使部分油脂被溶解。
辣椒油		在汤饮中主要起到增色、提香的作用，能增加食欲。
姜汁		可以调和百味，去腥起香，能去除肉类食材的腥味。

调料名称	图片	功用
鸡精		可以去腥、提鲜，增加汤饮的香味。
椰浆		具有美白滋润、润肤养颜的功效，并能增加汤饮的鲜味。
芝麻油		能够提升汤汁的香气和口感，令汤饮含有芝麻的清香。
蚝油		口味咸鲜香甜，具有提鲜作用。
米露		香郁可口，能增加汤品的香味。

◈ 汤品的味道 ◈

　　根据汤品的的最终味道，我们一般将汤分为咸鲜味、鲜辣味、酸辣味、甜酸味等不同的种类。这些汤的口味之所以不同主要是由于其所选用的调料不尽相同，如选择含有辣椒的调料，煲出来的汤具有一定的辣味，河南、安徽等地的胡辣汤就是其中的代表。如果选用含有酸味的调料，如番茄，做出来的汤就会呈现出酸的口感。选用不同调料就会呈现出不同的味道，下面我们分别介绍下不同汤品所选用的调料。

汤品	图片	主要调料
香辣汤		醋、红辣椒、胡椒粉、盐、香油、葱、姜等调料。
咸鲜汤		酱油、料酒、鸡精、盐等调料。
甜酸汤		番茄沙司、白糖、醋、柠檬汁、盐、料酒、葱、姜等调料。
麻辣汤		麻椒、干辣椒、辣酱、熟芝麻、料酒、盐等调料。

汤品	图片	主要调料
酱香汤		豆豉、盐、鸡精、葱油、姜末、蒜末、胡椒粉等调料。
咖喱汤		姜黄粉、芫荽、肉豆蔻、丁香、月桂叶、姜末、盐、料酒等调料。
葱椒汤		洋葱、大葱、红辣椒末、盐、鸡精、料酒等调料。
酸辣汤		醋、红辣椒、胡椒粉、盐、香油、葱姜等调料。

◆ 煲汤器具的选择 ◆

　　煲汤当然要有必须的器具，选择必要的器具是煲好汤的前提。在家中煲汤，最好能使用颜色较深且保温效果好的瓦煲，或是容量比较大的砂锅。这些专门用于煲汤的器具一般通气性和吸附性比较好，传热均匀，散热也比较缓慢，可均衡持久地把外界热能传递给内部原料，有利于水分子和食材的相互渗透。当然，除了砂锅等专门用于煲汤的器具外，还有一些其他的器具能够煲汤，这里我们简单介绍几种器具，让大家清楚这些器具的功效，在煲汤时多一份选择。

器具	图片	用途
砂锅		需要小火慢炖，保温性能比较好，做出来的汤非常美味。
不锈钢锅		具有不生锈的特性，传热性好，煲汤性能好。
电饭煲		方便快捷，具有自动化的效果，加入食材、调料，设置时间即可。

　　除了以上几种器具，还有几种也十分适合用来煲汤，比如瓦罐，其用途是：用气进行热量传导，久煨而不沸，而且也不伤害食材，可使原料保持鲜味，营养成分可充分溶解于汤中。还有高压锅，具体用途为：可以大大缩短煲汤的时间，能迅速将汤品煮好，既能节约能源，也适合煲不易煮烂的食材。还有一个就是焖烧锅，这种锅煲出来的汤既可以节省煤气等，也可以保留食物中的营养成分。

靓汤养生的一些细节

煲汤、炖汤、滚汤的利弊

汤的做法一般分为煲汤、炖汤和滚汤三种，其制作方法决定其各自的特性，总体上说，三种做汤的方法各有利弊，下面分别介绍各个汤种的优劣，以方便大家选择合适的方法做汤。

煲汤：一般用砂锅，待砂锅中的食材煮沸后，用小火煲2小时左右即可。用这种方法煲汤会使一些氨基酸和核苷酸溶于水，可使汤呈现出鲜甜的味道，从而提高食欲。但因其煲汤时间长，会造成营养素的流失，而且会使肉中的蛋白质过度变硬，导致口感不佳。

炖汤：一般将食材和药材隔水猛火炖，通常要炖3小时以上。其好处是密封性较好，香味比较鲜淳。但炖汤所需的时间通常比老火汤时间更长，会造成营养成分的流失。

滚汤：通常将水烧沸后，放入食材，只要将食材煮熟即可。这种方法快捷便利、低碳节能，而且其营养素丢失的比较少，在营养的摄入上比较全面。但滚汤的味道没有老汤、炖汤的味道鲜甜，需要用鸡精等调料进行调味，做汤的原料也会受到一定的限制。

喝汤的时间

女性想通过喝汤喝出健康和美丽，就一定要掌握正确的喝汤时间。俗话说，"饭前喝汤，苗条健康；饭后喝汤，越喝越胖"，这是有一定道理的，因为饭前喝汤可以将口腔和食道润滑一下，能够防止干硬食物刺激消化道黏膜，进而可以促进食物的消化和吸收。

值得注意的是，饭前喝汤可以使胃内的食物充分贴近胃壁，增强饱腹感，从而抑制神经中枢，降低人的食欲，防止肥胖症的发生。但如果是饭后喝汤，则容易导致身体内的营养过剩，造成肥胖。此外，最后喝汤会把原来已被消化混合得很好的食物稀释，影响食物的消化吸收。

有几点需要大家注意：小孩的胃容量比较小，喝汤以后不容易吃下饭，所以小孩可以先吃完适量的饭再喝汤；胃口不好的人要先喝少量的汤来刺激食欲，这样可以吃下较多的饭；想减肥的女性朋友在饭前喝一两碗汤可以适当减少其他食物的摄取量，达到一定的减肥效果。

喝汤的误区

汤是滋补身体的重要渠道之一，但想要滋补身体，达到强身健体的效果，还要注意季节、性别、年龄、体质特征的不同，从而选择不同的汤品。此外，在日常生活中，人们对喝汤还存在着一些认识误区，如喝刚熬煮出来的汤，在此，我们需要纠正一些大家的认识误区。还需要注意喝汤的一些误区。

不宜喝太烫的汤

喝汤时，一定要注意汤的温度不能过高，一般要选择喝50℃以下的汤。有的人喜欢喝滚烫的汤，然而喝温度过高的汤对人体有害而无利。研究表明，人的口腔、食道、胃黏膜最高可承受的温度为60℃，超过这个温度就会损害胃黏膜。即使人体有自我修复的功能，但反复喝如此高温的汤饮，也会造成消化道黏膜的恶变。

少喝单汤

每种食物都含有其特有的营养成分，如果总是食用单一食材熬煮成的汤，则容易造成某些营养成分的缺失。即使是浓汤也会缺少人体中所需的某些矿物质和维生素等。所以，在熬汤时，我们提倡大家肉类和蔬菜混合，这样熬煮成的汤汁，不仅保证了其中营养成分的均衡，也可以使汤的味道更加鲜美。

不宜快速喝汤

吃饭时间长，可以充分享受食物的味道，也能提前产生饱腹感，防止肥胖症的发生。喝汤也不例外。喝汤时，慢慢喝汤可以给食物消化吸收留出充足的时间，而快速喝汤，则会使人体摄入过量的营养元素。

鱼汤不是人人皆宜

鱼汤中含有丰富的无机盐，其中的钾、钠、钙、磷等营养成分含量极高，其中的碘也是人们摄取的主要来源，所以鱼汤中的营养价值很高，吃一顿鱼，就可得到每日所需的维生素、烟酸等营养成分，这些营养成分对于保障人体的新陈代谢具有重要的意义。当然，鱼汤也具有相同的功效。

值得一说的是，鱼汤特别适合因神经紧张和压力过大而难以入眠的脑力劳动者食用，睡觉前喝一碗鱼汤不但可以补充钙质，也能提高睡眠的质量。

但是，虽然鱼汤的价值很高，也不是所有人都适宜。例如痛风病患者不适宜饮用鱼汤。因为鱼类中含有嘌呤等物质，尤其是用鱼熬煮出来的鱼汤含有较多的此类物质，而痛风病患者摄入过多的此类物质会导致代谢紊乱，使病情加重，所以患有此类病症的患者不能食用过多的鱼汤。此外，高血压、高血脂、高血糖患者和老年人经常食用鱼汤也会造成身体的不适，因为鱼汤中也有一定的脂肪，经常食用会导致其营养成分的堆积，导致病情加重。所以，鱼汤并不是人人皆宜，还要注意个人的体质。

鸡汤的宜与忌

鸡汤营养丰富，美味爽口。鸡汤中含有的营养物质是从鸡油、鸡肉和鸡骨中溶解出来的少量水溶性小分子蛋白质、脂肪和无机盐等。经研究表明，鸡汤不仅具有滋补的作用，还能提高人体的免疫力，预防疾病的发生。如果患有轻微感冒，喝适量的鸡汤可以缓解病情，主要是因为鸡汤能够帮助抑制人体内的炎症以及黏液的过量产生。但喝鸡汤也不是万能的，喝汤时还需注意一些细节的问题。

高血压患者忌喝过量鸡汤

饮用过量鸡汤会增加人体内的胆固醇，还能使血压升高。经常喝鸡汤，除引起动脉硬化外，还会使血压持续升高，诱发其他疾病。因此，患有高血压的病者不宜过量饮用鸡汤，以免进一步加重病情，对身体造成伤害。

中老年人忌喝鸡汤

中老年人、体弱多病者和处于恢复期的患者不宜喝鸡汤。因为鸡汤中胆固醇的含量很高，中老年人、肾功能较差者、胃酸过多者食用鸡汤可能会增加病情，得不偿失。

煲汤时要求的新鲜原料是指什么

现在所说的鲜，并不是传统的"肉吃鲜杀，鱼吃跳"的时鲜，是指鱼、畜、禽杀死后3～5小时食用，此时的鱼、畜或禽肉中的各种酶可使蛋白质、脂肪等分解为人体易于吸收的氨基酸、脂肪酸，煲出来的汤味道也非常好。

如何煲出饭店里奶样稠滑的靓汤

油与水充分混合才能煲出奶白色的汤汁。煲肉汤时要先用大火烧开，然后转小火再改大火。煲鱼汤时要先用油煎透，然后加入沸水，用大火煮开。还要注意水要一次加足，如果中途加水，就不会煲出奶白色的靓汤。

煲汤时如何加调料

大多数人认为煲汤需要加香料，如葱、姜、花椒、八角、味精等调料，事实上，喝汤讲究原汁原味，这些香料可以不用放。如果需要，加点姜片即可，最后加适量盐。因为盐能使蛋白质凝固，有碍鲜味的扩散，所以需要最后加入。

汤咸了如何让汤变淡

煲出来的汤如果变咸了，只要把面粉或大米缝在小布袋里，放进汤中一起煮，盐分就会被吸收进去，汤自然就变淡了。此外，也可以将洗净的生土豆放入锅中，煮5分钟，这样汤也能变淡。

煲汤时如何注意原材料的搭配

许多食物已有固定的搭配模式，使营养素起到互补作用，即餐桌上的黄金搭配。如海带炖肉汤，酸性食品肉与碱性食品海带起到组合效应，这在日本的长寿地区是很风行的长寿食品。为使汤的口味纯正，一般不用多种动物食品同煲。

家庭做汤常用的中药材有哪些

煲汤离不开食材，也离不开一些中药材，因为中药材中含有特殊的成分可以防治一些疾病。煲汤时，如果我们用上一些中药材，不仅增加汤品的营养价值，还可预防身体中的一些疾病。如汤品中加入一些黄芪，就能预防身体乏力等状况，让人充满活力。下面我们介绍一些常见的中药材，大家在煲汤时可以根据具体情况适当加入。

名称		功能与主治	食用功效
淮山		补脾养胃、生津益肺、补肾涩精。	保持人的精神旺盛，增强疾病抵抗力，预防肥胖症、动脉硬化等。
三七		散瘀止血、消肿定痛。	能益气养血，治疗崩漏、产后虚弱，有滋养强壮的作用。
枸杞		滋补肝肾、益精明目。	用于虚劳精亏、腰膝酸痛、眩晕耳鸣、血虚萎黄等症状。

名称		功能与主治	食用功效
黄芪		补气固表、利尿脱毒。	用于气虚乏力、食少便溏、中气下陷、便血崩漏等症。
山楂		消食健胃、行气散瘀。	用于肉食积滞、胃脘胀满、泻痢腹痛、淤血经闭等症状。
当归		补血活血、调经止痛、润肠通便。	用于血虚萎黄、眩晕心悸、月经不调、虚寒腹痛等症状。
天麻		平肝息风、祛风止痛。	可治疗血瘀、肝风内动引起的头痛、眩晕，以及风痰引起的眩晕、偏头痛等。
南沙参		养阴清肺、化痰益气。	用于肺热燥咳、阴虚劳咳、气阴不足、烦热口干等症状。
北沙参		养阴清肺、益胃生津。	用于肺热燥咳、劳咳痰血、热病津伤口渴等症状。
石斛		养阴生津、增强体质。	可以明亮眼目、延年益寿，抑制肿瘤的发生。
玉竹		滋阴润肺、养胃生津。	用于燥咳、劳咳、内热消渴、阴虚外感、头晕眩晕等症状。
陈皮		促进消化，通肺健脾。	调中带滞、顺气消痰、宣通五脏。
桂圆		补益心脾、养血安神。	用于气血不足、健忘失眠、血虚萎黄等症状。
百合		滋阴润肺、清心安神。	用于阴虚久咳、痰中带血、虚烦惊悸、失眠多梦、精神恍惚等症状。
红豆		健脾利湿、散血解毒。	用于水肿、脚气、产后缺乳、腹泻等症状。

女性汤饮调理注意事项

女性要辨清体质喝对汤

每个人的身体状况都不尽相同，所以，女性要想通过汤饮来喝出好肤色，就要先辨别自己的体质。下面我们就为想通过饮食调理来达到美肤作用的女性朋友们介绍一种较为简单且全面的中医辨别体质的方法，进而根据体质来喝汤，以达到滋补身体的效果。

正常体质

肤色润泽，唇色红润，精力充沛，饮食睡眠良好，大小便正常，舌淡红，脉和缓者属于正常体质。一般来讲，不需要进补，或进补缓和的平补之品便可。

阴寒体质

平时肢冷无汗，喜暖怕凉，常出现腹痛、关节酸痛等现象，口淡不渴，溲清长，舌淡苔白，脉紧或沉迟，这些属于阴寒体质的特征。这类人应该多食温热的食物，如羊肉、生姜、桂皮等。所以，喝汤时最好选择含有温性食材的汤料。

阴虚体质

属虚热体质。形体多消瘦，心烦颧红，手足心热，午后尤甚，口燥咽干，目干涩，眩晕耳鸣，睡眠差，便干燥，舌红苔少而干，脉细数。这类人宜养阴补虚，甘寒退热，可食用百合、枸杞、麦冬、海参、西洋参等。

阳虚体质

属虚寒体质。四肢多不温，怕凉喜暖，神疲，喜吃热食，睡眠偏多，便溏，尿清长，舌体胖嫩边有齿痕，苔润，脉沉迟而弱。此类人群通常耐夏不耐冬，宜用温阳补虚之品。

阳热体质

属实热类型。面色多红赤，怕热喜冷，烦渴多汗，喜冷食，得病易发高热，尿黄，舌红苔黄，脉数有

力。这类人宜食苦味清热的食物或饮料，如苦瓜、苦丁茶、莲子心等。

气虚体质

属虚的体质。面白少华，气短懒言，易出汗，食少，容易出现疲乏，舌淡红，舌体胖大，脉虚缓。这类体质者宜食含有山药、莲子、太子参、黄芪、黄精等的汤品。

血虚体质

此类体质者面色萎黄或淡白，唇甲无华，头晕眼花，心悸怔忡，健忘，或肢体麻木，舌淡脉弱。宜补气生血，适合用当归、熟地、龙眼肉等。

瘀血体质

面色多晦暗，口唇暗淡或紫，眼眶黧黑，肌肤的痛处固定不移，舌体黯紫有瘀点，脉细涩或脉率不齐。所以选用汤料时宜选用能活血化瘀的食材，如山楂、桃仁等。

痰湿体质

体胖腹大，面部皮肤油脂较多，汗多且粘，眼胞微浮，胸闷脘痞，身重发沉，困倦，喜食肥甘黏腻之物，便溏，舌胖大多齿痕，苔白腻，脉濡滑。适宜饮用含有薏苡仁、茯苓、赤小豆、冬瓜皮、荷叶、荷梗等食材的汤品。

湿热体质

此类体质者面垢油光，易生粉刺，身体沉重，容易出现困倦懈怠，大便黏滞不爽。容易患有痤疮、黄疸、淋症、火热等病症。此类人食疗时忌食辛辣刺激的食品。

气郁体质

此类人群神情郁闷，胸胁胀满，善叹息，或者乳房容易出现胀痛。此类群体适宜饮用含有行气食材的汤汁，如含有玫瑰花、佛手、萝卜等顺气之品。

有益女性健康的营养素及主要来源

"女人是水做的"，女性因其特殊的身体素质，在家庭、工作和生活中容易出现疲劳过度等现象，引起一系列的女性疾病。所以在日常饮食中，要选择具有高营养的食物，以保证身体的能量，延缓衰老，令肌肤更加滋润，富有光泽。

1. 补充足够的维生素，保持身体活力。

在抗衰老的过程中，维生素发挥着重要的作用。例如，维生素 C 是皮肤胶原蛋白合成的必要因子，维生素 A 是表皮细胞正常分化的关键因素，而 B 族维生素在新陈代谢中起着调节作用。此外，维生素 K 能预防骨质疏松，维生素 D 则有助于预防肥胖。而要想得到充足的维生素，就要注意合理的膳食搭配。要多吃一些水果、蔬菜等含有大量维生素的食材。

2. 补充足量的钙，保持挺拔的身姿。

女性比男性更容易受到骨质疏松的威胁，节食减肥也更容易造成体内钙的大量流失，因此在日常膳食中，要必须保证充足的钙。酸奶、牛奶和奶酪等是钙的最佳来源，其中不仅含有丰富的钙质，而且吸收率也高。其中最值得推荐的是酸奶，因为其中所含的活性乳酸菌能够调理肠道机能，改善营养吸收，提高人体免疫力，对预防衰老最为有益。此外，豆腐等豆制品也是钙的好来源，还能提供充足的植物蛋白。

3. 补充足量的铁和锌，保证红润的容颜。

青春的肌肤需要充足的氧气和养分供应，而血红蛋白中的铁对于运输氧气至关重要，如果发生贫血，则皮肤容易出现干枯，并且缺乏弹性。一些女性因为害怕肥胖不肯吃肉，又不注意补充植物性铁，发生贫血的风险很大。锌是细胞再生和修复所必须的营养素，缺乏锌会使皮肤创伤无法愈合，细胞更新速度减慢。如果不能每天吃到 100 克左右的瘦肉和鱼，则要保证每天吃一把坚果类食品，以补充铁和锌，同时还能增加维生素 E。

4. 补充膳食纤维，及时清除毒素和废物。

不溶性纤维能促进肠道蠕动，预防便秘，可溶性纤维能与脂肪和胆固醇结合，减少高血脂、脂肪肝的发生危险。此外，膳食纤维还是预防糖尿病发生的关键因素，因为它能提高饱腹感，预防血糖突然升高。多吃蔬菜和粗粮可以获得不溶性纤维，而可溶性纤维主要存在于海藻、蘑菇、豆类和某些水果中。

5. 补充蛋白质，及时修复身体组织。

如果一日当中没有鱼肉类，那么要吃些豆类、奶类和蛋类作为弥补，不能长时间以蔬菜水果充饥。此外，还应经常吃一些有益女性身体的传统保健食物，如乌鸡、甲鱼、红枣、小米、黑米、桂圆、枸杞、莲子、黑芝麻等。

不利于女性健康的 10 类食物

大家都喜爱美食，然而有些美食并不适合女性。有些食物中含有过多的脂肪等成分，食用过多会造成一定的身体不适，有的食物食用过量还会引起肥胖等。从科学的角度，我们挑选出 10 类不适宜女性食用的食物，其中包括大家常见的油炸类食品、罐头类食品、奶油制品和方便面等速食。在此我们为大家做简略的介绍，让大家在生活中注意这些食物，以防吃得过多而影响身体健康。

1. **油炸食品**：此类食品热量高，含有较多的油脂，多食容易导致肥胖。它也是引发高血脂和冠心病的危险食品，所以日常生活中不要多食此类食品。

2. **罐头类食品**：无论是水果罐头，还是肉类罐头，其中食材的营养素都遭到严重的破坏，特别是各类维生素几乎都被破坏殆尽，其营养价值都比较少，多食无益。

3. **烧烤类食品**：烧烤类食品中含有一定的致癌物质，食用过多会影响身体的健康。

4. **方便面**：属于高盐、高脂、低维生素、低矿物质的食物，并且其中还含有一定的人造脂肪，对心血管有相当大的负面影响。

5. **奶油制品**：奶油制品中含有较多的油脂等容易增胖的成分，常吃奶油类制品可导致体重的增加，甚至会出现血糖和血脂的升高等情况。

6. **肥肉和动物内脏类食物**：这些食物中含有大量的饱和脂肪酸和胆固醇，是导致心脏疾病的罪魁祸首，食用过多会造成身体的不适。

7. **加工的肉类食品**：火腿肠等加工食品中含有一定量的亚硝酸盐，它是强致癌物亚硝胺的前体物质，所以食用过多的此类物质会影响身体的健康。

8. **腌制食品**：此类食物中钠盐的含量超标，会造成进食者肾脏的负担，增加高血压的风险。另外，食品在腌制过程中会产生大量的致癌物质——亚硝胺，导致鼻咽癌等恶性肿瘤发病率的增加。

9. **果脯类食物**：这些食物含有亚硝酸、香精、防腐剂等添加剂，对人体的健康不利。

10. **冰激凌**：这类食品含有较多的奶油，容易导致肥胖，而且其糖分含量高，食用后会降低食欲。此外，其温度低，也容易刺激胃肠道。

女性四季滋补应顺天时

中医认为，不同节气变化可以引起身体的不同的反应。从气候的角度说，其一般表现为：春季神清气爽；夏季烦闷焦躁；秋季干燥烦闷；冬季其声沉静。这是四季变化最突出的特点。

女性为了保证自身皮肤和五脏的良好状态，无论气候怎样变化，都要保持身体健康，这就需要顺应季节的变化特点，制订不同的调养计划，合理膳食。汤饮多是由谷物、蔬菜、鱼肉、蛋奶等多种材料组成的，是人们所吃的各种食物中最富营养、最易消化的品种之一，并且可以休养生息。根据四季的变换，饮用不同"当时当季"的汤饮可以为女性朋友们的身体补充足够的营养。

春季是冬夏转换交替的季节，冷暖气流互相交争，时寒时暖。此时，人体内的阳气升发，肝气、肝火易随春气上升，而肝阳旺盛，易导致高血压、眩晕、肝炎等疾病。所以说，春季是养肝护肝的最好季节。女性在春季煲汤时，要选择一些具有补肝和通利肠胃作用的食材，如春笋、芹菜、菠菜、海带、鸡蛋、瘦猪肉、鲤鱼、山药、萝卜、黄瓜、荞麦、海蜇等。用这些食材煲出来的汤可以达到良好的补肝效果，并能防治春季各种疾病的发生。

夏季天气炎热，是人体新陈代谢最旺盛的时期。这时候人体抵抗外邪的能力比较强盛。此外，暑热偏盛，又汗多耗气伤津，使得脾胃功能减弱，所以，夏季饮食适宜选用清热解暑、益气生津、消暑利湿的食物，如菊花、绿豆、红豆、苦瓜、山药、甘蔗、西瓜、番茄、薏米、砂仁、茯苓等食材。

秋季气温开始下降，空气中的湿度也随之下降，人体内阴阳双方也随之发生改变，这个季节，人们容易出现津亏体燥，易致津伤肺燥。所以，秋季饮食适宜选用生津润燥、滋阴润肺的食材。女性煲汤时可以选择秋梨、甘蔗、银耳、百合、山药、花生、杏仁、蜂蜜、鸭肉、牛奶等食材。

冬季天气寒冷，大地冰封，万物闭藏。此时阴盛阳衰，人们易患阳虚症，无论是保健强身，还是补虚祛痰，都应以温补阳气为主。女性煲汤时适宜选用温补助阳、补肾益精的食材，如羊肉、鹿肉、牛肉、虾、海参、甲鱼、猪蹄、牛奶、人参、山药、核桃仁等。

了解了四季的不同，以及四季人身体中微妙的变化，女性朋友们可以顺应季节的特点选用不同的食材，煲出针对四季的养生滋补汤饮，从而收获健康的身体和亲自动手煲汤的美好体验。

第2章

调气补血护脏腑，女人气色更出众

女人想要拥有好的气色，就要注意调理脏腑，让气血更加通畅，从而拥有良好的气质。调气补血以及滋补脏腑重在日常的饮食之中，其中靓汤占据着很重要的角色。

靓汤不仅是一锅汤水，而是含有多种功效的滋补品。汤饮中含有丰富的营养成分，可以达到益气补血、健脾和胃、养心安神的功效。通常情况下，女性的身体容易出现虚损的情况，导致面色暗沉、体力不支等。经常食用靓汤后可以通过调理气血、改善血液循环，进而达到改善面色暗沉的作用，让女人的气色更加出众。

益气补血

苦瓜猪肚汤 ——消暑解热，益气补血

口味类型	操作时间	难易程度
咸鲜	30分钟	★★

｜主料｜

苦瓜 300 克，猪肚 300 克，红椒圈少许。

｜辅料｜

蒜片、姜片各少许，精盐、植物油、猪骨高汤各适量，白糖、鸡精各1/2小匙。

｜制作步骤｜

❶ 先将猪肚用面粉全面擦拭一遍，然后放入清水中，两面反复清洗干净。

❷ 将猪肚下入开水锅中，加少许姜片氽烫后捞起，放入冷水中，用刀刮去浮油，切条备用。

❸ 苦瓜去蒂，剖成两半去瓤，切条备用。锅中加入植物油烧热，下入蒜片、肚条略炒。

❹ 倒入 8 杯猪骨高汤，下入苦瓜、白糖、精盐和鸡精，烧沸，中火煮15分钟，撒入红椒圈即可。

煲汤小贴士

苦瓜又名凉瓜，具有清热祛暑、明目解毒、降压降糖、利尿凉血、解劳清心的功效；猪肚为猪的胃，具有治虚劳羸弱、泄泻下痢、消渴等功效。二者搭配煲的这道苦瓜猪肚汤可以起到消暑解热、益气补血的作用。

滋补功能

因为这款汤中有苦瓜这个食材，所以，汤里还是会有一些苦味的，怕苦的女性可以适当加一点点冰糖一起炖煮。条件有限的话，此汤也可以用清水炖煮，不过，用猪骨高汤来炖此汤，猪肚会更香。

红椒雪菜牛肉汤 ——开胃消食，安中利气

|主料|

雪菜 150 克，熟牛肉 400 克，胡萝卜 1 根，红椒 1 个。

|辅料|

葱、蒜末各 1/2 小匙，牛骨高汤、色拉油、精盐各适量。

滋补功能

雪菜又叫雪里蕻，具有利尿止泻、祛风散血、消肿止痛的作用；牛肉含有丰富的蛋白质等，有补中益气、滋养脾胃、强健筋骨、化痰息风、止渴止涎的功效。二者搭配煲汤可以起到开胃消食、安中利气的作用。

|制作步骤|

① 雪菜放入网筐当中，用流水冲洗，充分去味后取出，切碎备用。

② 熟牛肉切小块备用；胡萝卜、红椒清洗干净后，均切为丝，备用。

③ 开火上锅，锅内加入 2 大匙色拉油烧热，下入葱、蒜末煸炒出香味。

④ 锅中倒入 8 杯牛骨高汤，下牛肉、雪菜煮沸后加入胡萝卜、红椒丝及适量精盐，慢煮 15 分钟即可。

口味类型	操作时间	难易程度
咸鲜	30分钟	★★

煲汤小贴士

雪菜当中含有大量的粗纤维，不太容易消化，所以，消化功能不良的女性不适合多饮此汤。另外，在烹制此汤时，雪菜一定要使用流水充分冲洗去除其本身的浓郁味道，以免影响此汤的整体口感。

板栗花生火腿汤 ——益气血，养胃补肾

口味类型	操作时间	难易程度
咸鲜	25分钟	★

▌主料▌

板栗100克，火腿80克，花生50克，西兰花50克，大白菜叶50克，胡萝卜2根。

▌辅料▌

精盐、牛奶各适量。

▌制作步骤▌

① 将火腿切成块，备用；板栗去壳去皮，清洗干净，控净水，备用。

② 花生清洗干净，放入清水锅中，开火煮熟后，去皮；胡萝卜洗净，去皮打成汁备用。

③ 西兰花放入盐水中浸泡后，清洗干净，切为小朵；大白菜叶洗净撕块备用。

④ 汤锅加适量水，倒胡萝卜汁、牛奶，搅匀煮沸，下入其他原料，加盐煮沸，续煮10分钟即可。

煲汤小贴士

栗子生吃很难消化，熟食太多的话，又容易导致滞气。所以，女性朋友们即便是煲汤食用，一次也不适合吃太多，否则会伤及脾胃，最合理的食用量是每天最多吃10个，不可贪食。

滋补功能

板栗又称栗子，营养丰富，具有很好的补脾健胃、补肾强筋、活血止血的功效；花生则可以醒脾和胃、润肺化痰、滋养调气、清咽止咳。二者相互搭配，煲成的这款美味的板栗花生火腿汤可以补益气血，养胃益肾。

红白萝卜鸽肉汤 ——生津润燥，补益气血

口味类型	操作时间	难易程度
鲜香	90分钟	★★

主料

乳鸽1只，白萝卜100克，胡萝卜半根。

辅料

姜片、葱丝、橙皮丝、精盐、料酒各适量。

制作步骤

 煲汤小贴士

如果不喜欢红萝卜或者是白萝卜的话，在做汤时还可以用雪里蕻来替换萝卜，这样熬成的鸽肉雪菜汤，也同样具有益气补血的功效。女性朋友可以根据个人口味来选择适当食材，煲出符合自己喜好的鸽肉汤。

❶乳鸽去头、爪，清除鸽毛，清理干净内脏，彻底清洗干净，斩块。

❷烧一锅开水，将切好的鸽肉块下入沸水中，汆烫净血污，捞出备用。

❸白萝卜、胡萝卜分别清洗干净，沥水后，全部切为小方块，备用。

❹开火上煮锅，加入清水适量，烧开后，下入备好的鸽肉，用旺火煲滚。

❺放入姜片、料酒、白萝卜、胡萝卜、橙皮丝煲40分钟，下入精盐调味，撒入葱丝。

滋补功能

鸽肉有很好的益气补血、生津止渴作用，与具有凉血止血、顺气消食功效的白萝卜相搭配，熬煮成这道美味的红白萝卜鸽肉汤，如果能时常适量食用，能够起到生津润燥，补益身心的作用，是女性补益气血的好帮手。

泥鳅虾肉汤 ——补中益气，祛湿利尿

口味类型	操作时间	难易程度
咸鲜	60分钟	★★

|主料|

泥鳅 250 克，生虾肉 150 克。

|辅料|

生姜、酱油、精盐、味精各适量。

|制作步骤|

① 泥鳅宰杀，放入沸水中余烫片刻，捞出后用凉水冲洗，切成段备用。

② 虾去掉外壳，去干净虾线，清水洗干净；生姜去皮，清洗干净，切丝。

③ 煮锅加清水适量，旺火煮沸，放入泥鳅、虾肉，放姜丝、精盐、酱油调味。

④ 加盖后再次煮沸，然后加入适量味精，调味后盛出锅食用即可。

 煲汤小贴士

在熬制此汤时，一定要选择新鲜的虾，否则容易影响泥鳅虾肉汤的口感，也会使得营养价值大打折扣。在购买虾时，要挑选虾体完整、外壳清晰鲜明、肌肉紧实富有弹性的。不够新鲜的虾，不宜食用。

滋补功能

泥鳅可以补益元气，虾可以增强人体的免疫力，二者搭配熬成的这款泥鳅虾肉汤，如果能够经常适量食用，可以有效帮助人们防治阳虚气弱，帮助补中益气、祛湿利尿，女性时常食用，则可达到益气补血的效果。

南瓜牛肉汤 ——补气血，利水湿，润肺燥

|主料|

牛肉 250 克，南瓜 500 克。

|辅料|

香葱 2 棵，生姜 1 块，高汤、胡椒粉各适量。

滋补功能

牛肉和南瓜一同熬成的这款南瓜牛肉汤，具有攻补结合的神奇功效，可以有效帮助女性补益气血、利水润燥、润肺消痈、托毒排脓。女性如果能够定期适量食用，那么就能够达到滋阴润肤的食疗效果。需要注意的是贵在坚持和适量。

|制作步骤|

① 南瓜去皮洗净，切成 3 厘米大小的方块；生姜洗净拍松；香葱洗净打结。

② 牛肉剔干净筋膜，清洗干净，切成约 2 厘米见方的小肉块，备用。

③ 开火上锅，加水烧沸，牛肉块放入沸水中略汆一下，再放入锅内，加入高汤。

④ 牛肉煮熟后，加入南瓜块、生姜、香葱结同煮，待牛肉熟透，用胡椒粉调味即成。

口味类型	操作时间	难易程度
香甜	90分钟	★★

煲汤小贴士

在烹制这款南瓜牛肉汤时，有一个特点就是该汤品用清煮不加盐，虽口感欠佳，但可避免油腻及咸味助湿、生痰。另外，一定要记得等把牛肉煮熟后，再加入南瓜一起煮，因为南瓜易熟，过早加入则会煮化。

莲藕桂圆红枣汤 ——补血养阴，强身健体

口味类型 香甜	操作时间 50分钟	难易程度 ★★

|主料|

莲藕 500 克，干红枣 50 克，桂圆肉 50 克。

|辅料|

冰糖 10 克。

🥣煲汤小贴士

在制作这款汤的时候，也可以根据个人体质，选择先放藕或后放藕。先放藕的，藕煮沸半小时后，放入红枣和桂圆，再小火煮半小时；后放藕的，将桂圆和红枣煮沸，再小火煮半小时，最后放藕煮5分钟即可。

|制作步骤|

① 莲藕清洗干净，削去表皮，切成 0.6 厘米左右的小薄片，备用。

② 桂圆肉清洗干净，放清水中浸泡片刻；红枣洗净，浸泡一会儿，捞出备用。

③ 开火上锅，先加入少量清水，再将备好的莲藕、桂圆肉、红枣一起放进锅内。

④ 再放入适量的清水，加入冰糖，小火煮至汤水呈现浅红色即可。

滋补功能

莲藕具有益胃养血的功效；红枣有补中益气、滋养阴血的良好功效；桂圆则有养血安神的功效。三者搭配在一起煲成这款美味可口的莲藕桂圆红枣汤，经常适量饮用，可以帮助女性补血养阴、强身健体，效果极佳。

人参鸡肉鱼肚汤 ——健脾益气，补血养颜

口味类型	操作时间	难易程度
鲜香	200分钟	★★

|主料|

母鸡肉 150 克，人参 10 克，鱼肚 30 克。

|辅料|

精盐、味精各适量。

|制作步骤|

① 母鸡肉去掉鸡皮，剔除鸡骨，清洗干净，沥干水分，切丝，备用。

② 人参冲洗干净，切为小片备用；鱼肚用清水浸软，清洗干净后，切片备用。

③ 开火上锅，将备好的鸡肉、人参、鱼肚一齐放入锅中，加开水适量。

④ 盖上锅盖，用文火慢炖 3 小时，调入适量精盐和味精调味，即可出锅食用。

煲汤小贴士

鱼肚以色泽透明，无黑色血印的为好，涨发性强。一般常用的是黄色鱼肚，体厚片大，色泽淡黄明亮，涨性极好。在做这款汤时，鸡肉以及鱼肚最好都先过一下开水，稍微汆煮一下以去除腥味，增加汤的鲜美程度。

滋补功能

这道人参鸡肉鱼肚汤不光味道鲜美可口，还具有很好的养生功效，女性朋友时常适量饮用一些，不仅可以帮助自己很好地健脾养胃、益气补血，同时还能够有效地滋润皮肤，使皮肤细腻光润，远离枯燥干裂的烦恼。

参归子母鸡 ——温中益气，健脾活血

▌主料▌

母鸡1只，熟鹌鹑蛋10个，党参30克，当归15克。

▌辅料▌

盐、黄酒、姜块、葱段各适量。

▌制作步骤▌

① 鸡去毛，去内脏，清洗干净，用黄酒、盐拌匀，腌渍约30分钟。

② 鹌鹑蛋剥去外壳后，清洗干净；将党参、当归分别清洗干净，备用。

③ 鸡腹内放入党参、当归、葱段、姜块，再把鸡放入砂锅内，加清水烧开。

④ 撇去浮沫后，改为小火炖约2小时，放入鹌鹑蛋，用盐调味即成。

口味类型	操作时间	难易程度
鲜香	180分钟	★★

🍲 煲汤小贴士

鸡肉非常适合用来炖汤，但是，由于鸡皮当中含有的皮下脂肪以及皮脂较多，为了避免多食而导致肥胖，女性朋友们在熬汤前，可以适当去除鸡皮。此外，这款汤营养丰富，消化吸收功能不太好的女性，要适量食用，不可贪多。

滋补功能

这道鲜香美味的参归子母鸡汤结合了多种美味的食材，以及功效显著的药材，具有温中益气、健脾活血、强筋壮骨等诸多功效。女性时常适当饮用一些，长期坚持，可以帮助自己调理气血，提升气色。

鳝鱼蹄筋参归汤 ——补益气血，强筋壮骨

口味类型	操作时间	难易程度
鲜香	200分钟	★★

主料

黄鳝750克，猪蹄筋60克，猪脊骨150克，党参30克，当归15克，红枣5个。

辅料

精盐、料酒各适量。

制作步骤

❶ 黄鳝切开，去骨，去内脏，清洗干净，用开水冲去血水、黏液，切片。

❷ 猪蹄筋清洗干净，切片备用；猪脊骨清洗干净，全部斩碎，备用。

❸ 党参、当归在清水中略泡，清洗干净；红枣在水中充分泡发，去核洗净。

❹ 黄鳝、猪蹄筋、猪脊骨、党参、当归、红枣都入锅，加清水武火煮沸，文火煲3小时，加少许料酒、盐即可。

煲汤小贴士

在制作这款美味的鳝鱼蹄筋参归汤时，需要特别提醒的一点是，黄鳝的血液有毒，误食会对人的口腔、消化道黏膜产生刺激作用，严重的会损害人的神经系统，使人四肢麻木、呼吸和循环功能衰竭。

滋补功能

这款鲜香美味的鳝鱼蹄筋参归汤当中，含有多种营养成分，具有很好的补益气血、补虚损、强筋壮骨的功效。女性如果能够经常适量食用，能很好地帮助自己增强细胞生理代谢，使皮肤更有弹性和韧性，延缓衰老。

党参红枣脊骨汤 ——清润平补，养阴润燥

口味类型	操作时间	难易程度
鲜香	90分钟	★★

|主料|

猪脊骨250克，党参4根，红枣3颗，桂圆肉8颗。

|辅料|

枸杞子20颗，芡实40颗，姜片、盐各适量。

|制作步骤|

① 猪脊骨斩大块洗净，放入开水锅内汆烫至出血水，捞起用冷水冲洗干净。

② 锅洗净，放入猪脊骨、党参、红枣、桂圆肉、芡实、姜片，并加入适量的清水大火煲沸。

③ 加盖，再转为小火煲半小时，加入枸杞子，继续煲10分钟至汤全熟。

④ 最后，在煲好的汤中放入适量精盐，再继续煲5分钟左右，即可出锅。

煲汤小贴士

在烹制这款党参红枣脊骨汤时，我们要注意，脊骨中含有大量的骨髓，而在烹煮的时候，柔软多脂的骨髓就会释出，所以在准备环节如果用开水汆烫的话，要注意时间不能太久，避免脊髓流出损失营养。

滋补功能

这款味道鲜美的党参红枣脊骨汤饮，具有清润平补的显著功效，能够很好地滋阴养血、强精补肾，同时还对肾虚腰痛，女性筋骨酸痛、神疲乏力等一些病症有一定的辅助治疗功效，经常适量食用，能够帮助身体提高活力。

黑豆花生排骨汤 ——滋阴养血，补虚乌发

口味类型	操作时间	难易程度
鲜香	400分钟	★★

▌主料▌

排骨 150 克，花生、黑豆各 40 克，板栗适量。

▌辅料▌

盐适量。

煲汤小贴士

板栗的营养保健值很高，但不能一次吃太多，吃多了容易胀肚。板栗在用来熬汤时，每次只需用 6 ~ 7 粒即可，过多反而容易引起身体不适。这款汤滋补效果比较不错，只要长期坚持下去，就能达到很好的滋补效果。

▌制作步骤▌

① 黑豆提前在清水当中浸泡 3 小时左右，清洗干净，沥干水分备用。

② 板栗放入沸水锅中，煮熟后剥掉外壳，同时也去掉板栗肉上的薄膜，备用。

③ 开火上锅，锅中加水煮沸，将排骨放入开水中氽烫一下，捞出，将附着的白沫冲洗干净。

④ 将所有的食材一同放入锅中，大火煮开后改用中小火炖煮 3 小时，加入适量盐调味即可。

滋补功能

排骨有很高的营养价值，可以滋阴壮阳、益精补血；黑豆、花生、板栗可以活血清热、补虚乌发。这些食材搭配在一起，具有很好的顺气补血的功效。所以女性常喝这道黑豆花生排骨汤，可以补肾养血，改善贫血。

黄芪枳壳带鱼益气汤 ——补气生血，温养脾胃

口味类型	操作时间	难易程度
咸鲜	60分钟	★★

▌主料▐

带鱼500克，黄芪30克，炒枳壳10克。

▌辅料▐

料酒、葱、姜、生油、盐各适量。

▌制作步骤▐

① 将黄芪、炒枳壳反复清洗干净，然后一起装入纱布袋中，扎好口。

② 将带鱼去掉鱼鳃，清除内脏，清洗干净，斩成10厘米左右的段，备用。

③ 开火上锅，加入适量油，将油锅加热，放入备好的带鱼稍微煎一下，煎至两面微黄。

④ 加适量清水、药包、料酒、盐、葱、姜，煮至鱼肉熟，拣去药包，即可。

🍲煲汤小贴士

在做这款美味的黄芪枳壳带鱼益气汤时，需要注意一个环节，那就是在煸炒带鱼时容易粘锅，所以最好先将锅洗净、擦干、烧热，用鲜生姜在锅底抹上一层姜汁，然后放油加热，油热放入带鱼就不会再粘锅了。

滋补功能

这款美味可口的黄芪枳壳带鱼益气汤，具有很好的补气生血、温养脾胃的功效，非常适合患有脾胃虚寒、胃下垂等中气下陷病症的女性患者经常饮用。此外，此汤对于久泻脱肛、子宫下垂等症也有极好的辅助治疗功效。

莲实云吞补气汤 ——益气养血，补脾健胃

|主料|

鲜肉云吞 10 个，莲子 10 克，芡实 8 克。

|辅料|

薏仁、淮山各 10 克，红枣 5 粒，盐少许。

|制作步骤|

❶ 芡实、薏仁分别清洗干净，然后放入小碗中，用开水浸泡 3 小时备用。

❷ 开火上锅，将莲子、淮山、芡实、薏仁放入碗内，隔水蒸煮至熟。

❸ 蒸熟后取出，与红枣一同入锅，加适量清水，中小火煮 15 分钟，加少许盐调味。

❹ 另取一汤锅将水烧开，放入云吞，用中火煮至浮起后捞起，放入上述汤饮中即可。

口味类型	操作时间	难易程度
鲜香	220分钟	★★

煲汤小贴士

在做这款汤时，烹调云吞的办法除了放入上汤中煮熟而食，也可以隔沸水蒸熟而食。如果是使用上汤煮熟云吞，可以将云吞先氽水，将外皮上的一层薄粉冲去后再煮熟，吃起来，云吞会更香滑爽口。

滋补功能

这款鲜香味美的莲实云吞补气汤，具有良好的补中益气、补脾健胃的功效，特别适合脾胃虚弱者食用。对于有手脚发凉症状的女性，长期坚持适量食用，就可以起到益气养血、暖手暖脚的作用。

双色豆腐补血汤 ——宽中益气，补血美容

口味类型	操作时间	难易程度
咸鲜	60分钟	★

|主料|

猪血 100 克，豆腐 100 克，韭菜 1 小把。

|辅料|

骨汤、姜丝、蒜片各适量，精盐、胡椒粉各适量。

|制作步骤|

① 猪血和豆腐清洗干净后，再分别切成小块；韭菜洗净切成段。

② 开火上锅，锅中烧开水，将猪血放入焯 2 分钟后捞出，过一遍凉水。

③ 将锅中倒入适量骨汤或者热水，烧开后，倒入备好的猪血和豆腐。

④ 再次烧开后放入姜丝、韭菜、蒜片烧开，用盐和少许胡椒粉调味即可。

煲汤小贴士

在这款双色豆腐补血汤的制作中，因为用猪血煲汤食用，所以最好辅以葱、姜、蒜等配料，这样便于去除猪血的异味。此外，猪血非常容易滋生细菌，所以，一定要熟透再食用，以便杀菌消毒，这样才能够放心食用。

滋补功能

豆腐可以宽中益气，调和脾胃，猪血能够滋补气血。豆腐与猪血一同煲出来的这款美味的双色豆腐补血汤，其中含有丰富的铁元素，可以有效地解毒清肠。女性经常适量食用，还可以很好地帮助自己补血美容。

山杞桂圆鲤鱼补血汤 ——补益气血，健脾养胃

| 主料 |

鲤鱼 500 克，山药 25 克，枸杞子 25 克，桂圆肉 25 克。

| 辅料 |

红枣 10 克，黄酒 100 克。

| 制作步骤 |

🌸 煲汤小贴士

做汤前在清洗鲤鱼时需要注意，鲤鱼背上有两条白筋，这两条白筋产生特殊的腥味，所以在洗鱼时，必须将这两条白筋挑出来抽掉，经过这样处理的鲤鱼，煲出的汤味道更加鲜美，不会再有难闻的腥味。

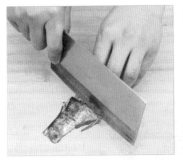

① 将鲤鱼的鱼鳞去除干净，取出内脏，去鱼胆和鱼鳃，清洗干净后切成三段。

② 将桂圆肉、山药、枸杞子、红枣（去核）洗净沥水，放入炖盅当中。

③ 将炖盅当中加入适量的沸水，水量要刚好漫过食材，同时，放入适量黄酒，备用。

④ 用纱布将炖盅封好口，放入锅中，用小火慢炖 3 ~ 4 小时即可取出食用。

口味类型	操作时间	难易程度
咸鲜	250分钟	★★

滋补功能

鲤鱼与山药、枸杞、红枣、桂圆等一同煲成的这道山杞桂圆鲤鱼补血汤，经常适量食用一些，能够帮助机体补益气血、健脾养胃、利水消肿、清热解毒。这款美味的汤饮对女性产后气血虚亏、乳汁不足等有缓解作用。

养心安神

丹参红枣猪心汤 ——活血祛瘀，养血安神

口味类型	操作时间	难易程度
咸鲜	200分钟	★★

主料

猪心1个，人参10克，丹参5克，红枣适量。

辅料

黄芪8克，桂圆、姜、料酒、盐各适量。

制作步骤

❶将猪心从中间切开，去除杂质，清洗干净，去掉猪心上的油脂备用。

❷把人参、黄芪、丹参分别用清水稍微浸泡一下，去掉杂质，清洗干净，沥水备用。

❸锅里放水烧开，放入姜片、料酒后，再将猪心片放进去焯水，捞出冲洗干净。

❹把红枣、桂圆、姜片、猪心、人参、黄芪、丹参放进炖盅，加入清水，隔水炖2个半小时，最后放盐调味即可。

煲汤小贴士

猪心通常都有股异味，如果处理不好的话，菜肴的味道就会大打折扣。在烹制这款丹参红枣猪心汤之前，可在买回猪心后，就立即将其在少量面粉中滚一下，放置1小时左右，再用清水洗净，然后再用。

滋补功能

丹参具有良好的活血化瘀、理气补肾的功效；猪心能够补虚、安神定惊；红枣的补血效果也很好。此三者熬煮的汤品，不仅可以养血活血，而且还能够补心安神，对更年期女性失眠、食欲不振、健忘的症状有食疗作用。

人参红枣乌鸡汤 ——大补元气，安心宁神

口味类型	操作时间	难易程度
咸鲜	200分钟	★★

| 主料 |

乌鸡 1 只，人参 1 根，红枣 10 颗。

| 辅料 |

枸杞子、桂圆、姜片、黄酒、盐、白胡椒粉各适量。

滋补功能

这款鲜香可口的人参红枣乌鸡汤，具有良好的益气滋阴、补血祛寒、宁心安神的作用。此外，时常适量食用此汤，长期坚持的话，还可以有效增强机体的抵抗能力，女性经常食用此汤更能起到美容养颜的作用。

| 制作步骤 |

① 乌鸡彻底清洗干净，切成小块状，用热水冲洗一下，沥水，备用。

② 开火上锅，锅中烧开水，放入乌鸡块以及少许黄酒，焯水后捞起乌鸡块。

③ 所有材料放入炖盅里，再加入白胡椒粉、绍兴黄酒和适量的热水。

④ 封上保鲜膜，放入锅中隔水蒸 3 小时，最后加入适量盐进行调味即可。

煲汤小贴士

这款人参红枣乌鸡汤在烹制的过程中，将乌鸡块进行余水时，放入了适量的黄酒，是为了给乌鸡块去除腥味，而后来用保鲜膜封住盅口，是为了防止蒸汽流入盅当中，冲淡汤原本的鲜香滋味。想要做出美味，这些步骤一个都不能少。

红枣胡萝卜猪肝汤 ——补血安神，养肝明目

口味类型	操作时间	难易程度
咸鲜	60分钟	★

┃主料┃

猪肝 150 克，胡萝卜 1 根，红枣 10 颗。

┃辅料┃

生姜、盐、料酒各适量。

┃制作步骤┃

① 将胡萝卜清洗干净，切成小片备用；猪肝清洗干净，切片备用。

② 开火上锅，锅内加入适量清水，再放入红枣、生姜、适量盐同煮。

③ 用武火将锅里的汤烧沸后，再放入切好的胡萝卜小块，继续用武火煮开。

④ 接着放入备好的猪肝及适量料酒，中小火煮至熟后，即可出锅食用。

煲汤小贴士

胡萝卜当中含有丰富的胡萝卜素，还有多种维生素及食物纤维等营养元素，把胡萝卜榨汁后，可以用于熬粥，也可以用来煲汤，都能够帮助人体提高新陈代谢的能力，长期适量食用，还能够帮助爱美的女性有效减轻体重。

滋补功能

胡萝卜具有补血安神的功效，猪肝可以帮助人们养肝明目。此二者加之红枣的补脾益气之效，一起煮成美味的红枣胡萝卜猪肝汤，可以帮助女性消除体内自由基，润皮肤、抗衰老，治疗失眠多梦等。

桂圆肉百合红枣汤 ——养心安神，补血调经

口味类型	操作时间	难易程度
香甜	60分钟	★

煲汤小贴士

在制作这款汤饮的时候，每次都可以适当的多煲一些，然后冷藏在冰箱里，喝的时候取出来，稍稍加热即可，可以连续喝几天。女性来月经时，连续吃几顿，可以有效缓解经期综合征。

┃主料┃

银耳50克，红枣15颗，桂圆5颗，百合10克。

┃辅料┃

白糖适量。

┃制作步骤┃

① 银耳泡发好，洗净，撕小朵；红枣洗净，对半切开；桂圆去壳备用。

② 取汤锅，放入适量清水，再放入备好的银耳，大火煮开后以小火煮20分钟。

③ 在锅中放入准备好的红枣与桂圆，用大火煮开后，再以小火煮半小时。

④ 再在汤中放入备好的百合，继续用小火煮10分钟后，放适量白糖即可。

滋补功能

这款桂圆肉百合红枣汤制作简单，口感良好，功效却不可小觑。它补血又滋润，一年四季都适合食用，其不仅具有养心安神、润肺止咳、补脾健胃的功效，还能帮助女性调气血，通经络，对乳房的保健也大有益处。

石麦生莲养心安神汤 ——安神定志，除烦养心

口味类型	操作时间	难易程度
鲜香	160分钟	★★

▌主料▌

猪心1个，瘦肉300克。

▌辅料▌

石斛、麦冬、生地、莲子各20克，姜2片，盐适量。

▌制作步骤▌

① 猪心去除干净杂质，用清水反复漂洗干净，切厚片备用；瘦肉洗净切片。

② 将石斛、麦冬、生地以及莲子分别浸泡在清水中一小会儿，然后清洗干净，捞出备用。

③ 开火上锅，开水中放入姜片，再放入备好的猪心、瘦肉，氽水后捞出备用。

④ 将适量清水放入锅内烧开，放入所有材料煮沸，转文火煲2小时，放盐调味即可。

🦑 煲汤小贴士

在制作这款石麦生莲养心安神汤时，需要注意一点，原料石斛应该选择人工种植的品种，这是因为野生的石斛属于国家重点二级保护的珍稀濒危植物，是禁止采集和销售的。

滋补功能

猪心是一种极好的补益品，具有除烦养心的作用；石斛、莲子等也能够健脑益智、消除疲劳。所以这款石麦生莲养心安神汤具有除烦养心的功能，对平时容易紧张及心烦气燥的女性有良好的调节作用。

小麦黑豆夜交藤汤 ——滋养心肾，安神养宁

口味类型	操作时间	难易程度
甜润	40分钟	★

┃主料┃

小麦 45 克，黑豆 30 克，夜交藤 10 克。

┃辅料┃

白糖适量。

┃制作步骤┃

❶小麦、黑豆分别清洗干净，小麦沥水备用，黑豆在清水中浸泡一小时以上。

❷将夜交藤在小碗当中清洗干净，稍浸泡后捞出，沥干水分，备用。

❸坐锅点火，放入准备妥当的小麦、黑豆以及夜交藤，倒入适量清水，开大火炖煮。

❹锅中材料煮沸后，转为小火继续煎煮20分钟，加适量白糖拌匀即可。

煲汤小贴士

小麦、黑豆中都含有一定的杂质，如果直接放入锅中，进行熬煮，容易出现牙碜的现象。所以，在做汤前，事先将食材彻底清洗干净，再放入锅中熬煮，就不用担心牙碜的现象了，食用起来比较放心。

滋补功能

夜交藤具有养心、安神的功效，小麦、黑豆也能滋养心肾；其共同熬煮成的这款小麦黑豆夜交藤汤，可以使营养功效得到最大效果，使得此汤具有良好的滋养心肾、安神养宁的作用，经常食用可达到一定的食疗效果。

百合枣龟汤 ——滋阴养血，补心益肾

口味类型	操作时间	难易程度
鲜香	90分钟	★★

┃主料┃

龟肉 50 克，百合 15 克，红枣 10 枚。

┃辅料┃

盐适量。

滋补功能

百合、红枣具有良好的补血效果，此二者与补肾养阴的龟共同熬煮的百合枣龟汤，能够入心经，并且清心除烦、宁心安神，具有滋阴养血、补心益肾的功效，适用于心肾阴虚所致的失眠、心烦、心悸等症。

┃制作步骤┃

①将龟肉去除龟壳、趾甲及其他杂质后，在清水中反复清洗干净，切成小块，备用。

②大枣清洗干净，去核，在清水中泡发后，捞出沥干水分，备用；百合洗净备用。

③将备好的龟肉、大枣、百合一同放入锅中，加适量清水，大火煮沸。

④转为中小火，继续炖至龟肉熟烂，然后加入适量盐调味即可出锅食用。

煲汤小贴士

在熬煮此汤的时候，最好选用砂锅。因为，砂锅的透热性以及保温性比较好，而且熬煮出来的汤味道更为浓厚，用砂锅煲出龟肉汤味道会比其他锅具更鲜美。如果条件有限的话，用图中的这种电锅也可以。

鲜花生叶红豆汤 ——养血安神，除烦安心

口味类型	操作时间	难易程度
香甜	30分钟	★

滋补功能

鲜花生叶可以补养心脾、镇静安神，红豆具有行气补血功效。所以二者熬煮成的这款鲜花生叶红豆汤，具有养心安神的功效，经常食用可以减缓失眠多梦等现象，女性经常食用还可治疗更年期的心烦多虑等症。

▌主料▌

鲜花生叶 15 克，红豆 30 克。

▌辅料▌

蜂蜜适量。

▌制作步骤▌

① 将花生叶、红豆清洗干净，花生叶捞出沥干水分备用，红豆浸泡两小时。

② 开火上锅，在锅中倒入适量的清水，加入准备好的红豆，用大火煮开。

③ 锅开后，在汤中放入准备妥当的鲜花生叶，转为小火继续熬煮。

④ 5分钟左右关火，等到汤稍凉后，调入适量蜂蜜，搅匀即可食用。

煲汤小贴士

在煲煮这款汤时需要注意，花生叶不可过早的放入锅中进行熬煮，这是因为花生叶本身就比较软烂，熬煮时间太长的话，不仅会将叶子煮烂，还会造成花生叶中营养成分的流失，得不偿失。

葱枣汤

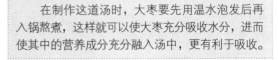

——养血安神，健脾养胃

口味类型	操作时间	难易程度
鲜香	40分钟	★

煲汤小贴士

在制作这道汤时，大枣要先用温水泡发后再入锅熬煮，这样就可以使大枣充分吸收水分，进而使其中的营养成分充分融入汤中，更有利于吸收。

▌主料▌

大枣 20 枚，带须葱白两根。

▌制作步骤▌

❶大枣清洗干净，放在小碗中，用清水泡发，再次洗净，捞出备用。

❷带须葱白清洗干净，注意清洗干净须中的泥沙杂质，切成 1 厘米左右的小段，备用。

❸将备好的红枣放入锅中，加入适量水，用大火煮开，改文火炖约 20 分钟。

❹将清洗干净的带须葱白放入锅中，继续炖煮 10 分钟左右即可关火出锅。

滋补功能

葱白具有健脾补血的功效，大枣能够养血定精。此二者搭配在一起，熬煮的这款简单而美味的葱枣汤，具有补中益气，养血安神之功效。女性定期食用此汤可以养血安神，消除疲劳，治疗失眠多梦等症状。

龙眼姜枣汤 ——补血益气，养血安神

口味类型	操作时间	难易程度
鲜香	80分钟	★

|主料|

龙眼肉 10 克，生姜 5 片，大枣 15 枚。

|辅料|

盐适量。

|制作步骤|

① 新鲜生姜清洗干净，先轻轻刮去外皮，再切成小薄片，放置备用。

② 大枣清洗干净，放在小碗中，用清水泡发，再次洗净，捞出备用。

③ 将准备好的龙眼肉、生姜片、大枣一同放入锅中，加入适量清水，开火熬煮。

④ 用大火煮开后，转为小火慢慢熬煮 1 小时左右，加入适量盐调味即可。

煲汤小贴士

在购买龙眼肉时，要注意选用那些肉厚、片大、质细软、油润、颜色呈棕黄色的，而且，最好是选择半透明、尝起来味道浓甜的龙眼肉，用这样的龙眼肉，熬煮出来的汤，味道更为浓厚，口感更为鲜美可口。

滋补功能

桂圆具有补益心脾、养血安神的功效，其与安神定悸的生姜、大枣一起搭配熬煮成的这款龙眼姜枣汤，可以达到补益身心、养血安神的功效。非常适用于女性心血不足、失眠、贫血等症者食用。长期食用有益于身体健康。

莲子茯实桂圆汤 ——补心健脾，养血安神

口味类型	操作时间	难易程度
甜润	80分钟	★

|主料|

去心莲子、茯苓、芡实各8克，龙眼肉10克。

|辅料|

红糖适量。

|制作步骤|

❶ 将莲子、茯苓、芡实浸泡后，分别清洗干净，捞出后，沥水备用。

❷ 将准备好的莲子、茯苓、芡实以及龙眼肉全部放入锅中，加入适量水熬煮。

❸ 用大火煮开后，转为小火炖煮50分钟左右，滤去漂浮的药渣，关火。

❹ 在煮好的汤中，加入适量红糖，搅拌均匀后，即可出锅享用。

煲汤小贴士

在熬制这款莲子茯实桂圆汤时，锅中的水要一次性加足，这样，熬煮出来的汤才能够比较浓稠；如果一次加的水量不足，中途再加入水的话，就会影响汤汁的醇度，如此，煲出来的汤味道就会比较淡，口感欠佳。

滋补功能

莲子、芡实、桂圆、茯苓等都具有养心安神的功效，其共同熬煮的这款美味无比的莲子茯实桂圆汤，可使其功能得到最大化，使得此汤具有补心健脾、养心安神的功效，尤其适用于女性气血不足，心烦多悸等症者长期食用。

荷云莲子酸梅汤 ——健脾养胃，安神除烦

▌主料▌

腌酸梅 5 粒，莲子 50 克，干荷叶 10 克，云苓 40 克。

▌辅料▌

冰糖 20 克。

▌制作步骤▌

① 将荷叶、云苓以及莲子分别清洗干净，荷叶与莲子分别浸泡水中片刻，备用。

② 开火上锅，将准备好的荷叶、云苓以及莲子和酸梅全部放入锅中。

③ 将锅中倒入适量清水，用武火煮沸，转为文火煲 1 小时左右。

④ 在汤中加入适量冰糖，一边搅拌一边炖煮，煮至融化即可出锅饮用。

口味类型	操作时间	难易程度
酸甜	80分钟	★

🐷 煲汤小贴士

在制作这道美味的汤饮时，如果没有腌好的酸梅，也可以用乌梅来代替。此外，煲汤时也可以适当地多加入些冰糖，这样就可以有效缓解酸梅的酸味，从而让汤汁变得更为甜润可口。喜好偏酸口味的人群也可少放糖。

滋补功能

干荷叶具有健脾升阳的功效，莲子能够养心安神，酸梅和云苓则可以健脾和胃，这几种食材与药材共同熬煮成的这款荷云莲子酸梅汤，具有很好的养心安神功效；女性经常食用可以达到健脾养胃、安神除烦的作用。

莲合薏实银耳汤 ——滋阴养神，清热祛暑

口味类型	操作时间	难易程度
甜醇	80分钟	★★

滋补功能

莲子能够养心、益肾；百合、薏米则可以宁心安神；芡实具有补脾止泄的良好作用，此三者与滋阴效果极好的银耳共同熬煮成这款莲合薏实银耳汤，可以达到一定的养心安神的作用。女性经常食用还能美容肌肤。

▌主料▐

莲子20克，百合、薏米、芡实各10克，银耳1朵。

▌辅料▐

冰糖适量。

▌制作步骤▐

①银耳用凉水浸泡2小时，充分泡发后，去掉深黄色的蒂，撕为小朵备用。

②将莲子、百合、芡实以及薏米分别用清水浸泡，清洗干净；薏米浸泡清水中3小时备用。

③莲子、百合、薏米、芡实、银耳放入锅内，倒入适量清水，先用大火煮沸。

④转为文火，继续煲煮1小时左右，放入适量冰糖，煮至融化即可。

🍲煲汤小贴士

在制作这款汤时，在最后一个步骤当中，冰糖放入锅中后要用勺子不停地去搅拌，这样可以让冰糖尽快融化，而且，如此一来汤的甜味就能够更加均衡，可以有效提升这款汤的口感。

百合绿豆乳 ——清心除烦，镇静安神

口味类型	操作时间	难易程度
甜醇	60分钟	★

|主料|

百合、绿豆各 25 克，牛奶适量。

|辅料|

冰糖少许。

滋补功能

百合能够养心阴、益心气；绿豆则具有清心除烦、镇静安神之功效；此二者结合，使其功效得到了提升，所以熬煮成的这款美味的百合绿豆乳，能够有效地帮助女性滋养身心，镇静安神。此外，女性经常食用还能排毒，有效预防粉刺等情况。

|制作步骤|

① 百合、绿豆分别浸泡清水中半小时左右，清洗干净，捞出沥水备用。

② 坐锅点火，放入准备妥当的百合、绿豆，加入适量清水，开火煮烂。

③ 接着在汤中放入适量冰糖，搅拌融化后，转为小火，继续煲40分钟。

④ 再在煮好的汤中倒入适量牛奶，转为中火，煮沸，即可出锅食用。

煲汤小贴士

在制作这道美味可口的百合绿豆乳时，一定要注意牛奶要在最后再倒入锅中。如果牛奶倒入锅中的时间较早的话，容易出现溢锅的现象。此外，牛奶在倒入锅中后，要用勺子不停地搅拌，也可防止出现溢锅的情况。

花旗参莲子鸡汤 ——补气安神，养阴健脾

口味类型	操作时间	难易程度
鲜香	120分钟	★★

|主料|

鲜淮山 500 克，花旗参 10 克，莲子 30 克，乌鸡半只。

|辅料|

薏米 50 克，姜 2 片，盐适量。

|制作步骤|

① 莲子以及薏米分别清洗干净；淮山削去皮，清洗干净，切块备用。

② 乌鸡去毛，去内脏，清洗干净，斩块，放入沸水锅中，汆水捞出备用。

③ 锅内倒入适量清水，放入鲜淮山、花旗参、莲子、乌鸡、薏米、姜片，武火煮沸。

④ 转为文火，继续煲 1.5 小时左右，加入适量盐调味，即可出锅食用。

煲汤小贴士

在熬制此汤时，要先将清洗好的乌鸡放入沸水锅中汆烫，这样可以有效去除乌鸡的腥味。此外，也可以向汤水中加入适量料酒或白酒，除腥效果会更好，这样也可以使熬出来的汤更加鲜香。

滋补功能

花旗参属于人参的一种，又名西洋参，能够养肾补血、消除疲劳；淮山、乌鸡则可以滋阴健脾。其共同熬煮成的这款花旗参莲子鸡汤，具有很好的补气安神、养阴健脾的作用，适合心气不足、疲乏无力、睡眠不安的人食用。

青红萝卜煲猪心 ——养心安神，除烦解压

口味类型	操作时间	难易程度
鲜咸	90分钟	★

滋补功能

萝卜具有消积滞、化痰清热的功效，其与养心安神的猪心搭配做成的这款青红萝卜煲猪心，可以起到养心、安神、除烦的作用。尤其是在夏季，如果经常食用的话，可以有效改善心烦失眠的情况，十分利于女性养心安神。

▍主料▍

青萝卜 250 克，红萝卜 200 克，猪心 1 个，猪展肉 250 克。

▍辅料▍

生姜 3 片，盐适量。

▍制作步骤▍

❶将青萝卜、红萝卜分别清洗干净，然后全部切成条状，放置备用。

❷猪心去掉筋膜及杂质，放入沸水锅中汆烫，捞出沥水，切成片；猪展肉切成块。

❸坐锅点火，倒入适量清水，放入备好的猪心、猪展肉、青红萝卜、姜片。

❹先用大火煮沸后，转为小火继续煲煮 1 小时左右，在汤中加适量盐，调味后即可出锅。

🎵煲汤小贴士

姜汁具有暖胃祛寒的效果，在煲煮这款汤时，锅中可以加入适量的姜汁，能够帮助我们暖心、暖胃。此外，也可以直接将生姜放入锅中，这样也可以将生姜中的营养成分通过炖煮熬进汤汁中。

养肝护肝

阿胶花生红枣汤 ——滋阴清热，养肝护肝

口味类型 甜润	操作时间 40分钟	难易程度 ★

▌主料▌

阿胶 30 克，花生 25 克，红枣 10 颗。

▌辅料▌

冰糖适量。

▌制作步骤▌

❶ 将花生用清水洗净，保留花生红衣，浸泡一小会儿后，捞出沥水，备用。

❷ 将红枣去掉核，在水中充分泡发后，清洗干净，捞出沥水，备用。

❸ 将适量清水倒入锅中，开火烧沸，放入备好的阿胶、花生、红枣。

❹ 煮沸后，转为小火继续熬煮20 分钟，加入适量冰糖搅拌，煮至融化即可。

🍲 煲汤小贴士

在煲制这款美味无比的阿胶花生红枣汤前，花生可以先放入清水中浸泡 20 分钟左右，这样做既可以有效去除花生上的陈皮和灰尘，也能够使花生吸收足够的水分，等到烹制汤的时候，熬煮起来也比较方便。

滋补功能

阿胶是润燥的良药，具有很好的滋阴的效果；花生能够调和脾胃，补血止血；红枣也具有良好的养肝作用。几种食材共同熬煮成的这款阿胶花生红枣汤，具有良好的补益效果，能够滋阴养肝，非常适合女性长期食用。

黄芪阿胶红枣汤 ——养肝补肾，补气生血

口味类型	操作时间	难易程度
清淡	60分钟	★

▌主料▐

黄芪 18 克，阿胶 9 克，红枣 10 枚。

▌辅料▐

冰糖适量。

▌制作步骤▐

① 黄芪在清水当中充分浸泡，清洗干净后，捞出沥水，放置备用。

② 红枣清洗干净，在清水中充分泡发后，去掉枣核，放置备用。

③ 开火上锅，根据食材数量，取适量清水倒入锅中，用大火快速煮沸。

④ 放入黄芪、阿胶、红枣，中小火煎煮 30 分钟，最后放入适量冰糖，溶化后即可出锅。

煲汤小贴士

黄芪自身带有一定的药味，用其来熬煮这款汤，难免会使汤带有中药的味道，影响口感。但是，如果在熬汤之前先将黄芪放入清水中浸泡，便能去除一部分的药味，这样也能让汤的味道更加鲜美。

滋补功能

阿胶可以养肝、补气生血；黄芪、大枣都能够补气固表、护肝养血。三味同用煮成这款美味的黄芪阿胶红枣汤，可以帮助女性很好地养肝补肾、补气益血，并且还能够用在贫血的补养以及治疗方面，适合女性长期适量食用。

当归党参排骨汤 ——补气固表，补血活血

口味类型	操作时间	难易程度
咸鲜	90分钟	★★

▌主料▌

排骨250克，党参10克，当归15克。

▌辅料▌

枸杞适量，胡萝卜20克，盐适量。

▌制作步骤▌

❶将排骨剁成小块，清洗干净，放入沸水锅中汆烫片刻，捞出沥水，备用。

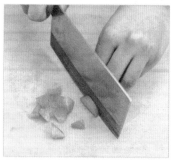

❷将胡萝卜清洗干净，切去两端，然后把剩下的全部切成小块，备用。

❸将备好的排骨、党参、当归、胡萝卜、枸杞放入锅中，加入适量清水。

❹锅中煮沸后，转为中小火继续炖煮40分钟左右，加入适量盐调味即可。

煲汤小贴士

在制作当归党参排骨汤时，先要将排骨放入沸水锅中进行汆烫，这样就可以去除排骨中的杂质以及血渍，熬煮出来的汤就不会有腥味，同时还可以减少汤饮中脂肪的含量，其味道还能够更为纯正。

滋补功能

当归、党参可以有效地养肝固表、补肝益肾；排骨能够滋阴润燥、补血活血，所以此款美味无比的当归党参排骨汤，可以帮助女性很好地补益肝血。此汤适用于女性眩晕心悸以及月经不调等症状。另外，女性长期适量食用，有助于气色的调理。

红枣当归乌鸡汤 ——补血益气，抗衰老

口味类型	操作时间	难易程度
咸鲜	200分钟	★★

主料

乌鸡1只，当归1片，红枣10个，卷心菜50克，胡萝卜、金针菇各25克。

辅料

黄芪3片，盐适量。

滋补功能

红枣具有补肝益血的功效，乌鸡具有很好的保肝护肾的功能；此二者与胡萝卜、金针菇等共同熬煮成的这款美味的红枣当归乌鸡汤，可以有效地帮助女性补血益气，经常食用，还能使皮肤逐渐红润，并且还具有抗衰老的功效。

制作步骤

① 乌鸡彻底处理干净，剁成块，放入沸水锅中焯烫一下，捞出备用。

② 将卷心菜清洗干净，切为片备用；胡萝卜清洗干净，切块备用；金针菇清洗干净备用。

③ 开火上锅，将适量清水倒入锅中，然后加入准备好的当归、黄芪，煮沸。

④ 放入备好的乌鸡快，小火炖3小时，加入卷心菜、胡萝卜、金针菇，大火煮熟，调盐即可食用。

煲汤小贴士

卷心菜一向比较难清洗干净，正确的清洗方法是先将其根部切除掉，然后再去掉其外围的叶子，接下来进行单片冲洗，这样，就能将卷心菜的叶子充分清洗干净了，可以方便食用，也能放心做汤了。

猪血菠菜汤

—— 补血，明目，润燥

口味类型	操作时间	难易程度
咸鲜	40分钟	★★

滋补功能

猪血当中含有丰富的铁元素，具有很好的补血、养护肝脏的作用；菠菜能够健脾助食、滋补气血；此二者结合所熬煮成的这款美味的猪血菠菜汤，能够起到补血、明目的作用，同时在润燥方面也有很好的效果。

▌主料▌

猪血 150 克，菠菜 80 克。

▌辅料▌

姜 10 克，白胡椒 3 克，鸡精 1 克，盐、植物油各适量。

▌制作步骤▌

❶ 将猪血切成大小均等的小块，放入清水中，适当浸泡，捞出备用。

❷ 把菠菜择干净后，用淡盐水稍微浸泡，然后清洗干净备用；姜洗净切成片备用。

❸ 将适量油倒入锅中，放入姜片爆香，然后倒入足量水，用大火烧开。

❹ 加猪血，中火烧沸，放入菠菜，煮 5 分钟，加白胡椒、鸡精、盐，调味即可。

煲汤小贴士

在煮含有猪血的汤时，汤中可以加入适量的白胡椒，这主要是因为，白胡椒能够有效地去除猪血中的腥味，可以使熬煮出来的猪血菠菜汤更加鲜香美味。猪血不适合冷冻，买回来后要尽快用完。

鸡血木耳豆腐汤 ——通络活血，润燥生津

口味类型	操作时间	难易程度
鲜香	30分钟	★

滋补功能

这款鲜香美味的鸡血木耳豆腐汤中，含有大量的锌、蛋白质等人体所需要的营养元素，具有很强的养肝补血的作用。女性坚持经常适量饮用，可以达到通络活血、润燥生津的良好功效。是养肝护肝，养护身体的一个好方法。

主料

鸡血 150 克，豆腐 200 克，黑木耳 50 克。

辅料

大蒜叶 20 克，香油 5 克，鸡汤 30 克，盐适量。

制作步骤

① 鸡血、豆腐分别切成块；黑木耳泡软，撕小朵；大蒜叶洗净备用。

② 开火上锅，将适量水以及鸡汤倒入锅中，烧开后放入备好的黑木耳。

③ 将锅中的汤再次用大火烧开，放入准备妥当的豆腐后，再加入适量盐。

④ 然后放入备好的鸡血，用中火煮 10 分钟后，撒上大蒜叶以及香油，即可出锅。

煲汤小贴士

在制作这款汤时，豆腐以及鸡血块在放入锅中后要轻轻晃动锅子，千万不能用勺子搅拌，也不可以用勺背推动豆腐或者是鸡血，否则，豆腐以及鸡血块容易被搅烂，影响汤饮的卖相不说，也使得口感大打折扣。

红枣木耳汤 ——益气，润肺，养血

口味类型	操作时间	难易程度
甜润	90分钟	★

煲汤小贴士

在制作这款汤时，所用到的干木耳在烹调前最好先用温水充分浸泡，泡发后仍然还是紧缩在一起的部分，就不适合食用了。因为这部分就算吃完，也不太容易消化，并且还含有一定的不良物质，食用后对身体不利。

|主料|

红枣 15 枚，木耳 20 克。

|辅料|

冰糖适量。

|制作步骤|

① 木耳用清水充分泡发，撕成小朵，反复清洗干净后，沥水备用。

② 红枣反复清洗干净，在清水中充分泡发后，去掉核，放置备用。

③ 开火上锅，将备好的木耳、红枣放入锅中，然后倒入足量的清水。

④ 锅里的水烧开后，放入适量冰糖，搅拌融化后，转小火煲40分钟左右，直至木耳软烂。

滋补功能

红枣能够滋补五脏，木耳可以补肝益气，此二者结合，所熬煮成的这款红枣木耳汤，操作简单，却具有很好的护肝滋养功效。女性经常食用的话，不仅可以达到补肝和胃、润肺和血的效果，还能使肌肤变得红润。

木耳猪血汤 ——滋阴养血，驻颜润肤

口味类型	操作时间	难易程度
鲜香	45分钟	★

|主料|

猪血 250 克，木耳 50 克。

|辅料|

盐适量。

|制作步骤|

❶ 将猪血清洗干净，切成小块备用；木耳泡发，清洗干净，撕成小朵。

❷ 开火上锅，将备好的猪血、木耳放入锅中，加足量水，用大火烧开。

❸ 用汤勺轻轻撇去锅中漂浮着的泡沫，转为小火继续煲煮 20 分钟左右。

❹ 最后根据个人口味，用小勺在汤中加入适量盐调味，即可出锅食用。

煲汤小贴士

此款美味的木耳猪血汤不仅可以养肝护肝，也是减肥的好帮手。对于正在减肥的朋友们来说，猪血无疑是一种极好的食物，因为它含有丰富的铁质，能防止减肥的朋友们因减肥而出现贫血的现象。

滋补功能

木耳和猪血都具有良好的护肝补血作用。二者结合在一起烹制成的这款鲜香美味的木耳猪血汤，能够使其营养功效达到双重的效果，从而使得此汤起到滋阴养血的功效，女性经常食用可以达到驻颜润肤的目的。

芹菜枣仁汤 ——平肝清热，养心安神

口味类型	操作时间	难易程度
咸鲜	30分钟	★

▍主料▍

鲜芹菜 90 克，酸枣仁 8 克。

▍辅料▍

盐适量。

▍制作步骤▍

① 将新鲜芹菜择干净，清洗干净，切成长短均等的小段，备用。

② 将枣仁浸泡在碗中的清水里，十分钟后清洗干净，捞出沥水，备用。

③ 开火上锅，将适量清水倒入锅中，烧沸，放入鲜芹菜、枣仁，煮熟。

④ 最后根据个人口味，用小勺在汤中加入适量盐调味，即可出锅食用。

煲汤小贴士

这款美味的芹菜枣仁汤操作简单，所用的时间也比较短，所以，一定要注意使用滚汤的方法来进行熬煮，也就是汤煮沸即可。这主要是因为芹菜和枣仁中的营养成分如果长时间熬煮，会损坏其中的维生素等营养成分。

滋补功能

芹菜的含铁量比较高，能够平肝清热，枣仁可以补血安心，二者共同熬煮成的这款芹菜枣仁汤，能够很好地帮助人们滋补五脏，非常适用于虚烦不眠、心神不宁、失眠多梦等症状，女性如果能够经常食用，可以滋养身心。

灵参红枣猪心汤 ——补肝润脾，宁心安神

口味类型	操作时间	难易程度
咸鲜	200分钟	★★

▌主料▌

猪心1个，灵芝、党参各6克，红枣5颗。

▌辅料▌

香油、食盐、味精各适量。

▌制作步骤▌

① 猪心剖开，切成大小基本相同的4瓣，在清水中浸泡一会儿，洗净血污。

② 灵芝冲洗，掰小块；党参浸透洗净，切厚片或小段；红枣洗净去核。

③ 将以上用料倒进盅中，加水适量，盖上盅盖，隔水炖，大火炖30分钟，中火炖50分钟。

④ 再转为小火炖90分钟，最后放入适量香油、食盐、味精调味即可。

🍲煲汤小贴士

灵芝面上会有一些孢子粉，但是，其在生产过程中很有可能已经导致灵芝孢子粉受到了污染，不利于健康。所以，要用灵芝来熬这款灵芝红枣猪心汤前，最好先用水反复冲洗，这样可以将污染物清洗干净。

滋补功能

灵芝具有安神、健胃护肝的作用，其与猪心、党参、红枣一同煲出的这款灵芝红枣猪心汤，具有良好的补养心血、宁心安神的功效。女性如果能够坚持适量食用，就可以有效地避免失眠多梦的现象。

菊花枯草海蜇汤 ——清肝泄火，化痰生津

口味类型	操作时间	难易程度
鲜香	200分钟	★★

|主料|

海蜇头、荸荠、夏枯草各30克，菊花15克。

|辅料|

盐2克。

滋补功能

菊花能够清热泻火；海蜇头、荸荠、夏枯草等可以滋养身心，化痰止津。这几样一起熬煮成的这款菊花枯草海蜇汤，能够起到养肝、明目的作用。女性定期食用此汤，可以帮助自己滋补肝肾，泻火明目。

|制作步骤|

❶将夏枯草、菊花分别去除杂质，然后浸泡在盛有清水的碗中，洗净沥水。

❷把荸荠的外皮去除干净，等彻底清洗干净后，切为两半，静置备用。

❸海蜇用清水浸泡一会儿，然后漂洗干净，捞出沥水，静置备用。

❹所有食材一同入锅，加适量清水，小火煮3小时左右，加盐调味即可。

煲汤小贴士

质量上乘的海蜇头，主要呈现为黄色或者是棕黄色，有光泽；边缘没有杂质，肉质坚实而具有韧性，没有汤心，尝起来口感脆嫩。在购买海蜇用来制作菊花枯草海蜇汤时，需要我们仔细挑选购买，料好，汤才能好。

猕猴桃银耳羹 ——滋阴润肺，养胃生津

口味类型	操作时间	难易程度
甜润	40分钟	★

煲汤小贴士

在挑选猕猴桃时，要挑接蒂处呈嫩绿色的，并且整体软硬一致。如果一个部位软，一个部位硬，那说明其是烂的。此外，由于猕猴桃性寒，所以不太适合多吃，脾胃虚寒者以及大便腹泻者需谨慎食用。

┃主料┃

猕猴桃 2 个，水发银耳 50 克，枸杞子 3 克。

┃辅料┃

冰糖适量。

┃制作步骤┃

❶ 将猕猴桃清洗干净，去掉外面一层带小绒毛的皮，切为薄片，备用。

❷ 将银耳在清水中充分浸泡发透，去杂后，清洗干净，撕成小朵，备用。

❸ 开火上锅，在锅中放入备好的银耳以及适量清水，开火煮至银耳熟。

❹ 在锅中加入备好的猕猴桃片、枸杞，添加适量冰糖，搅拌至融化，煮沸后出锅即可。

滋补功能

猕猴桃中含有丰富的维生素C，可以滋养肝肾；银耳又能够有效地提高肝脏的解毒能力，从而发挥保护肝脏的作用，所以，二者与枸杞共同熬煮成的这款猕猴桃银耳羹，具有良好的滋阴润肺、养胃生津的功效。

桑葚山萸贞莲汤 ——滋补肝肾，调节免疫

口味类型	操作时间	难易程度
咸鲜	90分钟	★★

▍主料▍

猪里脊肉200克，鲜桑葚15克，山萸肉15克，女贞子5克，旱莲草5克。

▍辅料▍

盐、葱姜汁、黄酒、水淀粉、清鸡汤各适量。

▍制作步骤▍

❶里脊肉洗净，切成细丝，用少许葱姜汁、黄酒、盐、水淀粉抓匀。

❷将桑葚、山萸肉分别浸泡在清水中一小会儿后，治净，捞出控干水分，备用。

❸把准备好的女贞子以及旱莲草充分烘干，然后研成细末，放置备用。

❹锅内放清鸡汤、桑葚、山萸肉，烧开后，放肉丝，推散后，撒入女贞子、旱莲草粉，再加盐调味。

🍲煲汤小贴士

在制作这道美味的桑葚山萸贞莲汤时有一个细节值得注意，那就是磨末入汤的环节。将女贞子、旱莲草烘干，研成细末后放入汤中，可以使其营养成分充分融入到汤汁中，而且人体食用后能充分吸收其中的营养成分。

滋补功能

山萸肉也被称作山茱萸，具有补益肝肾的效果；而桑葚则对脾脏有增重作用；此二者加之女贞子等具有护肝作用的食材，一起煲成的这款美味可口的桑葚山萸贞莲汤，可以在一定程度上有效地帮助女性朋友滋补肝肾，调节免疫。

桂圆芦荟火龙果汤 ——温中理气，养肝补血

口味类型	操作时间	难易程度
甜润	40分钟	★

滋补功能

桂圆具有补肝肾、健脾胃、益气血的功效；火龙果中含有很丰富的植物性蛋白，对肝脏具有一定的保护作用；芦荟可以清肝热、通便杀虫，三者结合熬煮成的桂圆芦荟火龙果汤，具有温中理气、养肝补血的作用。

▎主料▎

桂圆 100 克，芦荟 10 克，火龙果 300 克。

▎辅料▎

白糖适量。

▎制作步骤▎

①桂圆剥去外壳，取出果肉，在清水中浸泡一会儿；芦荟清洗干净切片。

②将火龙果去皮，取果肉切丁，放入沸水中汆烫片刻，捞出沥水备用。

③锅中放入桂圆肉、芦荟片、火龙果丁和适量的清水，用大火烧开。

④改为小火继续焖 5 分钟，加入白糖，搅拌匀，再次煮沸后起锅倒出即可。

🍲 煲汤小贴士

这款甜润爽口的桂圆芦荟火龙果汤，十分适合在饭后作为甜品食用。喜欢口感清脆的人，也可以适当缩短此汤的炖煮时间，这样食用起来口感更佳。此外，汤中用到的白糖可以用冰糖代替，可以提升汤的口感。

茼蒿肉丸汤 ——补肝润肺，稳定情绪

口味类型	操作时间	难易程度
鲜香	100分钟	★★

滋补功能

茼蒿也被称为蓬蒿，具有良好的养肝护肝的食疗功效；其与猪肉泥一同熬煮成的这款茼蒿肉丸汤，可以很好地帮助女性稳定情绪，达到补肝润肺的作用。此外，经常使用茼蒿肉丸汤，还能滋养肌肤，改善暗沉肤色。

▌主料▌

茼蒿100克，猪肉泥150克。

▌辅料▌

葱、姜、料酒、盐、味精、清汤、香油各适量。

▌制作步骤▌

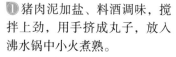

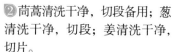

① 猪肉泥加盐、料酒调味，搅拌上劲，用手挤成丸子，放入沸水锅中小火煮熟。

② 茼蒿清洗干净，切段备用；葱清洗干净，切段；姜清洗干净，切片。

③ 锅中放入备好的葱段、姜片、清汤、肉丸，大火烧开后撇去浮沫。

④ 加入茼蒿、盐、味精，略煮片刻，去除葱姜，淋入适量香油即可出锅。

煲汤小贴士

茼蒿的营养价值非常高，其与肉、蛋等一起炒菜食用时，可以有效地提高其维生素A的吸收率。所以，我们在食用茼蒿时，最好先将茼蒿炒一下，可以保证其营养元素被我们充分吸收利用。

健脾和胃

山药章鱼瘦肉汤 ——健脾益气，补血开胃

口味类型	操作时间	难易程度
鲜香	200分钟	★★

▌主料▌

瘦猪肉 100 克，淮山药、章鱼各 30 克。

▌辅料▌

莲子 30 克，生姜 5 克，蜜枣 5 枚。

▌制作步骤▌

❶ 瘦肉清洗干净，切成均等大小的肉片，开水中稍微汆煮，捞出备用。

❷ 章鱼反复清洗干净，用水浸泡使其发软，切成小块，备用。

❸ 开火上锅，猪肉、章鱼、莲子、淮山药、蜜枣、生姜一同入锅。

❹ 锅中加水，用大火煮沸后，改小火煲 3 小时，即可出锅。

🍲煲汤小贴士

在这款美味的山药章鱼瘦肉汤当中，淮山药的补益效果非常的明显。冬季是淮山药的出产季节，在冬季经常适量食用淮山药对身体极好。

滋补功能

山药能够很好地调理脾胃，章鱼具有补血开胃的良好功效，此二者与瘦肉共同熬煮成的这款美味无比的山药章鱼瘦肉汤，能够有效帮助我们滋补身体，养胃和血。

菠菜山药汤 ——清热利尿，健脾补血

口味类型	操作时间	难易程度
咸鲜	60分钟	★

| 主料 |

山药 20 克，菠菜 300 克，猪瘦肉 100 克。

| 辅料 |

植物油 25 克，盐、味精各 3 克。

| 制作步骤 |

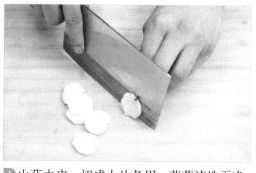

①山药去皮，切成大片备用；菠菜清洗干净，切成片；猪肉清洗干净，切成片。

②开火上锅，油倒入锅中，烧热后放入猪肉，炒至变色，倒入适量水烧沸。

③在锅中放入准备妥当的山药块，用中火熬煮 20 分钟左右。

④接着放入备好的菠菜煮熟，加入适量盐以及味精，调味后即可出锅。

煲汤小贴士

在制作这道美味的菠菜山药汤时需要注意一点，菠菜中含有大量的草酸，在酸性条件下不易分解，但其在碱性条件下能被分解，所以菠菜适宜与碱性食物搭配食用，如猪血、猪肝、海带等。

滋补功能

菠菜具有养血润燥的功效，其与补肝的山药、瘦肉共同熬煮成的这款美味无比的汤品，长期食用能够达到养胃健脾、滋补肝肾、清热利尿的效果。女性经常食用可以调补脾胃，促进肠胃消化。

番茄菠菜蛋花汤 ——养阴凉血，生津止渴

▌主料▌

番茄2个，菠菜200克，鸡蛋1个。

▌辅料▌

鸡精2克，姜3片，盐适量。

▌制作步骤▌

滋补功能

番茄中含有丰富的维生素、果酸等营养成分，可以滋养脾胃；鸡蛋中的蛋白质对肝脏组织损伤有修复作用。二者与菠菜搭配熬煮成的汤能够养阴凉血、生津止渴，女性经常食用可以滋补脾胃，改善面部肤色。

① 番茄清洗干净，切成块备用；菠菜清洗干净备用；鸡蛋打成蛋液备用。

② 开火上煮锅，将适量清水倒入锅中，加入备好的姜片，用大火煮沸。

③ 接着在煮开的锅中放入准备妥当的番茄块以及菠菜，继续煮熟。

④ 二者煮熟后，倒入备好的蛋液，搅拌均匀，放入鸡精、盐调味即可。

口味类型	操作时间	难易程度
鲜香	30分钟	★

煲汤小贴士

鸡蛋的吃法多种多样，就对其营养的吸收以及消化率来讲，煮鸡蛋是最佳的吃法，不过要注意在吃的时候要细嚼慢咽，否则会影响吸收和消化。除了煮鸡蛋，就是将鸡蛋做汤食用，也能够帮助我们很好地吸收鸡蛋中的营养。

番茄蘑菇豆腐汤 ——清热生津，滋润肌肤

|主料|

豆腐 200 克，番茄 1 个，蘑菇 50 克。

|辅料|

葱、姜末各 5 克，香油 3 克，水淀粉 5 克，鸡精、盐各适量。

|制作步骤|

① 豆腐切成片；番茄清洗干净，切成块备用；蘑菇洗净，撕成朵备用。

② 开火上锅，加入适量油，油热后将葱姜末一起放入油锅中，爆香。

③ 在爆香的油锅中倒入准备好的番茄块，快速翻炒片刻；倒入适量的水，煮沸。

④ 放入蘑菇，煮 5 分钟；放入豆腐，小火煲 20 分钟，加水淀粉勾芡，在加香油、盐和鸡精调味即可。

口味类型	操作时间	难易程度
鲜香	40分钟	★

🍲煲汤小贴士

在制作这道美味可口的番茄蘑菇豆腐汤时，想要将蘑菇洗干净最好用自来水不断地去冲洗，这样流动的水可以避免农药渗入果实中，此外，洗干净的蘑菇也不要马上吃，最好再用残洁清浸泡 5 分钟。

滋补功能

番茄中含有丰富的胡萝卜素和B族维生素，能够清热泻火；豆腐中含有较高的蛋白质，可以健脾养胃；而蘑菇能益气开胃。所以，女性如果能够经常食用这款汤，能够健脾和胃，达到清热生津、滋润肌肤的作用。

陈皮砂仁白术猪肚汤 ——健脾开胃，促进食欲

口味类型	操作时间	难易程度
鲜香	150分钟	★★

┃主料┃

陈皮、砂仁各 6 克，白术 30 克，鲜猪肚半个。

┃辅料┃

生姜 5 片，盐适量。

┃制作步骤┃

❶猪肚去除干净肥油，放入开水中汆烫一会儿，捞出后刮去白膜备用。

❷将陈皮、白术、砂仁、生姜全部用清水冲洗干净；生姜切片备用。

❸开火上锅，将全部的用料放入汤锅中，加入适量清水，用大火煮开。

❹再改用小火继续煲 2 小时左右，加入适量盐调味即可。

煲汤小贴士

在制作这款美味的陈皮砂仁白术猪肚汤前，一定要去除干净猪肚上的猪油，因为猪肚上含有较多的油脂，如果不去除，那么在煲汤的过程中，猪油就会融入汤汁中，使汤变得油腻，食用后容易引起发胖。

滋补功能

陈皮、砂仁、白术等中药都有良好的健胃功效；猪肚可以补虚损、健脾胃，其共同熬煮成的汤能够健脾开胃，促进食欲；尤其适宜腹胀、纳食不香、消化不良者食用，女性经常食用也可缓解脾胃虚寒的症状。

陈皮瘦肉汤 ——理气调中，健脾和胃

口味类型	操作时间	难易程度
咸鲜	80分钟	★

▌主料▌

猪里脊肉 100 克，陈皮 5 克。

▌辅料▌

生姜 5 克，食盐适量。

▌制作步骤▌

❶ 猪里脊肉清洗干净后，切成薄片备用；姜清洗干净，切成片备用。

❷ 开火上锅加清水，肉片、姜片一同放入清水锅中浸泡 30 分钟，大火煮开。

❸ 将陈皮清洗干净，切为细丝后，在小碗中用温水泡 10 分钟左右，捞出备用。

❹ 把准备好的陈皮放入锅中，煮沸后转小火煲 20 分钟，加盐调味即可。

🍲煲汤小贴士

在煲煮这道陈皮瘦肉汤时，肉片宜切成片状，这是因为这样煲出来的汤才能够保持清爽。另外，在煲汤时，最好选用猪里脊肉，这部分的肉油脂比较少，煲出来的汤比较清淡，食用后不会引起人体发胖。

滋补功能

陈皮当中含有一种特殊的挥发油，对肠胃具有温和、良好的刺激作用；瘦肉则具有一定的理气调中的功效，所以这款美味可口的陈皮瘦肉汤，非常适合脾胃不调的人食用。女性如果长期食用，可以调补肠胃，达到健脾和胃的效果。

山楂柑橘脊骨汤 ——促进消化，清肠排毒

口味类型	操作时间	难易程度
鲜香	90分钟	★★

▌主料▌

脊骨 250 克，山楂 15 克，柑橘 1 个。

▌辅料▌

生姜 2 片，盐适量。

▌制作步骤▌

❶脊骨全部剁成小块，放入清水中，焯烫出血水后，捞出沥水，冲干净。

❷将柑橘去掉外皮，掰成小瓣备用；山楂清洗干净，去掉核备用。

❸开火上锅，将备好的脊骨、生姜放入沸水锅中，烧沸，放入山楂、柑橘。

❹转为小火，继续熬煮 1 小时左右，在汤中加入适量盐调味，即可出锅食用。

🌸煲汤小贴士

在购买山楂时，要注意挑选果实个大没有畸形，并且大小均匀的。此外，山楂的果皮要新鲜红艳、具有光泽，没有皱缩，没有干疤虫眼，或者是其他外伤的。因为这样的山楂清新，而且酸甜适中。做汤口感较好。

滋补功能

山楂、柑橘能够健胃消食；脊骨则具有很好的顺气化瘀、滋养脾胃的功能。这些食材共同熬煮的这款山楂柑橘脊骨汤，可以养胃和气、促进消化，女性常饮该汤具有清肠排毒功效，促进食欲，以调理气血，滋润肌肤。

黄豆鲫鱼汤 ——健脾，润肺，止咳

▌主料▌

黄豆 20 克，鲫鱼 1 条。

▌辅料▌

生姜 3 片，盐适量。

▌制作步骤▌

① 将鲫鱼除去鱼鳞，去干净鱼鳃，清理干净内脏，用清水冲洗干净。

② 将清理干净的鲫鱼放入沸水中进行汆烫，以除干净鱼肉上的污血。

③ 另取汤锅，将适量清水倒入锅中，烧开，放入备好的鲫鱼、黄豆、生姜。

④ 用大火煮沸后，转为小火炖煮约 1 小时左右，加入适量盐调味，即可出锅。

口味类型	操作时间	难易程度
咸鲜	100分钟	★★

煲汤小贴士

在制作这款鲜香美味的黄豆鲫鱼汤时，要掌握一些小技巧。将鱼去鳞剖腹洗净后，放入盆中，倒一些黄酒或料酒腌制片刻，就能除去鱼肉中的腥味，此外，还能使熬煮出来的鱼汤更富有口感，味道更加鲜美。

滋补功能

黄豆鲫鱼汤不仅味道爽口，还含有丰富的蛋白质等营养成分，能够健脾利湿，和中开胃，活血通络，是一款滋补性很强的膳食鲜汤。女性如果能够长期坚持，时常饮该汤不仅可以和胃润燥，还能增加肌肤的弹性。

黄鳝粉丝汤 ——补气养血，温阳健脾

| 主料 |

鳝鱼 250 克，粉丝 75 克。

| 辅料 |

盐 5 克，味精 1 克，胡椒粉 1 克，黄酒 15 克。

| 制作步骤 |

❶ 将细粉丝先用清水冲洗一下，然后用温开水泡软，捞出沥水备用。

❷ 鳝鱼清洗干净，切成均等的小段，放入沸水锅中略烫，捞出备用。

❸ 将适量清水倒入锅中，煮沸后，放入备好的鳝鱼、粉丝，倒入适量黄酒。

❹ 煮沸后，转为小火炖煮15分钟左右，加入适量味精、盐、胡椒粉调味即可。

口味类型	操作时间	难易程度
咸鲜	60分钟	★★

煲汤小贴士

在制作这款鲜美的黄鳝粉丝汤时，最好选择细粉丝，这是因为细粉丝容易煮熟，可以节省大量熬煮的时间。此外，细粉丝食用起来也会非常爽滑，口感良好。不过，在进行第一步烹饪时，要注意是用温水浸泡粉丝，而不是滚开水。

滋补功能

黄鳝中含有一种被叫做"鳝鱼素"的成分，可以帮助机体清热解毒、温补脾胃；而粉丝具有清热解毒、补气养血的功效。二者一起熬成的这款鲜香美味的黄鳝粉丝，可以帮助女性养胃健脾、益气补血，所以非常适合女性食用。

红枣芹菜汤 ——补益脾胃，养血安神

口味类型	操作时间	难易程度
咸鲜	30分钟	★

┃主料┃

香芹 100 克，红枣 20 克。

┃辅料┃

盐适量。

┃制作步骤┃

❶将香芹去除根部，去掉叶子，保留茎部，清洗干净，切成段备用。

❷红枣清洗干净，在清水中充分泡发后，去掉核，放置备用。

❸开火上汤锅，将适量清水倒入锅中，放入准备好的香芹、红枣，大火煮沸。

❹改为小火，煎煮10分钟，在汤中加入适量盐调味，即可出锅食用。

🍲煲汤小贴士

需要注意的是，这款美味的红枣芹菜汤在制作的时候，不适合煲的时间过长，这主要是因为，香芹和红枣都比较容易熟，如果熬煮的时间过长的话，会破损其中的维生素、铁等营养成分，造成一定的浪费。

滋补功能

红枣的补胃效果良好；芹菜能够调胃补气、清热解毒，二者熬煮成的这款爽口的红枣芹菜汤制作简单，具有良好的补益脾胃、养血安神之功效。女性若经常食用可以调养脾胃，缓解由脾胃虚寒导致的手脚冰凉等症。

薏米芡实莲子汤 ——滋阴养神，健脾渗湿

口味类型	操作时间	难易程度
清淡	60分钟	★

|主料|

莲子 20 克，薏米、芡实各 10 克，银耳 1 朵。

|辅料|

色拉油适量。

|制作步骤|

❶ 将银耳在清水中充分浸泡，发透后去杂，清洗干净，撕成小朵备用。

❷ 开火上锅，锅中加入适量油，将莲子、芡实、薏米入油锅中，略炒。

❸ 将足量的清水倒入油锅当中，然后用大火快速煮开。

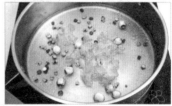

❹ 放入准备妥当的银耳，用中小火一直煮至银耳熟烂，即可关火出锅。

煲汤小贴士

在煲煮这款鲜美的薏米芡实莲子汤时，可以用电饭锅或者是高压锅。因为银耳不易煮得软烂，而高压锅或电饭煲中具有一定的压力，这样煲出来的银耳会比较柔软，入口即化，口感非常好。

滋补功能

薏米具有健脾利水、利湿除痹的功效；芡实、莲子可以补脾止泄、利水渗湿，这三者与具有滋润效果的银耳共同熬煮成的这款美味的薏米芡实莲子汤，可以达到滋阴养神的功效，女性定期食用该汤可以滋阴，也可以缓解皮肤干燥的现象。

椰子香菇燕窝鸡肉汤 ——养阴润燥，补脾益心

|主料|

鸡肉 250 克，椰子肉 1 个，香菇 20 克，燕窝少许。

|辅料|

白酒、盐适各量。

|制作步骤|

① 燕窝浸泡在清水中，泡软后，去细毛洗净备用；香菇用温水泡发，洗净备用。

② 鸡肉清洗干净，切成大小均等的小块，放入沸水锅中氽烫，捞出沥水备用。

③ 适量的清水倒入烫锅当中，放入备好的鸡肉、燕窝、椰子肉、香菇。

④ 用中小火煲煮 3 小时，倒入适量白酒，加入适量盐，调味后即可出锅。

口味类型	操作时间	难易程度
鲜香	210分钟	★★

煲汤小贴士

想要这款汤味道更佳鲜美，在煲汤时要记得将适量白酒倒入汤饮中，如此可以增加汤汁的香甜度。因为白酒经发酵而成，其中带有一定的香醇味道，将其与汤饮混合，可以使汤饮变得更加爽口。

滋补功能

这款美味的椰子香菇燕窝鸡肉汤中食材比较多，营养丰富，其中鸡肉含丰富的蛋白质，可以润脾健胃；而椰子肉和香菇都具有滋阴润燥的功效。所以该汤有良好的补脾益心效果，适合女性食用，若常饮该汤能够调养脾胃。

芋头肥肠煲
——防治胃酸，促进消化

▎主料▎

猪大肠350克，芋头200克。

▎辅料▎

植物油、大蒜、黄酒、水淀粉、蚝油、酱油、白糖、盐、胡椒粉、味精各适量。

▎制作步骤▎

① 肥肠洗净，放入开水中煮透，捞出沥干；芋头去皮，切滚刀块；蒜去皮，洗净。

② 炒锅中放油烧热，把芋头下锅炸，待其颜色发黄时，把蒜瓣、肥肠一同下锅稍炸捞出。

③ 锅中留余油少许，把蚝油倒入锅中炒出香味，加入黄酒、酱油，再添入适量的开水。

④ 把肥肠、芋头、蒜、白糖、胡椒粉、盐、味精都放入锅中，烧开，勾入水淀粉即可。

口味类型	操作时间	难易程度
咸鲜	50分钟	★★

🍲煲汤小贴士

清洗猪肠时，应该先将猪肠翻卷过来，然后放入捣碎的葱结中，将猪肠揉搓至无滑腻感，再用水反复清洗，这样可以去除猪肠的异味。此外，要注意在清理肥肠的时候，要从中间剖开，去干净油脂。

滋补功能

芋头属于碱性食品，能够很好地中和我们体内积存的酸性物质，可以有效防治胃酸过多；其与具有补气和血、养胃生津功效的猪大肠一起烹煮出来的这款美味的芋头肥肠煲，能够健脾养胃，防治胃酸过多，进而促进消化。

肚肺竹笋汤 ——清热补虚，健脾养胃

口味类型	操作时间	难易程度
鲜香	50分钟	★★

┃主料┃

猪肚 100 克，猪肺 120 克，竹笋 40 克。

┃辅料┃

葱、姜、料酒、盐、味精、清汤、胡椒粉各适量。

┃制作步骤┃

❶葱清洗净，斜切成小段；姜清洗干净，切片备用；竹笋洗净，切片。

❷将猪肚、猪肺分别洗净，切片，放入开水中氽烫片刻，捞起沥干。

❸锅中倒入油烧热后，放入葱段、姜片、笋片、猪肚、猪肺、料酒煸香。

❹加入清汤烧开，撇去浮沫，撒入胡椒粉以及适量盐，继续煮5分钟即可食用。

煲汤小贴士

竹笋味清淡，质脆嫩，是家常菜肴的上好原料，但并不是所有的竹笋都具有食用价值，只有组织细嫩、无不良风味的才可食用。想要提升这款汤的鲜美程度，就一定要清洗干净猪肚和猪肺。

滋补功能

猪肚为补脾胃的要品；竹笋则具有开胃、促进消化的作用；此二者加之猪肺一起熬汤，使得这款美味的肚肺竹笋汤具有了良好的健脾和胃的营养功效。女性如果能够长期坚持，经常食用该汤，能够帮助自己清热补虚、健脾养胃。

补肾益肾

虫草桂圆肉汤 ——气血双补，保肺益肾

|主料|

猪里脊肉100克，冬虫夏草5个，桂圆20克。

|辅料|

枸杞8克，生姜3克，冰糖适量。

|制作步骤|

①瘦肉清洗干净，切成大小均匀的肉片，开水中稍微焯煮，捞出备用。

②生姜清洗干净切片；冬虫夏草、桂圆、枸杞清洗干净。

③将肉块、虫草、桂圆、枸杞、生姜放入清水锅中，煮沸。

④转为小火，继续炖煮40分钟，加入冰糖，搅匀即可。

口味类型	操作时间	难易程度
甜润	60分钟	★★

煲汤小贴士

真正的冬虫夏草闻起来有草菇的香气，并且带一点点腥味，假冒的冬虫夏草闻起来不像真的那样略有腥味，所以在购买时一定要注意辨别真伪。

滋补功能

虫草中含有大量的精蛋白、精纤维等营养成分，能够补气益血；桂圆具有很好的补肾生津功效，二者与猪肉共同熬汤，能够起到保肺益肾的良好效果，适合肾虚、气血不足的女性食用。

虫草红枣鸽子汤 ——补肝益肾，益气补血

▌主料▐

鸽子 1 只，红枣 6 颗，冬虫夏草 5 个。

▌辅料▐

生姜 10 克，枸杞适量，盐适量。

▌制作步骤▐

❶鸽子去干净毛，清理好内脏，处理干净，放入沸水锅中余烫，捞出沥水。

❷将生姜清洗干净后，切成小片，放入早已准备好的鸽子腹中。

❸开火上锅，将适量清水倒入锅中，放入鸽子，用大火煮沸。

❹撇去浮沫，放入红枣和虫草，转小火炖 2 小时，加入盐、枸杞，煮 5 分钟可。

口味类型	操作时间	难易程度
咸鲜	150分钟	★★

 煲汤小贴士

鸽子的营养价值非常高，其血也有很强的滋补性。在制作这款美味的虫草红枣鸽子汤时，要掌握个技巧，在宰杀鸽子时要用水淹死，再用热水拨毛，因为带血的鸽肉滋补性才非常强，否则鸽肉的滋补性会打折扣。

滋补功能

鸽子能够滋补肝壮肾、滋补益气；红枣可以补血生津；冬虫夏草又可固本培元。所以三者熬煮成的这款虫草红枣鸽子汤的滋补作用非常强，具有良好的补肝肾、补气血的作用，非常适合孕妇以及体弱者食用。

杜仲排骨红枣汤 ——理气补血，益肝肾

口味类型	操作时间	难易程度
鲜香	90分钟	★★

▎主料▎

排骨 300 克，杜仲 5 克，红枣 15 颗。

▎辅料▎

枸杞 10 克，生姜 5 片，盐适量。

▎制作步骤▎

①排骨剁成 3 ~ 4 厘米长的小块，用清水反复清洗干净，沥水备用。

②开火上锅，将剁好的排骨放入沸水锅中进行氽烫，捞出沥水备用。

③将适量清水倒入锅中，烧开，放入排骨、杜仲、红枣、枸杞、生姜。

④煮沸后，转小火煲 1 小时，在汤中加入适量盐调味，即可出锅食用。

煲汤小贴士

在制作杜仲排骨红枣汤的过程当中需要注意一点，氽烫排骨时只要将排骨氽烫变色即可，不可长时间进行氽烫，因为这样不仅让排骨肉变硬，还会造成排骨中营养成分的流失。

滋补功能

杜仲能够有效增强肾上腺皮质功能，增强机体的免疫功能；排骨与红枣又具有补肾益肾的功效。所以其共同熬煮成的这道杜仲排骨红枣汤具有很好的补益功效，可以理气补血、益气养精。女性常饮该汤还能滋润养颜。

杜仲栗子鸡腿汤 ——补肾活血，益气和胃

口味类型	操作时间	难易程度
鲜香	90分钟	★★

▌主料▌

鸡腿300克，栗子50克，杜仲、枸杞各适量。

▌辅料▌

米酒10克，高汤、精盐各适量。

▌制作步骤▌

❶ 鸡腿剁成小块，清洗干净后，放入沸水锅中氽烫，捞出沥水备用。

❷ 杜仲、枸杞子清洗干净，备用；栗子用清水泡软，清洗干净备用。

❸ 开火上锅，鸡腿块、杜仲、栗子、枸杞子放入锅中，再倒入高汤和米酒。

❹ 烧开，转为小火煲1小时，在汤中加入适量盐调味，即可出锅食用。

🥘 煲汤小贴士

在制作杜仲栗子鸡腿汤时，有一个小技巧，生栗子洗净后放入器皿中，加少许精盐，用滚沸的开水浸没，盖上锅盖。5分钟后取出栗子，将其切开，栗皮即随栗子壳一起脱落，这种方法去栗壳简单方便。

滋补功能

杜仲是名贵的滋补药材，具有补肝肾的功效；栗子能够养胃健脾、补肾壮腰，鸡肉可以强肝健骨；所以这款美味无比的杜仲栗子鸡腿汤，虽然操作比较简单，但是其补肾活血的作用非常好，适宜肾虚、脾胃不和的人食用。

枸杞猪腰汤 ——益肾阴，补肾阳

口味类型	操作时间	难易程度
咸鲜	70分钟	★★

▌主料▐

猪腰 250 克，枸杞 20 克。

▌辅料▐

生姜 10 克，鸡精 2 克，料酒 5 克，精盐适量。

▌制作步骤▐

① 猪腰清洗干净，切成片，放入沸水锅中氽烫，捞出沥水备用。

② 生姜清洗干净，在案板上切成大小均匀的小薄片，放置一边备用。

③ 开火上锅，将猪腰、枸杞、生姜放入锅中，加适量水，倒入料酒，煮沸。

④ 转为小火继续煲40分钟左右，在汤中加入适量盐、鸡精，调味即可。

煲汤小贴士

在煲制这款美味的枸杞猪腰汤时，鸡精等调料要等到汤汁熬熟后再放入锅中，这样，不仅能够达到提升汤汁鲜味的作用，同时还可以防止鸡精等因熬煮的时间过久而产生对人体有害的物质。

滋补功能

这款枸杞猪腰汤中含有丰富的蛋白质、维生素A等营养成分，可以滋补肝肾、益气养血，常饮此汤不仅能够滋补肝肾，还能促进血液循环，改善面部暗沉的现象，滋养肌肤。此汤十分适合女性经常食用。

枸杞山药羊肉汤 ——补气滋阴，暖中补虚

口味类型	操作时间	难易程度
咸鲜	70分钟	★★

|主料|

羊肉 200 克，山药 50 克，枸杞子 10 克。

|辅料|

红枣 10 颗，姜片、葱段、盐、料酒各适量。

滋补功能

羊肉能够温气补血；山药可以补肾益气；枸杞则能滋润养颜。三者搭配可以使这款美味的枸杞山药羊肉汤具有极好的健脾益胃、强健机体、滋肾益精的作用。妇女白带多、小便频数者食用具有一定的食疗效果。

|制作步骤|

❶ 羊肉清洗干净，切成小块，放入加了姜片、葱段、料酒的沸水中余烫。

❷ 将山药清洗干净，去皮切片备用；枸杞子洗净；红枣清洗干净，泡发后去核备用。

❸ 将备好的羊肉块、红枣放入清水锅中，大火煮沸，转小火煮 40 分钟。

❹ 接着把备好的山药、枸杞子放入锅中，煮熟后，加适量盐调味即可出锅。

🍲煲汤小贴士

在制作这款枸杞山药羊肉汤时需要注意，羊肉具有独特的膻味，主要是因为脂肪中含有石碳酸的成分，去掉脂肪之后，羊肉便不会再有膻味，所以煲汤前要将羊肉的脂肪去掉，这样煲出来的汤就不会有浓重的腥味。

栗子白菜香菇火腿汤 ——健脾补肾，强筋活血

| 主料 |

栗子 150 克，白菜 250 克，香菇 3 朵，火腿适量。

| 辅料 |

生姜 10 克，麻油 3 克，盐适量。

| 制作步骤 |

❶白菜洗净择好，切成长条备用；火腿清洗干净，也切成条备用。

❷香菇用清水泡发，清洗干净后，切成片；生姜清洗干净，切成片。

❸姜片放入热油锅中，爆香，倒入适量水，加入备好的栗子和香菇，煮沸。

❹接着放入准备好的白菜、火腿煮熟，加入盐和少许麻油调味即可。

口味类型	操作时间	难易程度
鲜香	50分钟	★★

🍲煲汤小贴士

在挑选栗子的时候，要看栗子的颜色，颜色较浅，并且其表面像覆了一层薄粉，不太光泽，这样的栗子才是新鲜的。而表面光亮，颜色深如巧克力的栗子是陈年的栗子，最好不要购买。

滋补功能

栗子中含有丰富的蛋白质以及维生素等营养成分，是健肾补脾的佳品；其与通筋活血的白菜、香菇等一起搭配，熬煮成的这道栗子白菜香菇火腿汤能够具有补肾强腰，达到清肺热、利尿，益脾养胃的效果。

田七海马乌鸡汤 ——大补元气，改善肾阳不足

口味类型	操作时间	难易程度
咸鲜	80分钟	★

▌主料▐

田七 50 克，乌鸡 1 只，海马 200 克。

▌辅料▐

红枣 8 颗，枸杞子、盐各适量。

▌制作步骤▐

① 乌鸡宰杀，去干净鸡毛，再去掉内脏，清洗干净；田七蒸软，切片。

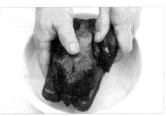

② 开火上锅，加入适量清水，把清洗干净的乌鸡放入清水锅中，煮沸。

③ 锅中放入准备好的田七、海马、枸杞、红枣，转小火煲 1 小时。

④ 关火，最后根据个人口味，用小勺在汤中加入适量盐调味，即可出锅食用。

🥄煲汤小贴士

在选购乌鸡时需要注意，新鲜的乌鸡鸡嘴一般都比较干燥，而且富有光泽，口腔的黏液呈灰白色，洁净没有异味，而且皮肤毛孔隆起，表面干燥而紧缩；肌肉结实，富有弹性。

滋补功能

海马具有强身健体、补肾壮阳的功效；乌鸡能够补气益血，此二者均为大补之物，与促进血液循环的田七一起熬煮成的田七海马乌鸡汤，能够滋补肝肾、补气养血，改善肾阳不足，适合女性日常食用。

笋片甲鱼火腿豆腐汤 ——滋阴补肾，清热泻火

口味类型	操作时间	难易程度
咸鲜	90分钟	★★

▌主料▐

甲鱼1只，冻豆腐250克，笋片100克，火腿片50克，绿叶菜25克。

▌辅料▐

葱段、姜片各适量，味精2克，胡椒粉3克，料酒10克，盐适量。

▌制作步骤▐

① 绿叶菜清洗干净，切成小片备用；甲鱼彻底处理干净；冻豆腐切成小块。

② 甲鱼、冻豆腐放入锅中，倒入适量水、料酒，大火煮沸。

③ 放入笋片、火腿片、葱段、姜片小火炖约1小时。

④ 接着放入绿菜叶，调入适量盐、味精、胡椒粉，煮5分钟即可。

🥄 煲汤小贴士

我们在制作此汤时，一定要用新鲜的甲鱼，因为甲鱼死后，腹甲颜色会很快发生变化，一般变成褐红或浅红色，也有呈绿黑，人吃了死甲鱼肉，会对身体极为有害。因此，必须挑选活的甲鱼，并现吃现宰。

滋补功能

甲鱼能够补劳伤、壮阳气；豆腐可以益气和中、生津润燥；笋又能够滋阴润肺。这三者与火腿、绿菜叶等炖煮成的笋片甲鱼火腿豆腐汤，含有较高的营养成分，可以滋阴润燥、补肾强身，适合身体虚弱以及肝病者食用。

冬笋鲜蘑火腿鸽子汤 ——补气养血，养肝益肾

口味类型	操作时间	难易程度
鲜香	150分钟	★

滋补功能

冬笋中含有丰富的维生素，能防止毒素对肝细胞的损害；鸽子则能够平肝降火；鲜蘑可益神开胃。这三种食材与火腿煮成的冬笋鲜蘑火腿鸽子汤不仅味道鲜香，还能补气养血、强身健骨，适合有贫血等症状的女性食用。

| 主料 |

鸽子1只，冬笋25克，鲜蘑20克，火腿10克。

| 辅料 |

清鸡汤1000克，料酒10克，葱10克，姜5克，白糖、盐各适量。

| 制作步骤 |

①鸽子洗净，剁成小块；冬笋、鲜蘑、火腿切成片；葱切成段；姜拍松。

②鸽子块开水汆烫，捞出冲去血；鲜蘑、冬笋焯烫透后，捞出备用。

③锅内放入适量清鸡汤，烧开后放入鸽子块及葱、姜、料酒、盐、白糖。

④大火烧开后，小火炖至七成熟，放入冬笋、鲜蘑、火腿继续小火炖至鸽子肉烂，撇去浮油即可。

煲汤小贴士

蘑菇是比较不容易保存的一种食物，做完冬笋鲜蘑火腿鸽子汤后如果剩下了，时间稍一久便会变黄。所以购买新鲜的蘑菇后，将其切开，淋上柠檬或醋，可防止其变色。

太子罗汉百合肉片汤 ——温补肾气，清热生津

口味类型	操作时间	难易程度
咸鲜	150分钟	★

滋补功能

太子参补气益脾，养阴生津，罗汉果则可以清肺利咽，百合可以补肾活血，其与猪肉熬煮成的这款美味的太子罗汉百合肉片汤，能够起到补肾益气、清肺止咳的功效。女性常饮该汤可以滋润脾胃，清热生津。

主料

太子参 25 克，百合 15 克，猪肉 200 克，罗汉果半个。

辅料

盐适量。

制作步骤

① 将太子参、百合分别冲洗干净，太子参沥干备用，百合泡水半个小时。

② 猪肉清洗干净，切成大小均匀的肉片，开水中稍微汆煮，捞出备用。

③ 开火上锅，锅内加水烧开水，放入猪肉煮至五成熟，加少量盐调味。

④ 小火续煮 5 分钟后，放入其余食材，小火慢煮 2 小时，最后再加盐调味即可。

煲汤小贴士

在挑选百合干时，应该挑选干燥、没有任何杂质、肉比较厚的百合干。优质的百合干看起来是晶莹透明的。如果日常生活中食用百合，则以家种、味不苦、鳞片阔而薄者为佳。

胡玉白菜排骨汤 ——滋阴补肾，益气补血

口味类型	操作时间	难易程度
鲜香	200分钟	★★

滋补功能

胡萝卜、玉米中都含有丰富的维生素，可以很好地保护肝脏解毒；排骨可以补充人体所需的钙质；圆白菜则能排毒养颜。所以这道胡玉白菜排骨汤，具有良好的滋阴补肾效果，女性常饮此汤还能达到益气补血的食疗效果。

▎主料▎

排骨500克，胡萝卜1根，玉米1根，圆白菜100克。

▎辅料▎

葱白2段，姜3片，盐、料酒各适量。

▎制作步骤▎

❶ 排骨清洗干净，切成3厘米左右的小块，在开水中汆烫一下。

❷ 将玉米、圆白菜分别清洗干净，切块；胡萝卜去皮清洗干净，切块。

❸ 开火上锅，排骨下锅，加料酒、姜片、葱白及适量清水，大火烧开。

❹ 小火煲2小时，加入圆白菜，大火烧开后小火再炖半小时，最后加盐调味。

煲汤小贴士

不管是在什么季节，不管是什么品种的圆白菜，在购买的时候都要挑选叶球坚硬紧实的圆白菜，但是，顶部隆起的圆白菜表示球内开始挑薹，中心柱过高，食用风味变差，不要购买。

大蒜苁蓉羊肉汤 ——温补肾阳，强壮身体

口味类型	操作时间	难易程度
咸鲜	200分钟	★★

主料

羊肉500克，大蒜60克，肉苁蓉30克。

辅料

生姜4片，盐、味精各适量。

制作步骤

①羊肉清洗干净，切块，在开水汆烫，去膻味，捞出沥水备用。

②大蒜剥去皮，与生姜、肉苁蓉分别清洗干净；生姜切为小块备用。

③羊肉、大蒜、生姜、肉苁蓉一同入锅，加入适量清水，大火煮沸。

④改为小火煲3小时后，加入适量盐和味精调味，即可出锅食用。

🥣煲汤小贴士

除了做汤以外，生吃大蒜比较好。这是因为若把大蒜碾碎，大蒜中的蒜氨酸和蒜酶这两种有效物质会形成大蒜素，大蒜素有很强的杀菌作用，但其遇热会很快失去作用，所以以吃生蒜要比熟蒜效果好。

滋补功能

这款美味的大蒜苁蓉羊肉汤的温性效果良好，具有温补肾阳、强壮身体的功效，非常适用于体虚多病的女性食用，如果是经常饮用，可以有效地促进新陈代谢，改善一些女性体弱多病的情况。但也不宜多食，容易上火。

鱿鱼虾仁粉条汤 ——补肾强身，健胃祛寒

┃主料┃

鱿鱼 300 克，虾 200 克，宽粉条 100 克。

┃辅料┃

姜丝、葱末各 5 克，清鸡汤、盐、胡椒粉各适量。

┃制作步骤┃

①鱿鱼清洗干净，去膜，切为小块备用；虾去壳、去沙线，洗净取虾仁备用。

②取一个容器，加入微温的清水，将粉条放入，慢慢泡软，备用。

③开火上锅，倒入鸡汤，在鸡汤中加入姜丝，烧开后放入鱿鱼和虾仁。

④煮开后，加入粉条，再次煮开后加盐、胡椒粉调味，最后撒上葱末即可。

口味类型	操作时间	难易程度
咸鲜	60分钟	★★

煲汤小贴士

优质的鱿鱼体形完整坚实，呈粉红色，富有光泽，体表面呈现白霜，肉肥厚，看起来呈半透明，背部不红，在购选鱿鱼时一定要仔细挑选。另外，这款美味的鱿鱼虾仁粉条汤，比较适合作为日常汤饮经常食用。

滋补功能

鱿鱼和虾可以缓解肾虚等症状，粉条中含有膳食纤维，促进消化。其与杀菌的葱姜等煮成的这款可口的鱿鱼虾仁粉条汤，可以帮助身体健胃祛寒，补肾强身。女性定期食用还可以滋补强身，缓解身体的虚寒之症。

润肺止咳

玉竹鸽子汤 ——生津养阴，清燥润肺

口味类型	操作时间	难易程度
鲜香	80分钟	★★

┃主料┃

老鸽1只，沙参20克，玉竹20克，杏仁10克，猪瘦肉200克。

┃辅料┃

姜2片，精盐适量。

┃制作步骤┃

❶老鸽除干净鸽毛，去除内脏，充分清洗干净，切块，放入沸水锅中氽烫。

❷将沙参、玉竹分别用清水冲洗干净；猪瘦肉洗净成小块。

❸老鸽、肉块、沙参、玉竹、杏仁、姜片入清水锅中，煮开。

❹转为小火继续煲1小时左右，在汤中加入适量盐调味即可。

煲汤小贴士

玉竹是一味益气养阴的中药，除了可以用来制作玉竹鸽子汤，也可以制作其他汤饮、药膳。此外，玉竹可以用来经常泡水喝。

滋补功能

这款鲜香美味的玉竹鸽子汤中，含有多种食材，营养成分均衡，其中含有丰富的蛋白质、钙等营养成分，可以润肺生津、清烦除燥、滋阴益气，适合体虚病弱者食用。

玉竹冬瓜火腿汤 ——滋阴润肺，生津止渴

口味类型	操作时间	难易程度
鲜香	40分钟	★

滋补功能

玉竹具有养阴、润燥的功效；冬瓜可以清热化痰、消肿利湿；火腿能够养胃生津，此三者一起熬煮成的这款美味可口的玉竹冬瓜火腿汤，能够养阴润燥、生津益血；适用于肺胃阴伤、燥热咳嗽、咽干口渴、内热消渴等症状。

▌主料▐

冬瓜 250 克，玉竹 50 克，火腿适量。

▌辅料▐

大料 1 粒，鸡精 2 克，盐适量。

▌制作步骤▐

① 冬瓜去掉外皮，除去瓤，清洗干净，切成大小厚薄均等的小片备用。

② 火腿清洗一下，切成大小均匀的小片；玉竹清洗干净，放置备用。

③ 开火上锅，适量水倒入锅中，煮沸，放入冬瓜、玉竹、火腿、大料。

④ 煮沸后，转为小火熬煮 20 分钟左右，加入适量鸡精和盐调味，即可出锅食用。

🍲煲汤小贴士

优质的火腿一般皮肉干燥、内外紧实、薄皮细脚、腿头不裂，形如琵琶或竹叶形，并且完整均匀，皮色棕黄或棕红，显亮光。在选购火腿时要细心辨别挑选，以免买到劣质火腿，影响玉竹冬瓜火腿汤的功效和口感。

雪梨银耳猪肺汤 —生津润燥，清热化痰

口味类型	操作时间	难易程度
鲜香	90分钟	★★

滋补功能

雪梨的润肺效果非常好；银耳则能够滋阴养颜，清热除燥；猪肺具有补虚、止咳的功效。这三者搭配，使得这款雪梨银耳猪肺汤能够生津润燥，可用于治疗肺虚咳嗽、久咳咯血等症。女性长期食用可以润肺、养颜。

|主料|

猪肺 150 克，雪梨 1 个，银耳 20 克。

|辅料|

盐适量。

|制作步骤|

❶猪肺反复清洗干净，切块，放入沸水锅中汆烫，捞出沥水，备用。

❷将银耳在清水中充分浸泡发透，去杂后，清洗干净，撕成小朵；雪梨洗净，切成块。

❸开火上锅，将准备好的猪肺、银耳、雪梨放入清水锅中，开大火煮沸。

❹沸腾后，转为小火继续熬煮 1 小时，加入适量盐调味，即可出锅食用。

煲汤小贴士

在购买银耳时需要注意，不要挑过白的银耳，这主要是因为市面上有一些银耳是用工业用料进行过漂白的，食用不安全，所以在选择银耳时，要选白中偏黄的银耳，这样的银耳食用健康。

花生红枣猪肺汤 ——润肺，止血，止咳

口味类型	操作时间	难易程度
咸鲜	90分钟	★★

|主料|

猪肺 200 克，花生 50 克，红枣 10 颗。

|辅料|

生姜 3 片，料酒 5 克，盐适量。

|制作步骤|

① 猪肺反复清洗干净，切成块，放入沸水中氽烫，沥水备用。

② 红枣清洗干净，泡发后去核备用；花生清洗干净，浸泡一会儿后，沥水备用。

③ 开火上锅，将备好的猪肺、花生、红枣、生姜放入沸水锅中，煮沸。

④ 转小火继续熬煮40分钟左右，加入适量料酒、盐进行调味，即可出锅食用。

煲汤小贴士

在选购猪肺的时候，也有一定的讲究，要注意选择表面色泽粉红、光泽、均匀、富有弹性的猪肺，这样的猪肺就是新鲜猪肺。而颜色为褐绿或灰白色，并且有异味的是变质的猪肺，千万不能食用。

滋补功能

花生具有润肺利水的作用，猪肺可以止血、止咳，红枣能够滋阴补血，这三者搭配，可以使这款美味的花生红枣猪肺汤，具有良好的补肺润燥、补血生津的功效。女性定期食用还能促进血液循环，增强体质。

百合玉竹鹌鹑汤 ——润肺止咳，补中益气

| 主料 |

鹌鹑 1 只，沙参、玉竹各 10 克。

| 辅料 |

蜜枣、白糖各适量。

| 制作步骤 |

① 鹌鹑去毛，处理干净，切块，放入沸水中汆烫 5 分钟，捞出沥水，备用。

② 准备一个小碗，将沙参、玉竹稍微浸泡后，充分冲洗干净，备用。

③ 开火上锅，将备好的鹌鹑、沙参、玉竹、蜜枣放入锅中，加水煮沸。

④ 转为中小火，炖煮 1 小时左右，在汤中放入适量白糖，即可出锅食用。

口味类型	操作时间	难易程度
鲜香	90分钟	★★

煲汤小贴士

在制作百合玉竹鹌鹑汤的时候，一定要注意将鹌鹑里里外外彻底地清洗干净，再进行下一步的操作。蜜枣可以少放或者不放，白糖可以由冰糖或者是蜂蜜来代替，也不会影响到汤的鲜美程度和营养价值。

滋补功能

百合能够清肺润燥止咳，清心安神定惊；玉竹可以养胃生津；此二者与补益五脏的鹌鹑相互配合做成的这道美味的百合玉竹鹌鹑汤，可以达到润肺止咳、补中益气的作用，女性常饮该汤有助于润喉亮嗓。

百合银耳莲子汤 ——养心安神，润肺止咳

口味类型 甜润	操作时间 100分钟	难易程度 ★

┃主料┃

银耳100克，百合50克，莲子30克。

┃辅料┃

红枣、枸杞子、冰糖各适量。

┃制作步骤┃

❶莲子、百合清洗干净后，分别用温水浸泡2小时；枸杞洗净备用。

❷银耳泡发，去掉黄色的蒂，撕成小朵；红枣泡发后去除枣核，切成丁备用。

❸开火上锅，将莲子、百合、银耳放入锅内，倒入水，煮开后转小火继续熬煮。

❹在锅中放入备好的红枣、枸杞，加入适量冰糖搅拌至融化，炖40分钟即可。

煲汤小贴士

冰糖品质纯正，不易变质，除了可以作糖果食用外，还可用于高级食品的甜味剂，如配制药品浸渍酒类，或滋补佐药等。在大多数的时候，做汤时需要用到糖，大多数都用冰糖，口感比较好。

滋补功能

银耳滋阴润肺的效果良好，莲子能镇静安神，百合与二者搭配熬成的这款百合银耳莲子汤，操作简单，具有清心醒脾、补脾止泻的作用，睡眠质量欠佳者食用可以达到很好的养心安神作用。此外，此汤也可帮助女性润泽肌肤。

枇杷叶陈皮汤 ——辛温解表，温肺化痰

口味类型	操作时间	难易程度
甜润	50分钟	★

┃主料┃

枇杷叶 50 克，竹茹 25 克，陈皮 10 克。

┃辅料┃

蜂蜜适量。

┃制作步骤┃

① 将枇杷叶、竹茹、陈皮分别清洗干净，陈皮充分泡开，沥干水分备用。

② 开火上汤锅，在锅中加入适量清水，用大火烧沸后，将火转小继续熬煮。

③ 在锅中放入准备好的枇杷叶、竹茹以及陈皮，炖煮30分钟左右。

④ 汤微微凉凉后，将适量蜂蜜放入汤中，用勺子调匀即可出锅食用。

煲汤小贴士

陈皮的营养价值很高，除了煲汤，还可以泡茶直接饮用。但也并非所用人都适合用陈皮泡水饮用，因为陈皮性温，有发热、口干、便秘、尿黄等症状者，不宜饮用陈皮水。

滋补功能

枇杷叶含有皂苷、熊果酸等成分，是止咳化痰的良药；陈皮具有温胃散寒、理气健脾的功效；竹茹可以清热化痰，所以三者熬煮的这款枇杷叶陈皮汤，具有除烦润燥、辛温解表的功效，女性经常食用可以顺气解表，调理身心。

川贝母茯苓汤 ——清热润肺，化痰止咳

口味类型	操作时间	难易程度
甜润	40分钟	★

|主料|

川贝母 15 克，茯苓 8 克。

|辅料|

红枣 5 颗，生姜 5 克，冰糖适量。

|制作步骤|

❶ 将川贝母和茯苓分别清洗干净，沥干水分，放置备用。

❷ 红枣清洗干净，泡发后去核备用；生姜清洗干净，切成薄片备用。

❸ 将川贝母、茯苓、红枣、生姜放入锅中，加入适量水，用大火煮沸。

❹ 转为小火继续煲20分钟左右，加入适量冰糖，搅拌融化即可食用。

煲汤小贴士

正品的川贝母颜色是发白的，鳞叶一般有两瓣，并且大小差距很大，其中的大瓣紧抱着小瓣。此外，川贝母的断面通常呈粉性，口味比较淡，或者有时稍微有点甜。购买川贝母时一定要辨别其真伪。

滋补功能

川贝母能宣肺、润肺而清肺热；茯苓利湿而不伤正气，其二者加之红枣的滋养效果使得这款美味的川贝母茯苓汤具有了很好的清热润肺、化痰止咳的作用，其可作为春夏潮湿季节的调养佳品。此汤适合大多数女性经常食用。

虫草鲍鱼汤 ——滋补气血，润肺养颜

|主料|

鲍鱼50克，冬菇20克，桂圆肉10克，冬虫夏草5克。

|辅料|

姜片10克，绍酒20克，清鸡汤1000克，鸡精、盐各适量。

滋补功能

冬菇能够补益血气，桂圆肉可以补血安神、滋润五脏，冬虫夏草能补虚去损、补肾填精，三者与润燥利肠的鲍鱼搭配可使这款美味的虫草鲍鱼汤具有清肺止咳、润肺养颜的功效，女性常饮此汤还能润气补血，滋润秀发。

|制作步骤|

① 鲍鱼去掉身上的杂质后，反复冲洗确保清洗干净，切成小片，备用。

② 将冬菇、冬虫夏草分别用温水浸泡，然后清洗干净；姜洗净，切成片备用。

③ 鲍鱼、冬菇、桂圆肉、冬虫夏草、姜片放入锅中，倒入鸡汤和清水，中火炖2小时。

④ 在锅中倒入适量绍酒，加入盐、味精进行调味，即可出锅食用。

口味类型	操作时间	难易程度
鲜香	150分钟	★★

🍲 煲汤小贴士

在制作这款汤时，鲍鱼干要泡发才可以食用，泡发鲍鱼时要先用冷水浸泡4小时，然后再放入60℃左右的热水中浸泡4小时，接着再把清水放入锅内用小火煮，待煮开后立即捞出置入凉水盆中。

竹笋淮山花胶老鸭汤 ——补气养阴，润肺止咳

口味类型	操作时间	难易程度
咸鲜	150分钟	★★

┃主料┃

淮山 50 克，老鸭 250 克，竹笋 50 克，花胶 4 个。

┃辅料┃

姜 2 片，葱 1 根，盐适量。

滋补功能

竹笋有补气养阴、化痰下气、清热除烦等诸多实用功效；老鸭可以补虚益气；花胶可以固本培元，补血养颜。三者与淮山共同熬煮成的这道美味无比的竹笋淮山花胶老鸭汤具有很好的补益效果，不仅能润肺止咳、化痰利湿，还能补气养阴。

┃制作步骤┃

❶ 淮山削去外皮（可戴上手套操作），清洗干净，切为小块备用；花胶用清水泡软备用。

❷ 老鸭洗净斩块，汆水后捞出备用；竹笋去皮，用清水冲洗去杂质后切段备用。

❸ 开火上锅，把适量清水倒入锅中，放入所有材料，大火煮20 分钟左右。

❹ 转为文火煲 1.5 小时左右，下适量盐进行调味，撒上葱花即可食用。

煲汤小贴士

本汤中用到的花胶，也就是鱼肚，是各类鱼鳔的干制品，以富有胶质而著名。鱼肚可放入冰箱当中长期保存，也可以存放在干爽通风的地方，比较方便存储。

白果马蹄猪肚汤 ——益心肺，润肺养颜

口味类型	操作时间	难易程度
鲜香	180分钟	★★

主料

猪肚1个，腐竹80克，白果80克，马蹄15个。

辅料

葱2根，姜2片，生粉、白酒各适量。

制作步骤

① 将猪肚清洗干净后，再用生粉清洗一遍，然后用白酒腌制30分钟。

② 开火上锅，净锅烧热，放入备好的猪肚，煎干水分，切成条备用。

③ 腐竹用温水泡发，多次冲洗确保清洗干净，沥去水分，切段备用。

④ 将猪肚、腐竹、白果、马蹄、葱、姜放入清水锅中，烧沸，转小火煲2小时即可。

煲汤小贴士

在制作这款鲜美的白果马蹄猪肚汤时要掌握一个技巧，用生粉清洗猪肚可以有效除去猪肚上的杂质，再用料酒腌制猪肚可以除去猪肚中的腥味，这样食用起猪肚也会非常鲜香，汤饮也更鲜美。

滋补功能

白果能够温肺益气、定喘咳；马蹄可以生津润燥；猪肚可以健脾胃。三者熬煮成的这款美味的白果马蹄猪肚汤，含有丰富的钙、维生素等营养成分，能益心肺、补气血。女性饮用该汤还能达到润肺养颜的效果。

苹果人参鸡汤 ——润肺养心，补气安神

口味类型	操作时间	难易程度
鲜香	120分钟	★★

▌主料▌

苹果 3 个，土鸡 2000 克，人参 1 根。

▌辅料▌

姜、葱、盐各适量。

▌制作步骤▌

① 土鸡去毛，去内脏，处理干净，放入姜片水中，煮沸，再稍泡片刻。

② 捞出经过生姜水泡煮的土鸡，放入盆里的冷水中，进行定型工作。

③ 开火上锅，将备好的土鸡、苹果、人参、葱姜入锅，加入足量的清水，煮沸。

④ 转为小火煲80分钟左右，在汤中加入适量盐调味，即可出锅食用。

🍲 煲汤小贴士

在煲煮这款美味的苹果人参鸡汤时，需要先将土鸡放入姜片水中进行余煮，这样可以有效地清除土鸡本身的腥味，因为姜水中含有一股特殊的辛辣味，可以使鸡肉的味道更加鲜香。

滋补功能

苹果具有良好的滋润效果；人参可以补气安神；土鸡可以滋补五脏。三者搭配可使这道美味的苹果人参鸡汤饮具有润肺养心、补气安神的功效。常喝此汤可以促进咽喉部及支气管膜的血液循环，及时缓解咳嗽等症状。

生地百合鸡蛋汤 ——清心养肺，滋阴安神

口味类型	操作时间	难易程度
甜润	300分钟	★

| 主料 |

生地黄 120 克，百合 60 克，鲜鸡蛋 3 枚。

| 辅料 |

蜂蜜适量。

滋补功能

生地能够化痰止咳；百合具有润肺生津的功效；鲜鸡蛋能滋阴润燥。此三者加上红枣的补气养血功效，使得这道生地百合鸡蛋汤具有良好的清心润肺、滋阴安神的作用。女性经常食用具有一定的滋养功效。

| 制作步骤 |

① 百合先用清水浸泡 3 小时左右，泡出白沫后，冲洗干净，备用。

② 生地黄清洗干净备用；鸡蛋磕入碗中，搅成均匀的蛋液，静置备用。

③ 百合、生地黄放入锅内，加清水适量，武火煮沸后，文火煲 2 小时。

④ 将蛋液缓慢放入锅中，慢慢搅匀，食用时加入适量蜂蜜拌匀即可。

煲汤小贴士

日食鸡蛋不宜过多，如果食用过多，可能导致代谢产物增多，增加肾脏的负担。一般来说，孩子和老人每天一个，青少年及成人每天两个比较适宜。而这款生地百合鸡蛋汤中用了 3 枚鸡蛋，不适合一个人一次性全部食用完。

莲子银耳汤 ——滋阴润肺，健脾安神

┃主料┃

银耳 10 克，莲子 30 克。

┃辅料┃

鸡清汤 1500 克，料酒、食盐、白糖、味精各适量。

滋补功能

莲子具有滋养补虚的效果；银耳能够润肺止咳。此二者搭配熬成的莲子银耳汤，属于我们最常见的一种汤饮，操作简单，功效显著，能够滋阴润肺、健脾安神、清心醒脾。女性朋友经常食用能起到消除疲劳、增进食欲、增强体质的作用。

┃制作步骤┃

① 银耳用凉水浸泡 2 小时，充分泡发后，去掉深黄色蒂，撕为小朵备用。

② 将银耳放一大盆内，加清汤适量，上锅蒸 1 小时至银耳完全蒸透取出，装入碗内。

③ 莲子去皮，去两头，去心，用水焯烫后再用开水浸泡，然后装入银耳碗内。

口味类型	操作时间	难易程度
鲜香	100分钟	★

④ 烧开鸡清汤，加入适量料酒、食盐、白糖、味精，再放入银耳、莲子即可。

煲汤小贴士

在煲煮莲子银耳汤之前，要先将莲子清洗干净，再放在开水当中浸泡一段时间，这样就可以使得莲子的口感略带脆性。此外，还可以用冰糖代替白糖，这样可以使得汤品的味道更好。

调理肠道

牛蒡排骨汤 ——降火解毒，清除体内垃圾

口味类型	操作时间	难易程度
鲜香	200分钟	★★

▌主料▐

牛蒡100克，排骨150克，淮山药50克，胡萝卜30克。

▌辅料▐

红枣、枸杞各15克，葱段15克，姜片10克，大料、桂皮、香叶、盐各适量。

▌制作步骤▐

❶ 牛蒡清洗干净，去皮，放入淡盐水中浸泡40分钟，切成块备用。

❷ 排骨放入沸水锅中氽烫捞出备用；胡萝卜、淮山药分别去皮，切成块备用。

❸ 牛蒡、排骨、淮山药、胡萝卜、红枣、枸杞、葱段、姜片、桂皮、香叶、大料放入锅中，加水没过食材。

❹ 用大火煮沸后，改用小火慢炖至软烂，加入适量盐调味，即可出锅食用。

煲汤小贴士

在选购新鲜排骨时，要注意选购排骨肉色明亮呈红色、手感肉质紧密的。一般排骨表面微干或者是略显湿润且不黏手的，按下后的凹印可以迅速恢复，闻起来没有腥臭味的为佳。

滋补功能

牛蒡中富含菊糖、纤维素、磷等多种营养成分，可以清除肠胃垃圾，利于通便；排骨能益精补血。二者与淮山药、胡萝卜等搭配熬成的牛蒡排骨汤，可以有效降火解毒、调理肠胃不适、促进大肠蠕动，帮助排便。适合女性日常食用。

无花果陈皮老鸭汤 ——健胃清肠，消肿解毒

口味类型	操作时间	难易程度
鲜香	150分钟	★★

滋补功能

无花果中含有多种脂类，具有润肠通便的效果；陈皮可以排出肠管内积气；老鸭则能够滋补身体，强身健体。此三者搭配熬煮成的这款无花果陈皮老鸭汤，可以有效净化肠道、消肿解毒，并能促进有益菌类在肠道的繁殖。

▌主料▌

老鸭 1 只，无花果 20 克，陈皮 10 克。

▌辅料▌

生姜 10 克，葱 5 克，鸡精 2 克，盐适量。

▌制作步骤▌

① 老鸭去干净内脏，切成块，清洗干净后放入沸水锅中余烫，捞出沥水备用。

② 将生姜洗净切成片；葱洗净切成段备用；无花果、陈皮洗净，稍浸泡备用。

③ 开火上锅，将老鸭、无花果、陈皮、生姜、葱段放入清水锅中，煮沸。

④ 转为小火继续煲 2 小时，加入适量鸡精、盐进行调味即可。

🍲煲汤小贴士

在购买无花果的时候，应该尽量挑选个头较大、果肉饱满、不开裂的。此外，果实呈现出紫红色的无花果是优质的无花果，可以选择，因为这样的无花果品质佳，食用和煲汤更香。

红薯银耳汤 ——滋阴润燥，补脾健胃

口味类型	操作时间	难易程度
甜润	100分钟	★★

|主料|

红薯 150 克，银耳 3 朵。

|辅料|

红枣 20 克，生姜、冰糖各适量。

滋补功能

红薯当中含有大量的膳食纤维，能够有效地刺激肠道，增强肠道的蠕动；银耳可以养阴清热、润燥。二者搭配熬成的这道爽口的红薯银耳汤具有滋阴润燥、补脾健胃的功效，女性朋友食用还可滋润肌肤，减肥瘦身。

|制作步骤|

❶ 银耳泡发，去除黄色的蒂，撕成小朵备用；姜洗净，切片、拍松。

❷ 红薯清洗干净，去皮切厚片，放入水中浸泡 30 分钟，捞出备用。

❸ 开火上锅，银耳、红薯、姜片放入锅中，倒入足量水，用中火煮开。

❹ 放入适量冰糖，转为小火，一边炖煮一边搅拌，煮约 40 分钟即可食用。

🍲 **煲汤小贴士**

在烹制这款美味的汤饮时需要知道，冰糖可以增加甜度，中和多余的酸度，并且冰糖具有很好的去火功效，所以煲汤时加入适量的冰糖不仅能增加汤饮的甜度，还能提升汤饮的营养价值。

罗汉果瘦肉汤 ——清热凉血，滑肠排毒

口味类型	操作时间	难易程度
咸鲜	90分钟	★★

|主料|

猪瘦肉 250 克，罗汉果、陈皮各 5 克。

|辅料|

鸡精 2 克，盐适量。

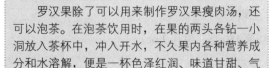

煲汤小贴士

罗汉果除了可以用来制作罗汉果瘦肉汤，还可以泡茶。在泡茶饮用时，在果的两头各钻一小洞放入茶杯中，冲入开水，不久果内各种营养成分和水溶解，便是一杯色泽红润、味道甘甜、气味醇香的理想保健养生饮料。

|制作步骤|

❶ 瘦肉清洗干净，切成大小均匀的肉片，开水中稍微汆煮，捞出备用。

❷ 罗汉果清洗干净，掰开，备用；陈皮用清水浸透，清洗干净备用。

❸ 开火上锅，将瘦肉、罗汉果、陈皮放入锅中，加足量水，烧开。

❹ 转为小火继续煲煮 1 小时，加入适量鸡精、盐调味，即可出锅食用。

滋补功能

罗汉果对肠道运动有双向调节作用，能有效排出身体中的毒素；瘦肉可以润肠胃、生津液、补肾气，二者加之陈皮的润肺功效，使这款罗汉果瘦肉汤具有清热凉血、补虚润燥的功效，女性常饮此汤可以缓解粉刺等现象。

枸杞山药酸甜汤 ——补血养肺，润肠养胃

口味类型 甜酸	操作时间 60分钟	难易程度 ★★

煲汤小贴士

在用枸杞烹制汤饮之前，要先将枸杞放入温水中充分泡发，可以节省泡发的时间，同时还能够让枸杞充分吸收水分，有利于清洗干净枸杞本身的尘土。而且，也可以保证煲出来的枸杞水润并且有甜美的味道。

| 主料 |

山药 300 克，枸杞 10 克。

| 辅料 |

冰糖 50 克，白醋 30 毫升。

| 制作步骤 |

① 山药削皮，放入冷水中浸泡，切条；枸杞洗干净，放入温水中浸泡至完全发起。

② 锅中放入适量热水，大火烧沸后将山药条和枸杞放入煮 3 分钟，取出冲凉，沥干装盘。

③ 锅中保留少许煮山药的水，放入冰糖小火慢煮至全融化，倒入白醋，将汤汁稍稍收稠，制成酸甜汁。

④ 最后，将准备好的酸甜汁倒在枸杞山药上，浸泡 30 分钟左右，即可食用。

滋补功能

枸杞可以补肝肾、益精气；山药能健脾益胃助消化。二者配用熬煮成的这款美味可口的枸杞山药酸甜汤，可以有效健脾益胃、帮助消化。女性经常食用可以起到补血养肺的食疗效果，进而改善暗沉面色。

莲子薏仁双红羹 ——涩肠固精，补脾益气

口味类型	操作时间	难易程度
甜润	180分钟	★★

|主料|

莲子3克，薏仁40克，红小豆50克，红枣、白芝麻各10克。

|辅料|

白糖适量。

|制作步骤|

❶ 红枣清洗干净，泡发后去核备用；莲子清洗干净，去心备用。

❷红小豆、薏仁分别清洗干净，然后分别用清水浸泡2小时左右。

❸红枣加上少许清水，放入搅拌机中，搅打成蓉状，备用。

❹锅内加水，放入红小豆、薏仁、莲子加白糖煮至熟烂，加入红枣蓉煮开即可。

煲汤小贴士

在制作这道可口的莲子薏仁双红羹时，需要注意一些小问题。制作中要用到的红小豆以及薏仁，质地都比较硬，不易煮烂，也不利于营养元素发挥作用，事先将其放入清水中浸泡2小时左右，可以使其充分膨胀，煲汤时也可节省时间。

滋补功能

莲子善于补五脏的不足，能够使气血畅通；薏仁有清热排脓、排毒的效果；红豆能够补脾益气。此三者和具有补益效果的红枣、白芝麻同煮成这道美味的莲子薏仁双红羹，可使汤具有涩肠固精、调理肠胃的效果。

鸡肉火腿白菜豆腐汤 ——清肠排毒，防治便秘

┃主料┃

白菜 200 克，火腿、鸡脯肉各 100 克，豆腐 50 克。

┃辅料┃

淀粉、盐、胡椒粉、骨头汤各适量。

┃制作步骤┃

❶ 白菜洗净，控干水分，切断；火腿冲洗，切成薄片；豆腐切片。

❷ 将鸡脯肉清洗干净，切成薄片备用，并用少量的盐、淀粉抓匀腌渍。

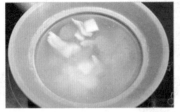

❸ 砂锅内放入准备好的骨头汤、火腿、鸡肉、豆腐，用大火烧开。

❹ 改小火煮 20 分钟后调味，再以大火烧开，撒入苋菜、胡椒粉烫熟即成。

口味类型	操作时间	难易程度
鲜香	60分钟	★

🍲煲汤小贴士

在制作这道汤时，有一个小小的技巧需要掌握，用少量盐和淀粉腌制鸡肉，可以使鸡肉更加爽滑，也能使煲出来的汤味道鲜而美。这个技巧也适用于其他以鸡肉为原料的汤品。此外，汤中用到的火腿要挑选淀粉少的火腿。

滋补功能

这款鸡肉火腿白菜豆腐汤，具有清热解毒、排毒养颜的功效，其对于治疗肠炎、痢疾、大便干结以及小便赤涩有显著的作用；经常食用此汤可以达到防治便秘的效果，女性常饮此汤可以预防青春痘。

地黄核桃猪肠煲 ——生津润燥，调理肠胃

口味类型	操作时间	难易程度
咸鲜	220分钟	★★

▌主料▌

猪大肠400克，核桃仁100克，熟地黄60克，红枣7颗。

▌辅料▌

盐、料酒、清汤、大料各适量。

▌制作步骤▌

①猪大肠彻底处理干净，入沸水中氽烫过，捞出洗净，切段备用。

②核桃仁清洗干净，切碎备用；熟地黄清洗干净；红枣去核洗净备用。

③锅中放入清汤、大料、料酒、大肠、地黄、红枣、核桃仁，大火烧开，撇去浮沫。

④改为小火慢炖3小时，至大肠熟烂，在汤中加入适量盐调味，即可出锅食用。

煲汤小贴士

在制作这款汤时有一点需要注意，清洗猪大肠时一定要先用盐和醋洗去黏液，然后把肠壁翻出来，清除肠壁上的污物。洗净后，再以白矾粉搓擦几下，最后用水冲洗干净即可。

滋补功能

猪大肠可以润燥补虚；生地黄具有生津润燥的功效；核桃仁中含有一定的油脂，可以很好地润肠通便。所以，这款地黄核桃猪肠煲具有良好的调理肠胃、润肠通便的作用，女性定期食用还可以帮助自己滋润肌肤。

香笋鱿虾肉末煲 ——滋阴养血，润燥生津

口味类型	操作时间	难易程度
咸鲜	60分钟	★

|主料|

水发香菇50克，水发鱿鱼200克，虾仁、猪瘦肉各30克，笋片20克。

|辅料|

葱花、水淀粉、盐、白糖、料酒、胡椒粉、香油、清汤、花生油各适量。

|制作步骤|

①香菇去蒂，清洗干净，切成片备用；笋片清洗干净，备用。

②鱿鱼洗净，切成菱形块，放入开水中汆烫，捞出冲洗；虾仁洗净；瘦猪肉洗净，切成末。

③油锅烧热，下葱花、香菇、笋片、肉末煸炒，加入清汤、虾仁、料酒、盐、白糖，烧开后加入鱿鱼块。

④再次煮开后，撇去浮沫，用水淀粉勾芡后，撒入胡椒粉，淋上香油即成。

煲汤小贴士

在煲煮这款汤前，要先将食材放入炒锅中略微翻炒一下，然后再用来做汤，这样不仅能够增加食材的香味，还可以提升汤品的鲜香度，提高人的食欲。香菇除了这种做法，还适合与鸡腿一起煲汤，是低热量高蛋白的美味。

滋补功能

在此汤中含有多种食材，营养较为均衡，其中的鱿鱼、虾仁等可滋养脾胃，香菇能调理肠道，所以其具有良好的润肠通便、清热生津的功效。女性常饮此汤可以滋阴养血，调养肌肤。

油菜甜椒鸡蛋汤 ——帮助消化，促进排便

口味类型	操作时间	难易程度
鲜香	30分钟	★

滋补功能

这款鲜香美味的油菜甜椒鸡蛋汤制作比较简单，汤中含有大量的植物纤维素，能促进肠道蠕动，增加粪便的体积，缩短粪便在肠道停留的时间，从而能治疗便秘，预防肠道肿瘤等疾病。女性饮用该汤还能消脂瘦身。

┃主料┃

鸡蛋2个，红甜椒1个，油菜200克。

┃辅料┃

清鸡汤、水淀粉、盐、胡椒粉各适量。

┃制作步骤┃

① 鸡蛋敲碎蛋壳，将所有蛋液全部打入碗中，充分搅匀后，静置备用。

② 将红甜椒清洗干净，切为小块备用；油菜清洗干净，切成小段备用。

③ 汤锅中加入鸡汤，大火烧开后，加入油菜煮沸，再加入备好的红甜椒。

④ 煮沸后，加入水淀粉煮开，倒入蛋液搅拌均匀，加盐、胡椒粉调味即可出锅。

🍲 煲汤小贴士

这是一款基本上不会给身体造成任何负担的美味养生汤，制作简便，味道符合大多数人的口味，但是，由于蛋黄所含的胆固醇比较高一些，所以在做汤的时候不需要放太多鸡蛋进去。

沙参玉竹芡实老鸭汤 ——滋阴润肺，消除肠燥

口味类型	操作时间	难易程度
鲜香	150分钟	★★

▌主料▌

老鸭1只，玉竹50克，北沙参50克，芡实20克。

▌辅料▌

姜片适量，盐适量。

滋补功能

沙参清热养阴的功效明显；玉竹可以有效调理血气；芡实能够润滑肠道；三味中药与补五脏的老鸭搭配熬煮成的这款美味的沙参玉竹芡实老鸭汤，可以滋阴润肺、调理肠胃、消除肠燥，并能帮助机体清除毒素，使肌肤变得富有光泽。

▌制作步骤▌

❶北沙参、玉竹洗净，北沙参沥干，玉竹在清水中浸泡30分钟；老姜去皮，切片；芡实洗净。

❷老鸭洗净，剁成大块，洗净后沥干水分备用；开火上锅，把鸭块放入汤锅中，加水适量。

❸用大火加热，水开后撇去浮沫，改为小火煲30分钟左右，撇去鸭油。

❹放入北沙参、玉竹、芡实和姜片，继续煲1.5小时，最后放盐调味即可。

🍲煲汤小贴士

在制作此汤或者是在煲其他含有鸭子的汤品时，都可以先将鸭子放入沸水锅中氽烫，这样，就可以有效去除鸭子身上的油脂，汤汁也不会油腻。

麻仁当归猪蹄汤 ——养血润肠，缓解便秘

口味类型	操作时间	难易程度
咸鲜	150分钟	★★

主料

猪蹄肉 500 克，火麻仁 60 克，当归 9 克，蜜枣 5 个。

辅料

姜、盐、料酒各适量。

制作步骤

❶火麻仁、当归分别浸泡在清水当中，洗净捞出，沥水备用。

❷姜清洗干净，切成小薄片，备用；蜜枣冲洗浮尘，从中间切成两半备用。

❸猪蹄肉洗净，切块，开水汆烫一下，捞出冲洗；往锅中加入猪肉、火麻仁、当归。

❹接着加入蜜枣、姜片、料酒及适量清水，大火煮沸后，小火煲 2 小时，最后放盐调味。

煲汤小贴士

蜜枣是一种营养价值较高的滋补食品，有益脾、润肺、强肾补气和活血的功能，甜味汤品中经常加入适量蜜枣。在这款麻仁当归猪蹄汤中加入蜜枣有利于提升汤的品质。但是，由于蜜枣口感太过于甘甜，所以不可贪多。

滋补功能

火麻仁具有润肠通便、滋养强身的功效；当归能补血润燥。二者与猪蹄肉同煲成的这款麻仁当归猪蹄汤，可以有效地刺激肠壁，促进肠胃的蠕动，并且还能够达到养血润肠的功效，进而能缓解便秘的现象。

第3章

美容纤体，让女人窈窕妩媚

瘦身、美容是女性离不开的话题，然而想要美容纤体，除了增加体育锻炼外，还可以通过靓汤喝出美丽。靓汤之所以靓，不仅因为其补充了我们身体中所需的营养成分，还能帮助女人实现滋润肌肤、亮眼明眸、养发护发以及消脂瘦身的目的。

靓汤的主要成分是水，所以它可以达到滋润皮肤的效果；另外，靓汤是通过煲煮等方式烹制而成，经过这样的变化，使得汤中增加了纤维素、果酸、维生素等营养成分，所以饮用靓汤后可以加速排便，排出身体中的毒素，进而防止脂肪的聚积，达到瘦身的目的。此外，其还能减少粉刺的发生，让女性拥有水润而光洁的肌肤。

滋润补水

鲜奶木瓜雪梨汤 ——清心润肺，滋润肌肤

口味类型	操作时间	难易程度
甜润	40分钟	★

|主料|

木瓜半个，雪梨半个，牛奶适量。

|辅料|

冰糖适量。

|制作步骤|

❶将木瓜削去外皮，去掉黑子，将果肉切成小块，备用。

❷将雪梨彻底清洗干净，削去外皮，去掉梨核，切成小块，放置备用。

❸将备好的木瓜、雪梨放入锅中，加入适量的牛奶和清水，开火熬煮。

❹用中小火熬煮30分钟左右，直至雪梨完全变得柔软，即可出锅食用。

煲汤小贴士

买回的木瓜最好当天食用，如果烹制美味后剩下了，最好当天就食用完，因为木瓜很容易变软发烂。挑选木瓜时要选全都黄透、轻按瓜肚时有松软的感觉的，说明其已经熟透。

滋补功能

木瓜中含有丰富的蛋白质和糖分，可以滋润肠道，有助于消化；雪梨可以养阴生津；牛奶能够滋养肌肤。三者熬煮成的鲜奶木瓜雪梨汤可以有效地清心润肺，并能滋润肌肤。女性常饮此汤可以改善皮肤粗糙的情况。

花生木瓜鸡脚汤 ——健脾消食，滋补美容

|主料|

木瓜 1 个，瘦肉 150 克，鸡脚 200 克，花生 30 克。

|辅料|

鸡精 2 克，盐适量。

|制作步骤|

🍲 **煲汤小贴士**

在选购鸡脚的时候，要求鸡脚的肉皮色泽白亮，并且要非常富有光泽，不存在残留黄色硬皮。鸡脚的质地要紧密，而且要富有弹性，表面微干或略显湿润，并且不黏手。只有这样的鸡脚烹制出来的美食才能保证口感和营养。

❶将木瓜削去外面的皮，去掉里面的黑子，将果肉切成小块，备用。

❷花生清洗干净，保留红衣，放入清水中浸泡 30 分钟，捞出沥水备用。

❸将鸡脚浸泡一会儿，然后反复清洗干净；瘦肉清洗干净，切成块，备用。

❹所有材料放入锅中，加入适量水煮沸，转中小火煲 1 小时，加入鸡精、盐调味即可。

口味类型 咸鲜	操作时间 120分钟	难易程度 ★

滋补功能

花生中含有脂肪，可以滋养肌肤；木瓜可以健脾消食；鸡脚、瘦肉可补血。所以这款美味的花生木瓜鸡脚汤滋润养颜的效果良好，并且还能有效补充机体的水分，锁水效果好。女性经常饮用可以恢复皮肤的弹性。

白芷平鱼汤 ——益气养血，滋润机体

口味类型	操作时间	难易程度
鲜香	80分钟	★ ★

▌主料▌

平鱼1条，白芷10克。

▌辅料▌

生姜10克，葱15克，料酒、盐各适量。

▌制作步骤▌

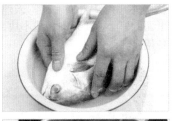

① 平鱼刮洗干净鱼鳞，去除干净内脏，彻底清洗干净备用。

② 葱清洗干净，斜切成小段，备用；姜清洗干净，切成小薄片备用。

③ 开火上锅，将适量清水倒入锅中，水烧热后放入备好的平鱼，煮沸。

④ 撇去浮沫，放入白芷、生姜、葱，倒入料酒，转中小火炖煮40分钟，加盐调味即可。

❤煲汤小贴士

在制作白芷平鱼汤时要注意，将平鱼清洗干净后，要先用开水烫一下再烹调，这样可有效除去腥味。烧鱼时，汤要刚刚没过鱼，等汤烧开后，改用小火慢炖，在焖制的过程中，尽量少翻动鱼。

滋补功能

这款鲜美的白芷平鱼汤中含有丰富的不饱和脂肪酸，以及微量元素硒和镁，能延缓机体衰老，并能益气养血，从而达到滋润机体的效果。女性常饮用此汤可以润气补血、改善肤色暗沉的现象。

桃花红糖汤 ——疏通脉络，润泽肌肤

口味类型	操作时间	难易程度
甜润	30分钟	★

▮主料▮

桃花 30 克，红糖 10 克。

▮辅料▮

姜适量。

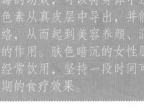

滋补功能

这款美味的桃花红糖汤具有解毒的功效，可以将身体中过量的黑色素从真皮层中导出，并能疏通脉络，从而起到美容养颜、润泽肌肤的作用。肤色暗沉的女性朋友可以经常饮用，坚持一段时间可达到预期的食疗效果。

▮制作步骤▮

❶ 桃花挑拣出杂质后，用清水浸泡于碗中，轻轻清洗干净，不可久泡。

❷ 姜清洗干净，切成厚薄均匀的小片，放置一边备用。

❸ 将备好的桃花以及姜片放入锅中，加入适量的清水，开火煮沸。

❹ 转为中小火继续炖煮15分钟，加入适量红糖，搅匀即可出锅食用。

🥣煲汤小贴士

除了可以制作成美味的汤饮外，桃花也是一种非常不错的美容花茶。用桃花来泡茶，能够帮助女性美容养颜、顺气消食。桃花茶适合春季饮用，因为春季干涩，饮用后可以缓解皮肤干涩的现象。

红枣兔肉汤 ——促进代谢，润肤泽肌

口味类型	操作时间	难易程度
咸鲜	90分钟	★★

‖主料‖

兔肉 500 克，红枣 20 粒。

‖辅料‖

枸杞、盐各适量。

‖制作步骤‖

❶兔肉清理干净后，在清水中反复清洗干净，切成小块备用。

❷红枣充分清洗干净，放入清水中泡发后，去掉枣核，切块备用。

❸将备好的兔肉、红枣、枸杞一同放入锅中，加足量水，大火煮沸。

❹转小火煲 1 小时，用小勺在汤中加入适量盐调味，即可出锅食用。

煲汤小贴士

兔肉的腥味比较重，在制作这款红枣兔肉汤时，可以将刚宰杀的新鲜兔肉放在干净的黄土上，第二天用水冲洗，就能有效去除腥味。此外，还可将兔肉放入沸水锅中，加适量的高度白酒也可去除腥味。

滋补功能

兔肉当中含有丰富的蛋白质、维生素以及卵磷脂等，有补中益气的作用，非常有利于人体皮肤黏膜的健康以及代谢。其与滋补润颜的红枣一同熬煮成的这款美味的红枣兔肉汤，可以润泽肌肤，使皮肤变得红润，非常适合女性食用。

珍珠笋苹果鸭心汤 ——滋润养颜，减少脂肪

口味类型	操作时间	难易程度
咸鲜	80分钟	★

|主料|

珍珠笋 500 克，苹果 2 个，鸭心 6 个。

|辅料|

生姜 10 克，盐适量。

|制作步骤|

①珍珠笋清洗干净后，斜切成段；苹果清洗干净，去皮和心，切成块状。

②鸭心反复冲洗，彻底处理干净，备用；生姜清洗干净，切成片备用。

③将适量清水倒入锅中，烧沸后放入珍珠笋、苹果、鸭心、姜片。

④中小火煲1小时，用小勺在汤中加入适量盐调味，即可出锅食用。

煲汤小贴士

在食用竹笋时需要了解一点，笋当中存在一些生物活性物质，如果与羊肝同炒的话，就会产生某些有害于人体的物质，或者是直接破坏其中的营养，如维生素A，所以笋不宜与羊肝等同食。

滋补功能

这款美味营养的鸭心汤中含有非常丰富的蛋白质等营养成分，具有清热润燥、宁心安神、滋润养颜、减少脂肪积聚的功效，适合皮肤干燥、心烦的女性饮用。此外，此汤夏季饮用也能达到一定解暑的效果。

桃花虾饼鸡蛋汤 ——美容养颜，润泽肌肤

口味类型	操作时间	难易程度
鲜香	50分钟	★★

|主料|

虾仁 150 克，桃花 10 克，鸡蛋 2 个。

|辅料|

盐、料酒、清汤、水淀粉、熟猪油各适量。

|制作步骤|

🍲 煲汤小贴士

在做汤时要注意桃花不宜久煮，否则容易将其煮烂，不仅破坏桃花的营养成分，也影响成品汤的色泽等，所以煲汤时要最后将桃花放入锅中。汤中用到虾饼，建议盐可以少放或者不放。

① 鸡蛋取蛋清备用；桃花清洗干净，用开水烫一下捞出备用。

② 将备好的虾仁剁成蓉，加入适量料酒、蛋清、盐、水淀粉打匀。

③ 锅烧热，加适量油滑锅，改为小火，将虾肉煎成虾饼，倒入漏勺控油备用。

④ 锅内放入清汤，烧开后放入虾饼，加盐调味，稍煮后放入桃花，煮开即可。

滋补功能

虾仁中含有大量的蛋白质、维生素等营养成分，能够滋养肌肤；桃花的补水效果也非常显著。二者与润肤的鸡蛋同煮成的这款美味的桃花虾饼鸡蛋汤，具有非常好的美容养颜、润泽肌肤的食疗作用。适合大多数女性长期食用。

杏仁木瓜海螺鱼汤——润肤美颜，去瘀生新

▌主料▌

黑鱼 1 条，鲜海螺肉 100 克，木瓜 1 个，杏仁、红枣、桂圆肉、陈皮各 10 克。

▌辅料▌

植物油、盐各适量。

▌制作步骤▌

① 黑鱼宰杀，彻底处理干净，切成小块备用；木瓜去皮、籽，切块。

② 开火上锅，加油烧至七成热，放入鱼段煎至两面金黄色后捞出沥油。

③ 汤煲中放入鱼段、杏仁、红枣、桂圆肉、陈皮及适量清水，大火烧开后改小火煲 2 小时。

④ 往汤煲中加入木瓜、海螺肉，继续用小火煲煮 2 小时，起锅前加少许油和盐调味即可。

口味类型	操作时间	难易程度
鲜香	260分钟	★★★

🍲煲汤小贴士

在食用这款美味的海螺鱼汤时需要注意一点，海螺肉不宜与牛肉、羊肉、蚕豆、猪肉等同食，否则容易造成腹泻。此外，吃螺肉时也不可饮用冰水，这样会刺激肠胃，也容易引起腹泻。

滋补功能

杏仁木瓜海螺鱼汤中含有丰富的蛋白质、脂肪等人体所需的营养成分，可以补血，从而令肌肤达到滋润补水的效果，女性经常食用具有十分明显的美容效果，可以使肌肤变得柔嫩，改善皮肤暗沉的现象。

莲藕章鱼猪蹄汤 ——益血生肌，润肤养颜

▌主料▌

莲藕200克，新鲜章鱼100克，红枣6颗，猪蹄250克，陈皮10克。

▌辅料▌

料酒、盐各适量。

▌制作步骤▌

① 新鲜章鱼在开水中氽过，捞出浸凉水；用手指挤压章鱼头部，清理干净黑色汁液。

② 猪蹄洗净，切块，入开水中加适量料酒煮5分钟，取出冲水洗净沥干。

③ 红枣洗净，去核；莲藕去皮，洗净，切厚片；锅中加适量水、陈皮，大火烧开。

④ 放入其他食材，再开后改小火煲3小时，最后加盐调味即可。

口味类型	操作时间	难易程度
咸鲜	200分钟	★★

🥄煲汤小贴士

不管是做这道莲藕章鱼煲猪蹄汤，还是做其他菜肴，莲藕的挑选都很重要。要挑选外皮呈黄褐色，肉肥厚而白的藕，如果莲藕发黑且有异味，说明其已经变质发坏，则不宜食用。

滋补功能

在这道莲藕章鱼猪蹄汤中，所用到的食材比较多，而且均具有非常不错的滋润效果，并且该汤香甜而不腻，没有半点酸味，女性日常饮用可以滋润补水、提升皮肤的柔嫩度，达到润肤养颜的效果，从而延缓衰老。

黄瓜苹果玉米汤 ——改善皮肤干燥，促进脂肪燃烧

口味类型	操作时间	难易程度
酸甜	30分钟	★

滋补功能

黄瓜能润肤、舒展皱纹；苹果可以补充肌肤水分；玉米粒中含有纤维素，可以促进消化。所以这道美味的黄瓜苹果玉米汤具有良好的润颜养肤的效果，并可防止皮肤粗糙。肤色暗沉以及皮肤粗糙、缺水者可以经常食用。

┃主料┃

黄瓜200克，苹果1个，玉米粒100克。

┃辅料┃

番茄酱3克，盐、冰糖各适量。

┃制作步骤┃

❶ 黄瓜先浸泡清水中，然后反复清洗干净，切成片；玉米粒洗净备用。

❷ 将苹果清洗干净，削皮（留皮也可），去核，切成小块，备用。

❸ 将准备好的玉米粒放入沸水锅中，煮沸后放入备好的黄瓜片以及苹果块。

❹ 放入番茄酱，转中小火煮15分钟，加少量盐以及适量冰糖调味即可。

🍲 煲汤小贴士

　　此汤的颜色搭配适中，黄绿白色泽鲜艳，添加适量的番茄酱不仅可以让汤的颜色更好看，也可增加汤的酸味，使得此汤酸甜适中。而且添加番茄，也能够促进吸收，更有美白润肤的功效。

天麻豆角蛤蜊汤 ——滋阴补水，软坚散结

口味类型	操作时间	难易程度
鲜香	200分钟	★

| 主料 |

天麻10克，豆角200克，蛤蜊400克。

| 辅料 |

鸡汤400克，姜1小块，盐2克。

滋补功能

天麻具有润燥养血的功效；芸豆可以促进新陈代谢；蛤蜊可以润肤补水；所以这款美味的天麻豆角蛤蜊汤具有良好的滋润效果，女性经常食用可以补充身体中所需的水分、促进代谢，让肌肤变得更加富有光泽。

| 制作步骤 |

①豆角与天麻分别清洗干净，备用；姜清洗干净，切片备用。

②蛤蜊用冷水反复淘洗几次，放入清水中静置2小时左右，使其吐净泥沙。

③豆角、鸡汤及适量清水加入汤锅中，用大火煮沸，转文火煲20分钟。

④加入蛤蜊，大火煮开后再小火慢炖1小时，直到蛤蜊壳都打开后，加盐调味。

煲汤小贴士

蛤蜊肉想要轻易取出来有点不太顺利，而最简单的方法便是将蛤蜊先放入清水中浸泡2小时左右，这样一来就可以使蛤蜊自然吐出全部泥沙，然后再去取出其肉就比较容易了，如此再用来做汤就方便多了。

酥鱼南瓜枸杞骨汤 ——补气退火，滋润养颜

口味类型	操作时间	难易程度
咸鲜	50分钟	★★

┃主料┃

香酥黄花鱼300克，南瓜300克，枸杞10颗。

┃辅料┃

骨汤、姜、盐各适量。

┃制作步骤┃

①南瓜清洗干净后，去皮去瓤，冲洗，切为小块，备用。

②将切好的南瓜块与骨汤及适量清水一起加入汤锅中，用大火煮沸。

③在锅中加入准备好的酥鱼、姜以及枸杞，再次用旺火煮沸。

④转为文火，再继续煲煮30分钟后，加入适量盐调味，即可出锅食用。

煲汤小贴士

南瓜切开后再进行保存，非常容易从心部开始变质腐烂，所以，如果做菜做汤时剩下了南瓜，最好用汤匙把内部掏空后，再用保鲜膜包好，这样放入冰箱冷藏可以存放5~6天。

滋补功能

黄花鱼中含有丰富的蛋白质，可以滋润肌肤；南瓜能补中益气；枸杞则可补血润肤；三者熬煮成的这款鲜美无比的酥鱼南瓜枸杞骨汤，具有良好的滋润养颜功效，女性经常食用不仅可以达到美容的效果，还能调理身体。

红薯萝卜洋葱牛肉汤 ——滋养脾胃，补水润肤

口味类型	操作时间	难易程度
鲜香	120分钟	★★

滋补功能

洋葱、红萝卜中含有大量纤维素、B族维生素等营养成分，可以促进肠胃蠕动；牛腩能滋养脾胃。三者共同熬煮成的这款红薯萝卜洋葱牛肉汤，不仅可以滋养肌肤，使皮肤变得水嫩，还有助于体内废物的排出，美容纤体。

|主料|

薯条200克，牛腩300克，洋葱1个，红萝卜2根。

|辅料|

番茄沙司、盐、黑胡椒粉各适量。

|制作步骤|

①将牛肉清洗干净，切块，余水，捞出沥水，备用。

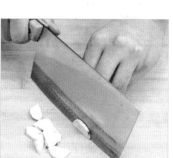

②将红薯、洋葱、红萝卜分别清洗干净，然后全部切块，备用。

③将准备好的薯条、蔬菜、牛肉、番茄沙司、清水放入锅中，用大火煮沸。

④转为小火继续煲80分钟，加适量盐、黑胡椒粉调味即可。

煲汤小贴士

需要注意的一个问题是，洋葱不宜一次性食用过多，如果一次食用过多的话，可能会引起目糊和发热的现象。此外，患有眼疾、眼部充血的人，不宜切洋葱，否则会加重眼部疾病。

甜玉米蔬菜汤 ——补水养颜，促进消化

口味类型	操作时间	难易程度
甜润	50分钟	★

滋补功能

玉米、黄瓜、红萝卜等都含有大量的膳食纤维，可以滋润肠道、排出毒素，进而达到补水养颜、促进消化的作用，所以其搭配熬煮成的这款美味的甜玉米蔬菜汤具有良好的补水润肤的效果，适合长粉刺和痘痘的朋友食用。

▌主料▐

甜玉米粒 300 克，黄瓜 1 根，小红萝卜 150 克，黄油 30 克。

▌辅料▐

面粉 50 克，鸡高汤 400 克，冰糖适量。

▌制作步骤▐

① 将小红萝卜、黄瓜分别清洗干净，然后切为片，备用。

② 开火上锅，使锅均匀受热后，加入适量黄油加热，使得黄油充分融化。

③ 把面粉倒入融化黄油的锅当中，用中小火慢慢地将面粉充分炒香。

④ 倒入高汤煮开，加入甜玉米粒、红萝卜、黄瓜，少量冰糖，煮至蔬菜熟即可。

煲汤小贴士

在制作可口的甜玉米蔬菜奶油汤的过程中有一个环节需要特别注意一下，那就是炒面粉的环节。在炒面粉的时候，一定要一边炒一边要用铲子压碎面疙瘩，这样可以让面粉均匀地与黄油混合成小颗粒。

灵芝千日红蛋汤 ——滋润排毒，美容养颜

口味类型	操作时间	难易程度
咸鲜	80分钟	★

▌主料▐

灵芝2朵，鸡蛋2个，千日红50克。

▌辅料▐

盐适量。

▌制作步骤▐

① 将鸡蛋壳清洗干净后，用热水把鸡蛋煮到七分熟，剥去壳备用。

② 将灵芝以及千日红分别用清水小心清洗干净，沥干水分，备用。

③ 将准备好的灵芝、千日红、以及适量清水入汤锅中煮沸，转文火煲50分钟。

④ 加入剥去壳的熟鸡蛋，再煮5分钟左右，加入适量盐进行调味，即可出锅食用。

煲汤小贴士

在制作灵芝千日红蛋汤时，有时会出现蛋壳不易剥落的现象，蛋壳容易与蛋清粘连在一起导致浪费。但将鸡蛋煮至七成熟，蛋清便可凝固，这时取出鸡蛋再过凉水，比较容易将蛋壳剥落。

滋补功能

灵芝、千日红都具有很好的润肤疗效，其中含有多糖、多肽等成分，有着大量的能够明显的延缓衰老的营养物质；而鸡蛋又能滋阴润燥，补心宁神，使得该汤能滋润排毒，是女性美容的必要汤品之一。

美白淡斑

番茄汤 ——美白肌肤，补充多种营养素

▌主料▌

番茄2个，葱适量。

▌辅料▌

盐适量。

▌制作步骤▌

❶将葱清洗干净，斜切成一厘米左右的小段，每段再切为两片，备用。

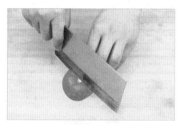

❷将番茄清净，底部划十字刀口，放入沸水锅中焯烫片刻。

❸从锅中取出番茄，去掉外面的一层薄皮，切成小片，备用。

❹将番茄片放入沸水锅中，烧开后，加入葱段，加适量盐即可。

口味类型	操作时间	难易程度
鲜香	30分钟	★

🍲煲汤小贴士

制作番茄汤最为关键的一点需要注意一下，就是要买到健康优质的番茄。催熟的西红柿在样子上往往比正常的西红柿更好看，这样的西红柿一般有棱角，并且分量也比较轻。

滋补功能

这款鲜香可口的番茄汤中，含有丰富的番茄红素，能够有效阻止外界紫外线、辐射对肌肤的伤害，并且还可促进血液中胶原蛋白和弹性蛋白的结合，使肌肤充满弹性。

绿豆百合美白汤 ——利尿消肿，祛面斑

口味类型	操作时间	难易程度
甜润	200分钟	★★

煲汤小贴士

绿豆具有很好的解毒作用，如果发生了有机磷农药中毒、铅中毒、酒精中毒、醉酒或者是吃错药等情况下，在送去医院抢救前，都可以先给中毒者灌下一碗绿豆汤，进行紧急处理。

|主料|

绿豆100克，百合50克。

|辅料|

冰糖适量。

|制作步骤|

①绿豆清洗干净，取一干净小碗，加清水，把洗好的绿豆拿来浸泡2小时。

②百合清洗干净，掰开成为小瓣，在小碗中用清水浸泡30分钟左右，备用。

③开火上锅，将备好的绿豆、百合一同放入清水锅中，用大火煮沸。

④转为小火继续煮40分钟左右，加入适量冰糖，充分搅拌，煮至冰糖全部溶化即可。

滋补功能

绿豆与百合中所含的维生素，能够使黑色素还原，具有很好的漂白作用，所以二者结合熬煮成的这款绿豆百合美白汤，具有美白淡斑的效果，面部有色斑的女性可以经常食用该汤，淡化面部色斑，并达到一定美容效果。

丝瓜瘦肉红枣祛斑汤 ——抗皱消炎，美颜淡斑

口味类型	操作时间	难易程度
清淡	90分钟	★★

煲汤小贴士

对于丝瓜的选购有很多技巧，下面会介绍几点：在选择时，应该选择外表鲜嫩、结实，富有光亮的丝瓜。此外，要选皮色要为嫩绿或淡绿色、果肉顶端比较饱满、没有臃肿感的丝瓜，这样的丝瓜做汤口感最好。

┃主料┃

丝瓜250克，瘦肉200克，红枣10枚。

┃辅料┃

玫瑰花、菊花、白茯苓各3克。

┃制作步骤┃

❶ 将丝瓜清洗干净，削去硬皮，切成块；瘦肉清洗干净，切成片备用。

❷ 将玫瑰花、菊花以及白茯苓分别用清水彻底清洗干净，然后沥水备用。

❸ 瘦肉、红枣、白茯苓、丝瓜放入清水锅中，中火炖煮1小时左右。

❹ 在锅中加入备好的玫瑰、菊花，进行调味，小煮片刻，即可出锅享用。

滋补功能

丝瓜具有补气养血、美容祛斑的功效；瘦肉中的蛋白含量高，可以淡化皱纹；红枣又能补血，三者结合熬成的这款美味诱人的丝瓜瘦肉红枣祛斑汤可以美颜肌肤，延缓衰老。女性常食该汤可以使面部肌肤富有弹性。

天地菊花猪肝汤 ——清热润肤，养颜除斑

▌主料▌

猪肝 200 克，生地黄 20 克，天门冬 15 克，菊花 10 克。

▌辅料▌

姜丝、干淀粉、盐、料酒、陈皮、香油各适量。

▌制作步骤▌

❶猪肝清洗干净，斜切成片，用盐、料酒、干淀粉抓匀上浆，备用。

❷将生地黄、天门冬、陈皮、菊花分别在清水中冲洗干净，备用。

❸锅内放入适量清水，加入备好的生地黄、天门冬、陈皮，用大火烧开。

❹改小火煮 10 分钟，氽入猪肝、菊花，烧开后调味，再撒上姜丝，淋上香油。

口味类型	操作时间	难易程度
鲜香	50分钟	★★

🍲煲汤小贴士

在制作美味的天地菊花猪肝汤时为了有效地提升汤品的营养以及口感，在处理猪肝时要先将猪肝斜切成片，再放入锅中煲汤，能够增加猪肝的受热面积，可以使其中的营养物质充分融入到汤中。

滋补功能

生地黄、天门冬、菊花均有一定的药用价值，能够清热润肤、滋补肌肤；猪肝中含有丰富的维生素A，可养颜除斑。这几种食材搭配使此汤具有清热润肤、淡化色斑的食疗效果。

蜜枣萝卜肉片汤 ——润白肌肤，美容泽面

口味类型	操作时间	难易程度
鲜香	40分钟	★★

▌主料▐

猪瘦肉200克，胡萝卜300克，西红柿120克，蜜枣6颗。

▌辅料▐

香菜、水淀粉、盐、料酒、清汤各适量。

▌制作步骤▐

❶ 西红柿洗净，切为小块；胡萝卜去皮，洗净，切块；蜜枣去核备用。

❷ 猪瘦肉清洗干净，切片后用盐、料酒、水淀粉抓匀上浆，稍腌备用。

❸ 锅内加清汤，烧开后放入胡萝卜、西红柿、蜜枣，中火烧至胡萝卜熟烂。

❹ 改为大火，余入备好的肉片，待肉片上浮，加盐调味，撒上香菜即可。

煲汤小贴士

在挑选西红柿时，要选择颜色粉红、浑圆、表皮有白色的小点点、表面有一层淡淡的粉、捏起来很软的西红柿，这样的西红柿口感好，做出来的汤也更为美味可口，色泽亮丽。

滋补功能

胡萝卜、西红柿等都中含有丰富的胡萝卜素、番茄红素等对人体有益的营养成分，能够抑制脂质过氧化的作用，从而可达到润白肌肤的效果；猪瘦肉中蛋白质、铁含量高，可益气补血。所以这款美味的蜜枣萝卜肉片汤有很好的润白肌肤的效果。

红黄竹草鲫鱼肉片汤 —— 清热和胃，祛斑增白

口味类型	操作时间	难易程度
咸鲜	70分钟	★★

▍主料▍

猪瘦肉120克，鲫鱼1条，红枣6颗，黄精片10克、竹叶、灯芯草各5克。

▍辅料▍

生姜、盐、料酒、香油各适量。

▍制作步骤▍

① 猪肉清洗干净，切片过开水，备用；生姜清洗干净，切片备用。

② 鲫鱼处理干净，用料酒和少许盐内外抹透，腌制20分钟，用清水洗净。

③ 锅内放清水、竹叶、灯芯草、红枣、姜片、瘦肉，中小火煮30分钟，改小火，再放入鲫鱼。

④ 烧开5分钟后，放入备好的黄精片，加入适量盐调味，淋上香油即成。

🍲 煲汤小贴士

在制作红黄竹草鲫鱼肉片汤的过程当中，用料酒和盐腌制鲫鱼可以使鲫鱼充分吸收调料中的味道，同时还能够有效去除腥味，也可以使熬煮出来的汤更加鲜香美味。

滋补功能

鲫鱼、瘦肉均具有益气和胃、滋养肌肤的效果；红枣能红润肌肤；黄精片可以补中益气、润心肺。其与竹叶、灯芯草等药材共同熬煮成的汤饮具有淡斑润肤、清热和胃的效果，女性经常食用可以达到美容的效果。

娃娃菜芋头肘子汤 ——清热解毒，美白护肤

|主料|

小猪肘1只，娃娃菜200克，芋头150克。

|辅料|

姜片3片，大葱段2段，香菜叶、盐各适量。

|制作步骤|

① 小猪肘放入沸水中，氽煮5分钟除去血沫，然后用水反复冲洗干净。

② 娃娃菜择洗干净，逐片剥开备用；大芋头去皮洗净后，切成块状备用。

③ 将备好的猪肘放入锅中，加入凉水、姜片和大葱段，大火煮沸，再改小火慢炖50分钟至猪肘骨肉软烂。

④ 将芋头块和娃娃菜叶一同放入锅中，中火保持微沸煮15分钟；最后调入盐，撒上香菜叶即可。

口味类型	操作时间	难易程度
咸鲜	100分钟	★★

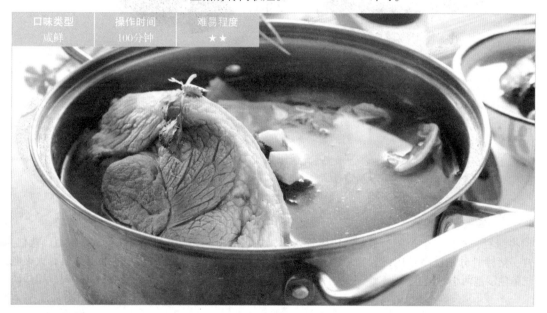

煲汤小贴士

制作此汤，要注意在清除猪肘上的残毛时用火将肘子上的毛烧去，烧好后再用镊子或是专用的去毛器，将未烧净的毛及毛根处理干净。娃娃菜要在最后放入锅中，忌一开始就入锅，否则会影响口感。

滋补功能

猪肘中含有丰富的胶原蛋白，可以滋润肌肤；娃娃菜利于消化；芋头能够益胃健脾。三者一起熬成的这款娃娃菜芋头肘子汤可以滋补五脏，改善暗沉肌肤，女性常饮该汤能增加肌肤弹性，使肌肤变得更加柔嫩。

木耳茯苓玉竹猪骨汤 ——活血祛斑，去除粉刺

口味类型	操作时间	难易程度
咸鲜	150分钟	★★

▌主料▐

干黑木耳15克，绿豆80克，薏仁100克，土茯苓、玉竹各5克，猪骨棒500克。

▌辅料▐

盐适量。

▌制作步骤▐

❶黑木耳用冷水泡发后，放入热水中浸泡15分钟，直至完全泡发。

❷将绿豆、薏仁、土茯苓、玉竹、猪棒骨分别洗净备用，薏仁单独浸泡两小时以上。

❸猪棒骨入锅，加水适量，大火烧开后转小火炖煮1小时，撇去浮沫。

❹挑出骨头，放入绿豆、薏仁、土茯苓、玉竹和黑木耳，大火烧开后转小火慢炖1小时，用盐调味后即可出锅。

煲汤小贴士

薏米虽然能够排毒祛湿、滋养肌肤，但是并不是人人都适合食用。其中，孕妇最不适宜吃薏米，严重的话，还容易造成流产。脾胃比较虚寒的人群也不适合多食薏米。

滋补功能

黑木耳能够帮助机体活血化瘀；绿豆可以有效清热解毒；薏仁则可以除斑祛湿。三者与茯苓、玉竹等熬成的这款美味的木耳茯苓玉竹猪骨汤，具有良好的清毒功能，可以有效去除粉刺。女性定期服用可以有效对抗痘痘，使肌肤变得更加滋润光滑。

黑木耳红枣瘦肉汤 ——活血化瘀，消除面部色斑

口味类型	操作时间	难易程度
咸鲜	50分钟	★

▎主料▎

黑木耳 30 克，大红枣 20 枚，瘦猪肉 300 克。

▎辅料▎

盐适量。

▎制作步骤▎

❶ 将黑木耳用清水充分泡发，清洗干净备用；红枣去核，清洗干净。

❷ 猪瘦肉清洗干净，切成小肉片，过开水氽煮一下，捞出沥水，备用。

❸ 将准备好的黑木耳、红枣先放入开水锅当中，用文火煲20分钟。

❹ 在锅中放入准备好的猪瘦肉片滚至熟，加适量盐调味即可。

煲汤小贴士

在制作黑木耳红枣瘦肉汤的过程当中，在浸泡黑木耳时最好使用冷水浸泡，这样可以防止破坏木耳中的自由基，减少营养成分的流失。此外，用冷水浸泡过的木耳不管是做汤还是做菜，食用起来也比较爽口。

滋补功能

黑木耳能够健脾润肺、滑肠解毒；红枣能健脾益气、滋润肌肤；瘦肉益气养血、健脾补肺，三者搭配熬成的这款美味的黑木耳红枣瘦肉汤，可以使皮肤变得光洁，淡化色斑，达到很好的美容护肤功效，适合女性食用。

淮山薏仁发菜蛋汤 ——滋养脾肺，美白润肤

口味类型	操作时间	难易程度
鲜香	60分钟	★★

|主料|

淮山药 250 克，熟薏仁 50 克，发菜 10 克，鸡蛋 1 只。

|辅料|

清鸡汤、葱、盐、香油各适量。

|制作步骤|

❶ 淮山药削去外皮，清洗干净后，切为小块备用；鸡蛋去壳，搅打均匀。

❷ 发菜清洗干净后，用剪刀剪成小段，在清水当中浸泡 30 分钟。

❸ 淮山块和熟薏仁放入搅拌机中，并加入清鸡汤打成浓汤状，倒入锅中。

❹ 加入发菜煮开，并调入适量盐、香油，熄火快速加入蛋液并拌匀成蛋丝状即可。

煲汤小贴士

淮山药去掉表皮后，虽然看起来鲜嫩可口，但是绝对不可以生吃，这是因为，生的山药当中，含有一定的毒素，如果生吃淮山药的话，就容易中毒。所以在食用淮山药时，一定要将淮山药煮熟后方可食用。

滋补功能

淮山药可以滋养脾胃；薏仁能够清热解毒；发菜可以软坚散结；三者与保肝护胆的鸡蛋一起熬煮成的这道淮山薏仁发菜蛋汤，可以养胃生津，润洁肌肤，以此达到淡斑的效果。女性经常食用该汤可以达到良好的美容润肤目的。

黄花红枣火腿排骨汤 ——健脾保湿，美白护肤

▌主料▌

猪小排 250 克，黄花菜 100 克，红枣 15 颗，火腿 5 片。

▌辅料▌

姜 5 片，草果 1 枚，葱 1 段，黄酒、盐各适量。

🍲 煲汤小贴士

在制作黄花红枣火腿排骨汤时有个技巧，在熬煮骨头汤时，往锅中加入适量的黄酒或者是白酒，不仅可以提升骨头汤的鲜美味道，增加汤饮的酒香味，还能有效地去除骨头中带有的的腥味，使得汤的味道更加鲜香。

▌制作步骤▌

① 排骨剁块，洗净后，冷水下锅，煮出血沫后关火，用热水把排骨上的血沫冲干净。

② 黄花菜泡发后，洗净，去掉顶部老根；红枣洗净，去核；排骨、红枣、火腿入锅。

③ 姜、草果、葱一起放入锅里，倒入热水至没过所有食材约 8 厘米，再加入黄酒。

④ 大火烧开后，改小火煮 1 小时左右，加入黄花菜再煮半小时，加盐调味即可。

口味类型	操作时间	难易程度
咸鲜	90分钟	★★

滋补功能

猪小排可以清热润肤；黄花菜能够滋阴养颜；红枣可以补血益气。三者与火腿一起煮成这道美味无比的黄花红枣火腿排骨汤，可以使汤具有美容的良好功效，利于女性活血养颜、健脾保湿，经常食用能有效淡化色斑。

茉莉银耳汤 ——润肤祛斑，减少脂肪

口味类型	操作时间	难易程度
鲜香	40分钟	★

滋补功能

此汤中的茉莉花和银耳都具有非常不错的润肤效果，所以，此汤具有良好的美容淡斑效果，女性经常食用一些，就可以达到滋润肌肤、淡化黑色素的效果，日积月累还能够收获获美白的效果，此外其还能调养身心。

|主料|

茉莉花50克，水发银耳250克。

|辅料|

食盐、味精、料酒、清汤各适量。

|制作步骤|

① 银耳洗净，再用温开水浸泡，待涨发后用开水氽1次，撕成小朵。

② 把茉莉花上的老蒂择去，用清水漂洗干净，沥干水分，待用。

③ 锅中放入清汤、银耳、料酒、少量食盐、味精，大火烧沸后，撇去浮沫。

④ 将煮好的汤盛入碗中，再将准备好的茉莉花撒在碗中，即可食用。

煲汤小贴士

除了制作这款美味的茉莉银耳汤以外，茉莉花常见的还可以冲茶喝，其茶中含有挥发油性物质，具有行气止痛、解郁散结的作用，另外还可以有效地帮助我们提神功效，可以安定情绪及舒解郁闷，适合春季饮用。

党参花椰菜胡萝卜汤 ——清化血管，祛斑美肤

口味类型	操作时间	难易程度
鲜香	60分钟	★★

滋补功能

花椰菜具有很好的祛斑淡印、滋养肌肤的效果；胡萝卜可以健脾消食；瘦肉可以补气血；三者功效互补，使这款党参花椰菜胡萝卜汤具有非常不错的美肤功效。女性经常食用有很好的清化血管、祛斑美肤的食疗效果。

▌主料▌

党参10克，花椰菜220克，胡萝卜1根，瘦肉250克。

▌辅料▌

姜片、盐、鸡粉各适量。

▌制作步骤▌

①花椰菜切成小朵，用清水冲洗干净，沥水备用；胡萝卜洗净，切丁备用。

②瘦肉洗净干净，切片后与姜片一起入清水中煮沸，捞起冲洗备用。

③瘦肉片、党参及足量清水放入锅中，用大火煮沸，转文火煲30分钟，加入胡萝卜。

④用大火煮沸后，加入花椰菜，继续煲15分钟，加盐、鸡粉调味即可。

煲汤小贴士

将猪肉与姜片一起入锅煮，可以有效地清除猪肉中存在着的腥味。此外，汤饮中也可以加入适量姜水，这样也能起到一定的除腥效果。大蒜和葱白也是去腥味的好帮手，也十分适合做汤时选用。

甘草丝瓜瘦肉汤 ——润肺美白，泻火解毒

口味类型	操作时间	难易程度
咸鲜	50分钟	★

滋补功能

甘草具有补脾益气的作用；瘦肉能够补肝润肤；丝瓜可以消除斑块，防止皮肤老化；三者一起煲成的这道美味的甘草丝瓜瘦肉汤可以滋养肌肤、增补气血，适合女性食用，若能定期食用便可达到润肺美白的食疗效果。

▌主料▌

甘草10克，丝瓜1根，瘦肉200克。

▌辅料▌

鸡高汤、盐各适量。

▌制作步骤▌

① 瘦肉清洗干净，切片，放入沸水中汆水，捞出沥干；丝瓜清洗干净，去皮，切块。

② 开火上锅，锅中加入备好的甘草、肉片、高汤及适量清水，用大火煮沸。

③ 转为小火继续煲煮30分钟左右，加入提前备好的丝瓜块，继续炖煮。

④ 大火煲开后，根据个人口味，用小勺在汤中加入适量盐调味，即可出锅食用。

🍲 煲汤小贴士

在挑选丝瓜时，要选择外皮光滑不刺手的购买，要选择那些看起来皮上纹路不太凸凹的丝瓜，并且，越绿越证明丝瓜比较好，口感比较新鲜柔嫩，做汤或者其他菜肴，食用时口感也很细润。

车前草香肠海带汤 ——祛斑解毒，利水止泻

口味类型	操作时间	难易程度
咸鲜	60分钟	★

|主料|

海带结 150 克，香肠 350 克，车前草 80 克。

|辅料|

姜、盐、胡椒粉各适量。

|制作步骤|

❶香肠清洗干净，切为薄片备用；车前草冲洗干净，沥水备用。

❷开火上锅，将海带结、香肠、姜入锅，加适量清水，大火煮开。

❸转为小火继续炖煮半小时左右，然后在锅中加入准备好的车前草。

❹转大火煮 10 分钟左右，加适量盐、胡椒粉进行调味，即可出锅食用。

煲汤小贴士

在清洗海带结的时候，一定要将海带结多过几次凉水，并用手搓洗，这样才能清洗干净，否则海带结吃起来会出现牙碜的现象，影响口感。买回来的海带结，最好先用清水浸泡，然后流水清洗。

滋补功能

海带结可以润泽肌肤，使皮肤清爽细滑；车前草具有祛斑解毒的功效；二者一起熬成的这款车前草香肠海带汤，可以清热解毒，消除暗斑，达到滋润美白的效果。女性经常食用可以滋润美白，缓解肌肤暗沉的现象。

消除粉刺

绿豆薏米山楂汤 ——消除粉刺，保持皮肤光泽细腻

口味类型	操作时间	难易程度
甜润	100分钟	★★

主料

绿豆25克，薏米25克，山楂10克。

辅料

冰糖适量。

制作步骤

❶绿豆、薏米分别淘洗干净，绿豆放入清水中浸泡30分钟，薏米浸泡2小时。

❷山楂浸泡于清水中，析出灰尘杂质后清洗干净，捞出沥水，备用。

❸开火上汤锅，加入适量清水，将绿豆、薏米放入清水锅中，大火煮沸。

❹放入备好的山楂，转小火继续煮40分钟，关火后再焖15分钟即可。

煲汤小贴士

在煲制这款汤时，其中需要用到的山楂，既可以直接选用山楂果，也可以选用山楂糕来代替。不过，如果是选用山楂糕的话，山楂糕要安排在最后环节放入锅中，防止山楂糕被煮烂。

滋补功能

这款绿豆薏米山楂汤制作比较简单，其中含有鞣质等抗菌成分，可促进创面修复，消除粉刺，保持皮肤光泽，具有很好的抗衰老功能。患有面部粉刺的女性食用该汤可以排除毒素，逐步清除粉刺，恢复面部光洁。

海带绿豆玫瑰花汤 ——清热解毒，祛痘除斑

口味类型	操作时间	难易程度
甜润	100分钟	★★

｜主料｜

海带 15 克，绿豆 15 克，玫瑰花 6 克。

｜辅料｜

甜杏仁 10 克，红糖适量。

滋补功能

这款美味的海带绿豆玫瑰花汤中，富含钙元素与碘元素，有助于甲状腺素的合成，不仅能够达到美容的效果，还有延缓衰老的作用，女性经常食用此汤，可以很好地润洁肌肤，还能有效缓解肌肤暗沉的现象。

｜制作步骤｜

① 绿豆清洗干净，放入清水中浸泡 30 分钟左右，捞出沥水备用。

② 海带反复清洗干净，切成丝备用；玫瑰花放入布包中，封好口，备用。

③ 将准备好的海带丝、绿豆、甜杏仁以及玫瑰花包全部放入清水锅中，煮沸。

④ 转小火继续煮 40 分钟，捞出玫瑰花包，放入适量红糖，调匀即可出锅食用。

煲汤小贴士

海带中所含的碘质大部分在表面，过久浸泡会使碘流失，所以，在制作海带绿豆玫瑰花汤时，最好先将海带散开，放在蒸笼里蒸半个小时左右，再用水冲洗，就可使海带又嫩又脆。

薄荷黄瓜汤 ——清热利尿，防治痘痘

口味类型	操作时间	难易程度
清淡	30分钟	★

|主料|

黄瓜 150 克，薄荷 50 克。

|辅料|

盐适量。

|制作步骤|

❶将黄瓜浸泡一会儿后，用果蔬清洗剂反复清洗干净，切成片备用。

❷开火上锅，将适量清水倒入锅中，放入备好的黄瓜，煮沸。

❸将新鲜的薄荷叶略微过水，清洗干净后，放入锅中，煮开。

❹转为小火继续煮 15 分钟左右，加入少量盐进行调味，即可出锅食用。

煲汤小贴士

用黄瓜做汤的其中一个原因是黄瓜不太适合生食，如果要生食不洁的黄瓜，容易使其表面上残余的农药及其化学药物进入人体中，对人体的健康会产生一定的危害。

滋补功能

薄荷可以透疹解毒，疏肝解郁；黄瓜可治脾胃虚弱，并且还能滋润肌肤。所以二者熬成的汤具有清热解毒、美化肌肤的功效。女性经常食用此汤，可以有效地消除雀斑、增白皮肤，起到清洁和保护皮肤的作用。

黄瓜胡萝卜鸡蛋汤 ——清热降火，消除粉刺

口味类型	操作时间	难易程度
咸香	40分钟	★

▌主料▐

黄瓜 150 克，胡萝卜 30 克，鸡蛋 2 个。

▌辅料▐

盐 3 克，油 5 克。

▌制作步骤▐

① 黄瓜洗净，切成片；胡萝卜洗净，切成丁；鸡蛋磕入碗中，搅匀。

② 开火上锅，将少许油以及适量的水放入锅中，倒入备好的黄瓜片，烧开。

③ 在锅中倒入打散的鸡蛋，然后放入切好的胡萝卜丁，稍微煮一小会儿。

④ 最后根据个人口味，用小勺在汤中加入适量盐调味，即可出锅食用。

煲汤小贴士

在食用胡萝卜时，最好不要生吃，不然不容易消化和吸收其中的营养。煮熟的胡萝卜更容易被人体所吸收，因为胡萝卜中含有较多的胡萝卜素，胡萝卜素在加热后更容易被人体吸收。所以用胡萝卜做这款汤再好不过。

滋补功能

黄瓜可以解毒消肿，生津止渴；胡萝卜能够健脾消食，滋养肌肤；鸡蛋可以滋阴润燥，解毒止痒。三者一起煮成的这道黄瓜胡萝卜鸡蛋汤具有清热解毒的作用，可以调理身体，从而达到消除粉刺的作用，女性常食有一定的食疗效果。

牛奶红豆汤 ——美容养颜，祛痘补水

口味类型	操作时间	难易程度
甜润	120分钟	★★

煲汤小贴士

在制作牛奶红豆汤的过程当中，需要注意一点，当将牛奶倒入锅中后，一定要一边倒一边均匀搅拌，这是因为牛奶容易出现溢锅的现象。所以，在煲汤的时候，一定要注意这个问题。

｜主料｜

鲜牛奶 1000 毫升，红豆 300 克。

｜辅料｜

白糖适量。

｜制作步骤｜

❶ 先把红豆淘洗干净，再用清水浸泡 2 小时左右，捞出沥干备用。

❷ 开火上汤锅，将准备好的红豆放入锅中，加入清水适量，用大火烧开。

❸ 改为小火炖 40 分钟左右，放入备好的鲜奶，一边倒一边搅拌。

❹ 用中火煮开后，根据自己的口味，在汤中加入适量的白糖调味即可。

滋补功能

牛奶具有润肤养颜、消除色斑的作用；红豆也可以在一定程度上滋养肌肤，有消痘的效果。所以，这款美味的牛奶红豆汤具有一定的美容养颜、祛痘补水效果。女性经常食用此汤不仅可以美肤，还能增加机体活力。

银耳枸杞老鸽汤 ——减少暗疮，控制油脂分泌

口味类型	操作时间	难易程度
鲜香	150分钟	★★

▎主料▎

老鸽1只，干银耳40克，枸杞10颗。

▎辅料▎

生姜、盐各适量。

▎制作步骤▎

①干银耳浸软泡发后，去蒂沥干撕为小朵；枸杞泡软，清洗干净备用。

②老鸽宰杀，治净，切为大块备用；生姜清洗干净，切片备用。

③锅中加适量清水，大火烧开后，放入老鸽、枸杞和姜片，中火煲约1小时。

④加入银耳，再煲40分钟至汤浓，以适量盐调味，即可盛出食用。

🍲煲汤小贴士

在制作银耳枸杞老鸽汤的时候不可以操之过急，在浸泡银耳时要用冷水，冷水可以使银耳充分吸水，并且不会损失其营养成分，如果使用热水泡发，虽然节省时间，但也会损失一部分的营养成分。

滋补功能

这款美味的银耳枸杞老鸽汤中，富含大量的蛋白质以及纤维素等人体所需的营养成分，经常使用能够有效减少暗疮，并且能控制油脂分泌。女性经常饮用此汤可以起到健脾开胃、滋润养颜、补益身体的作用。

三文鱼西兰花汤 ——清化血管，防止皮肤感染

口味类型	操作时间	难易程度
咸鲜	40分钟	★★

|主料|

三文鱼200克，西兰花300克。

|辅料|

蒜、姜、酱油、绍酒、盐、白糖、鸡汤各适量。

滋补功能

三文鱼可以润洁肌肤；西兰花具备良好的清热解毒的功效。二者一起熬成的这款美味的三文鱼西兰花汤，可以有效地帮助机体排除毒素，使肌肤变得柔嫩而富有光泽。日常生活中女性经常饮用可以防止皮肤感染。

|制作步骤|

①三文鱼清洗干净，切为片，用绍酒、酱油、盐和白糖腌制一段时间。

②西兰花清洗干净，切小块；蒜剥去蒜皮，切小粒；姜清洗干净，切片。

③汤锅中放鸡汤及适量水，放入西兰花和姜片，煮沸后放入蒜粒，再次煮沸10分钟。

④放入腌好的三文鱼片，煮开后，稍微煮一下，用适量盐调味即可。

煲汤小贴士

三文鱼的营养价值很高，其主要的食用方法有生吃、烟熏，也有焖煮、煎炸以及烧烤等，味道都很好。但是，出于健康养生的角度考虑，首推生吃和焖煮的方式，这两种方式吃三文鱼，最为天然、健康。

绿豆百合炖白鸽 ——清除肺热，避免生痘

口味类型	操作时间	难易程度
咸鲜	250分钟	★★

滋补功能

这款美味无比的绿豆百合炖白鸽中，含有多种食材，营养均衡，具有很好的清热解毒的功效，能清除肺热，排除毒素，可以避免生痘。女性经常食用此汤可以达到减轻或消除粉刺的作用，食疗效果很明显。

|主料|

绿豆30克，百合15克，臭草6克，花旗参5克，白鸽肉40克。

|辅料|

姜片、盐各适量。

|制作步骤|

① 鸽肉去掉皮，清理干净内脏，剔去骨头，切为小块，汆水后捞出备用。

② 绿豆、百合、臭草、花旗参分别洗净去杂质，绿豆浸泡1小时备用。

③ 把所有材料放在炖盅内，加入姜片，放入加水的锅中隔水蒸制。

④ 用大火烧开水后，改为小火继续蒸3个小时左右，加入适量的盐调味后即可出锅。

煲汤小贴士

鸽肉的营养价值非常高，滋养美容的效果也非常好。而且，在术后食用鸽肉，还可以使伤口愈合的速度更快。所以，平日里有需要的女性，可以适当多食一些鸽肉，多饮用绿豆百合炖白鸽汤。

昆布红豆蝎子汤 ——清热解毒，祛湿除痘

口味类型	操作时间	难易程度
鲜香	230分钟	★★

滋补功能

蝎子可以祛风、解毒；昆布能够消痰散结，利水消肿；红豆则可以滋养润肤，三者与田七、瘦肉同煮成昆布红豆蝎子汤，可以清理身体内长期淤积的毒素，达到清热解毒的作用，女性食用可以达到祛湿除痘的效果，滋润肌肤。

▌主料▌

蝎子、红豆各50克，昆布40克，田七15克，猪瘦肉300克。

▌辅料▌

生姜3片。

▌制作步骤▌

① 红豆清洗干净，在清水中浸泡两小时以上；昆布浸泡，清洗干净，备用。

② 先用开水把生蝎子烫死，然后去除肠杂以及毒刺，再用清水反复清洗干净。

③ 猪瘦肉洗净，切为小方块，与蝎子、红豆、昆布、姜片一起放进炖盅内。

④ 加入冷开水置于锅中，加盖隔水小火炖3小时，调入适量食盐即可。

🥣 煲汤小贴士

我们都知道，蝎子本身带有一定的毒性，所以做汤时在处理蝎子的环节一定要特别注意安全。将蝎子去除肠杂以及毒刺后，要仔细反复地清洗，防止残留的毒刺。过敏体质者不建议食用此汤，容易引起身体不适。

冬瓜绿豆藕粉羹 ——清热排毒，消除暗疮

口味类型	操作时间	难易程度
甜润	60分钟	★★

▌主料▌

绿豆 80 克，藕粉 40 克，冬瓜皮 150 克。

▌辅料▌

白糖适量。

▌制作步骤▌

① 绿豆清洗干净，浸泡过夜，捞出备用；冬瓜皮清洗干净备用。

② 取一个碗，放入藕粉，加入少许糖，用汤匙在碗中将颗粒藕粉压碎。

③ 锅内加适量清水煮开，放入绿豆、冬瓜皮，用大火煮 5 分钟后转小火煮 30 分钟。

④ 将熬煮好的绿豆冬瓜汤倒进藕粉碗中，充分搅拌均匀，即可食用。

煲汤小贴士

在制作冬瓜绿豆藕粉羹时，搅拌藕粉的环节需要注意，要先把藕粉放入碗中，加入少许糖，先向碗里倒入少许凉水，充分搅拌后，再倒入煮沸的冬瓜汤充分搅拌均匀，这样一来就可以让藕粉变得更加滑润了，口感也更加好。

滋补功能

藕粉可以益血生肌；冬瓜能够消肿利湿；绿豆可以清热解毒。三者互相搭配做成的冬瓜绿豆藕粉羹可以有效地排除体内的毒素，能够帮助减轻粉刺、痘痘等现象。女性经常食用该汤还能清除暗疮，滋润肌肤。

火腿蚕豆咸菜汤 ——养血利水，控油除痘

|主料|

火腿100克，蚕豆150克，咸菜60克。

|辅料|

白糖、味精、奶汤、盐、植物油、香油、淀粉各适量。

滋补功能

在这款美味的火腿蚕豆咸菜汤中，含有丰富的粗纤维等营养成分，能够养血利水，缓解粉刺以及青春痘等现象。女性如果能够经常食用此汤，还可以达到控油除痘的效果，非常适合油性皮肤的人食用。

|制作步骤|

① 蚕豆剥皮、除去豆眉，用冷水洗净，在沸水中煮熟；熟火腿切片；咸菜开水烫一下，洗净切段。

② 开火上炒锅，烧热后倒入植物油，烧至油热时，将咸菜倒入，煸炒一下。

③ 将准备好的蚕豆倒入锅中，约煸炒10秒钟左右，把火腿丁下锅翻炒。

④ 加入奶汤、白糖和盐，小火炖20分钟，加入味精，用湿淀粉调稀勾芡，淋入香油即可。

口味类型	操作时间	难易程度
咸鲜	60分钟	★★

煲汤小贴士

　　新鲜的蚕豆有一种非常不错的保存办法，那就是在买回来后把蚕豆清洗干净，在锅中煮至七成熟，滤掉水后放在簸箕里，把表面的水份晾干，然后分成小份，然后放入冰箱冷冻，吃的时候再解冻即可。

蕨菜海米胡萝卜汤 ——清热解毒，杀菌消炎

口味类型	操作时间	难易程度
咸鲜	60分钟	★★

▌主料▌

新鲜蕨菜300克，海米30克，胡萝卜1根。

▌辅料▌

葱、姜、盐、鸡粉各适量。

▌制作步骤▌

①蕨菜用清水反复冲洗几遍，洗去表面的毛绒；葱、姜清洗干净，切片备用。

②将胡萝卜清洗干净，切去两端，然后把剩下的全部切成小块，备用。

③蕨菜放入烧沸的锅中氽烫取出备用；锅中加水，加入蕨菜、海米。

④再加入胡萝卜块、葱、姜及清水，煮沸后转文火煲40分钟，加适量盐、鸡粉调味即可。

煲汤小贴士

如果做菜做汤剩下了很多海米，为了方便以后取用而不会变质，在保存海米时，无论是保存淡质虾米还是咸质虾米，都可以将放海米的容器当中放入适量大蒜，以避免虫蛀。

滋补功能

蕨菜能够清热解毒、安神镇静；海米可以滋润肌肤；胡萝卜具有抗氧化的效果。三者一起熬煮成的这款蕨菜海米胡萝卜汤，可以清热解毒、杀菌消炎、降气安神。女性经常食用可以帮助排毒消炎，防止粉刺滋生。

小甜虾白萝卜汤 ——解毒消炎，防治痘痘

口味类型	操作时间	难易程度
咸鲜	60分钟	★★

滋补功能

这款美味的小甜虾白萝卜汤口味淡雅，营养全面，女性常喝能防止肤色暗沉的现象。另外，这款汤还有很强的解毒消炎功能，特别对食积不消、面部痤疮等症状都具有很好的缓解作用。适合长期食用。

┃主料┃

白萝卜 500 克，小甜虾 200 克。

┃辅料┃

姜、盐各适量。

┃制作步骤┃

① 白萝卜清洗干净，去皮，切为小块；生姜清洗干净，切块备用。

② 开火上锅，将切好的白萝卜块和姜一起放入锅中，加水用大火熬煮。

③ 煮开后转文火熬 30 分钟，直到白萝卜酥烂，加入冲洗干净的小甜虾，转大火煮开。

④ 撇去表面的浮沫，加入适量盐、胡椒粉，调味后即可出锅食用。

🌀 煲汤小贴士

白萝卜块中含有一定的辛辣味，容易影响到小甜虾白萝卜汤的口感。在烹制的时候，可以先将白萝卜与生姜一同熬煮一小会儿，如此就可以吸附白萝卜中的辛辣味了。这样，就能够让汤品更加美味了。

甘蔗马蹄汤 ——清热解毒，消除粉刺

口味类型	操作时间	难易程度
清爽	90分钟	★★

| 主料 |

甘蔗 1/4 段，马蹄 8 ～ 10 个，红枣 6 粒。

| 辅料 |

姜丝、冰糖各适量。

| 制作步骤 |

① 马蹄去皮洗净；甘蔗切段，竖切4份；红枣冲洗浸泡；姜切丝。

② 开火上汤锅，将备好的马蹄以及甘蔗段放入锅中，加入足量的清水。

③ 用大火煮沸后，在锅中放入清洗好的红枣和洗净切好的姜丝。

④ 改为小火继续煮1小时左右，放入少许冰糖，搅拌到充分溶化、均匀散开即可。

** 煲汤小贴士**

甘蔗买回家后在储存的过程中非常容易变质，在甘蔗末端出现絮状或者是茸毛状的白色物质。当出现这种情况，切开之后能够在断面上看到有红色的丝状物，这种甘蔗食用后容易导致甘蔗中毒，所以需要多加注意。

滋补功能

甘蔗具有滋补清热的功效；胡萝卜能够润肠通便、行气化滞；马蹄可以滋美养颜。三者一起熬煮成的这道甘蔗马蹄水汤，可以有效地排出身体中的毒素，日常生活中女性经常食用可以达到消除粉刺、淡化痘痕的效果。

去除皱纹

红枣杏仁桂圆肉汤 ——补充肌肤水分，抗氧化

｜主料｜

大杏仁 30 克，桂圆肉 15 克，红枣 20 克。

｜辅料｜

枸杞 30 粒，红糖少许。

｜制作步骤｜

① 红枣、桂圆肉以及枸杞，分别清洗干净，沥水备用，红枣需浸泡后使用。

② 开火上汤锅，将洗净的杏仁、红枣、桂圆肉一起放入锅中。

③ 在锅中倒入适量的清水，用大火煮开后，放入枸杞。

④ 转为小火，继续炖煮约 20 分钟，加入适量红糖，拌匀即可。

口味类型	操作时间	难易程度
甜润	50分钟	★★

煲汤小贴士

杏仁留在其硬壳当中的时候，有较长的保质期，所以在购买杏仁时，最好选择壳没有分裂的杏仁。如果一旦发现杏仁已经发霉或者是染色了，那么就不宜食用了。

滋补功能

杏仁能够促进皮肤的微循环，使皮肤红润光泽；红枣可以补血益气；桂圆具有一定的抗氧化效果；所以这款红枣杏仁桂圆肉汤，是一款非常好的美容汤，能够补充肌肤水分，延缓衰老。

杏仁猪肺姜汁汤 ——散寒解表，防止衰老

口味类型	操作时间	难易程度
鲜香	90分钟	★★

▌主料▐

猪肺 1 个，甜杏仁 60 个，生姜汁 30 克。

▌辅料▐

蜂蜜 250 克。

▌制作步骤▐

① 猪肺去除杂质，反复清洗干净，切成块，放入沸水去腥味，捞出备用。

② 甜杏仁用温水浸泡 15 分钟左右，清洗干净后，捞出沥干水，备用。

③ 备好的猪肺、杏仁一同放入锅中，加入足量清水，用大火烧开。

④ 倒入生姜水，转小火煲 1 小时，稍晾一下，倒入蜂蜜，调匀即可。

煲汤小贴士

　　鲜姜汁可以用于腌拌菠菜、扁豆、松花蛋以及清蒸鱼、清蒸螃蟹的蘸食等，可以有效地提升菜肴的味道。在这款汤中，姜汁也是一味不可少的，提升鲜味，去除腥味的配料。

滋补功能

　　甜杏仁偏于滋润，有一定的补肺作用，可以润肠通便；猪肺能够润燥补虚；姜汁能够在一定程度上抗衰老。三者搭配熬成的这道杏仁猪肺姜汁汤，能够散寒解表、清除皱纹，女性经常食用可以防止衰老。

牛奶鲫鱼汤 ——和中开胃，滋润肌肤

口味类型	操作时间	难易程度
鲜香	90分钟	★★

┃主料┃

鲫鱼1条，牛奶500克。

┃辅料┃

葱花15克，姜块10克，盐、色拉油各适量。

┃制作步骤┃

① 鲫鱼里外全部清洗干净，沥水备用；葱切成葱花；姜切成块，备用。

② 油倒入锅中，烧至六成热，放入葱花爆香，再放入鲫鱼，微煎。

③ 将煎好的鲫鱼放入清水锅中，用大火烧开，然后加入备好的姜块。

④ 转为小火炖煮40分钟，倒入牛奶略煮，加入适量盐，调味后即可出锅。

煲汤小贴士

在做这款美味的牛奶鲫鱼汤时有个小技巧，那就是在油煎鲫鱼时只需要稍微煎一下表面即可，千万不可将鲫鱼煎得过熟。但是，也要注意需将鱼皮煎硬，否则会造成鱼皮粘锅的现象。

滋补功能

牛奶中含有丰富的蛋白质、钙等营养成分，可以滋润肌肤；鲫鱼则具有和中开胃、活血通络的作用；二者搭配熬煮成的这款牛奶鲫鱼汤，可以有效地和中养胃、滋润肌肤，女性可以经常食用，以达到减轻皱纹的效果。

南瓜番茄菜花汤 ——改善肌肤粗糙，使肌肤柔嫩

口味类型	操作时间	难易程度
咸鲜	40分钟	★

▌主料▌

南瓜 200 克，番茄 1 个，菜花 80 克。

▌辅料▌

味精 2 克，盐适量。

▌制作步骤▌

① 南瓜清洗干净，去掉瓜子，保留外皮，连皮一起切成小块备用。

② 番茄清洗干净，切成小块备用；菜花反复清洗干净，撕成小朵，备用。

③ 开火上锅，把适量清水倒入锅中，烧开后放入南瓜、番茄、菜花，煮沸。

④ 转为中小火，继续煮 15 分钟左右，加入适量味精、盐，调味后即可出锅。

🥣煲汤小贴士

南瓜的皮经常容易被人们丢弃，其实在南瓜皮当中含有丰富的胡萝卜素以及维生素。所以，在用南瓜做汤或者是其他美食时，最好连南瓜皮一起食用，如果皮比较硬，就用刀将硬的部分削去后，再烹制食用。

滋补功能

这道南瓜番茄菜花汤味道可口，操作简单，其中含有大量的维生素、蛋白质、胡萝卜素等营养成分，具有润肺益气、化痰排脓的作用，从而能够改善肌肤粗糙的现象，使肌肤更加柔嫩，适合皮肤粗糙以及有皱纹的女性食用。

附片肉桂菜心青鱼汤 ——祛除皱纹，光润皮肤

|主料|

附片6克，肉桂3克，红枣10颗，青鱼500克，油菜心适量。

|辅料|

盐、料酒、葱姜汁、花生油各适量。

|制作步骤|

①附片、肉桂分别洗净；红枣去核，洗净；油菜心洗净，焯烫片刻。

②青鱼洗净切段，放入七成热的花生油中炸成浅黄色，捞起控油。

③锅内放清水、料酒、葱姜汁、青鱼段、附片、肉桂、红枣，大火烧开后去浮沫。

④改小火炖2小时左右，用适量盐调味，加入油菜心再小火煮片刻即可。

口味类型	操作时间	难易程度
鲜香	150分钟	★★

煲汤小贴士

油菜心常用的烹调方法主要包括炒、焓、拌、做汤、下面和制馅等，但是不论是哪种烹调方法，油菜心在烹调的时间上都不宜过长，否则会使其中的营养素因温度过高而流失。

滋补功能

附片、肉桂具有平肝降火的作用；青鱼具有抗衰老的作用；油菜心则能够活血化瘀、解毒消肿。所以这款美味的附片肉桂菜心青鱼汤可以排解毒素、降低肝火，从而淡化细纹，女性经常食用可以使肌肤更加富有光泽。

苹果百合陈皮牛肉汤 ——健脾养胃，解毒抗衰

口味类型	操作时间	难易程度
咸鲜	220分钟	★★

|主料|

苹果2个，百合100克，牛肉300克，陈皮30克。

|辅料|

盐适量。

|制作步骤|

❶牛肉清洗干净，切为小块备用；苹果清洗干净，去核，连皮切块备用。

❷百合清洗干净，在清水中浸泡30分钟左右；陈皮稍微浸泡，清洗干净备用。

❸汤锅内加适量清水，文火煲开，放入备好的苹果、牛肉、百合、陈皮炖煮。

❹水开后，改为中火继续煲煮3小时，最后加入适量盐进行调味即可。

🍲煲汤小贴士

苹果当中含有丰富的营养成分，每天一个苹果，健康能够加百分。不过，在吃苹果时需要细嚼慢咽，这样一来不仅有利于消化，而且对减少人体的疾病大有好处。肠胃不好的人群可去皮食用和煲汤，一般不去皮更好。

滋补功能

此汤中含有大量的果胶以及可溶性纤维，具有抗氧化的作用，从而能淡化皱纹。此外，这款苹果百合陈皮牛肉汤还有健脾养胃的功效，从而还具有解毒抗衰的效果。此汤适合有皱纹的女性食用，若定期食用能补充肌肤水分，平缓皱纹。

无花苹果煲猪腱 ——美容护肤，纤体抗衰

口味类型	操作时间	难易程度
鲜香	180分钟	★★

▌主料▌

无花果干6个，苹果2个，北杏仁20克，淮山药10克，桂圆肉5克，猪腱300克。

▌辅料▌

盐适量。

▌制作步骤▌

煲汤小贴士

鲜无花果具有良好的美肤效果，只要将新鲜的无花果切成片，在临睡前贴在眼睛下部的皮肤上，坚持使用一段时间，就可以有效地减轻下眼袋了。此汤的去皱效果也是极好的，关键还需要长期坚持才能看到效果。

❶淮山药用清水浸泡30分钟，冲洗干净；苹果洗净，去核，切块。

❷猪腱充分清洗干净，切成大块，在开水中氽去血水，冲洗干净，待用。

❸无花果干、北杏仁和干桂圆肉分别用清水冲洗干净。锅中注水，用大火烧沸。

❹锅里加入所有材料，待再次煮沸后转小火煲煮约2小时，最后放盐调味即可。

滋补功能

无花果可以健胃清肠；杏仁可以生津止渴；桂圆可以益心脾，补气血。这些食材与苹果、猪腱等熬成的这道美味的无花苹果煲猪腱汤，能提升皮肤弹性，防止出现皱纹。此外，该汤容易让人产生饱足感，食后不会发胖。

党参黄芪陈皮田鸡汤 ——补中益气，预防早衰

口味类型	操作时间	难易程度
咸鲜	150分钟	★★

▌主料▌

黄芪 30 克，党参 30 克，陈皮 10 克，田鸡 2 只，生姜 2 片。

▌辅料▌

去核红枣 2 颗，盐适量。

▌制作步骤▌

煲汤小贴士

鲜橘皮表面有残留的农药以及保鲜剂污染等状况，这些化学制剂都有损人体的健康。因此，生活中不可以用鲜橘皮来代替陈皮。而我们用橘子来做美味的食用时，也要注意先将橘皮反复清洗干净后，再剥皮食用里面的果肉。

❶田鸡清洗干净，去掉皮，清除内脏，除去头，斩块汆水，备用。

❷黄芪、党参、陈皮以及生姜片和红枣，分别用清水充分清洗干净，红枣泡发备用。

❸汤锅内放入适量清水，先用大火煮至水沸，然后放进所有食材，继续炖煮。

❹改用中火继续煮 2 小时左右，在汤中加入适量盐调味，即可出锅食用。

滋补功能

黄芪、党参、陈皮都具有补气血的作用，所以用这三味药材来煲汤可以使这款党参黄芪陈皮田鸡汤具有良好的补血活经的作用，能够很好地供应面部气血。女性定期食用，可以帮助去除皱纹，预防早衰，延缓衰老。

当归决明海带鱼片汤 ——改善血液循环，抗衰老

口味类型	操作时间	难易程度
鲜香	100分钟	★★

▌主料▌

当归20克，草鱼160克，决明子30克，豆腐块200克，海带50克，青菜心40克。

▌辅料▌

水淀粉、盐、料酒、熟猪油、清汤各适量。

▌制作步骤▌

① 决明子清洗干净，用清水浸泡后，煎煮1小时，取决明子汁备用。

② 海带洗净，切丝，放入决明子汁内煮10分钟，捞出海带丝不用。

③ 草鱼洗净，切薄片，用盐、料酒、水淀粉抓匀上浆。锅内加清汤、豆腐块，大火烧开。

④ 开后加入决明子海带汁，余入鱼片、青菜心，烧开后加盐调味，淋上熟猪油、撒上姜丝即可。

煲汤小贴士

由于海带味咸性寒，因此脾胃虚寒、肿胀、腹泻消化不良者需慎食；这类人群也不适合食用这款当归决明海带鱼片汤。此外，在吃海带后，不应立即喝茶，或吃葡萄、山楂等酸味水果，因为这些会影响人体对矿物质的吸收。

滋补功能

草鱼可以滋润皮肤；豆腐能够补益清热；决明子能够促进血液循环；这三者和当归、青菜等搭配，煮成的这款美味的当归决明海带鱼片汤可以有效地帮助人体清除肺热，补充水分，淡化面部皱纹，女性经常食用可以延缓衰老。

玫瑰茯苓丝瓜肉片汤 ——抗皱消炎，美颜淡斑

| 主料 |

丝瓜2条，玫瑰花、菊花、白茯苓各30克，红枣10颗，猪瘦肉300克。

| 辅料 |

盐、味精各适量。

| 制作步骤 |

滋补功能

这款美味可口的玫瑰茯苓丝瓜肉片汤中，含有丰富的维生素C和B族维生素等营养成分，其可以保持皮肤的弹性，女性经常食用不仅可以淡化皱纹，还能增加皮肤弹性，使皮肤更加细润，消炎效果非常好。

❶丝瓜清洗干净，削去硬皮，切成块；瘦肉清洗干净，切片备用。

❷玫瑰花、菊花以及白茯苓，分别用清水浸洗干净，捞出沥干水分，备用。

❸瘦肉、红枣、白茯苓、丝瓜放入汤锅，加水用大火煮开，改小火煮1小时。

口味类型	操作时间	难易程度
咸鲜	80分钟	★★

❹加入准备好的玫瑰、菊花及适量盐和味精调味，再用小火煮5分钟即可。

煲汤小贴士

白茯苓粉除了可以用来制作这道美味的玫瑰茯苓丝瓜肉片汤以外，还可以调一些牛奶来食用。如果能够长期坚持食用白茯苓，或者是长期用白茯苓做面膜的话，可以让女性的皮肤变得白皙、光滑。

小白菜牛肉蘑菇汤 ——亮洁皮肤，延缓衰老

口味类型	操作时间	难易程度
鲜香	60分钟	★★

▎主料▎

小白菜 200 克，干元蘑 30 克，牛肉 300 克，红枣 10 颗。

▎辅料▎

姜块、葱段、黄酒、盐、胡椒粉各适量。

▎制作步骤▎

❶小白菜去掉根部，用清水反复冲洗干净，捞出沥干水分，备用。

❷干元蘑反复冲洗干净，放进盛有清水的碗中浸泡，充分泡发后，捞出备用。

❸牛肉、姜片在冷水中煮开，捞出去掉血水，与元蘑、姜、葱一起入锅加水熬煮。

❹煮开后，烹入黄酒，加入红枣，文火煲 30 分钟，加入小白菜，煲开后加入盐、胡椒粉调味。

煲汤小贴士

在煲煮这款美味的小白菜牛肉蘑菇汤时，想要汤色不浑浊，必须用文火煮，使锅内的汤汁微开、不沸腾。因为如果是大滚大开的话，就会使汤中的蛋白分子凝结成许多白色颗粒，于是汤汁就变得浑浊了。

滋补功能

此汤具有加强机体免疫、增强机体抵抗能力的功效，可以滋养肠胃。女性常喝这款制作简单、味道可口的小白菜牛肉蘑菇汤，可以加速皮肤细胞的代谢，防止皮肤粗糙及色素沉着，使皮肤亮洁，从而延缓衰老。

冬阴功汤 ——开胃祛湿，润肤防衰

|主料|

新鲜大虾8只，鲜草菇30克，红椒1个，黄柠檬半个。

|辅料|

良姜、香茅草、薄荷叶、香叶、鱼露、橄榄油、椰奶、盐各适量。

|制作步骤|

① 虾、草菇分别清洗干净；红椒、香茅、良姜洗净切碎；黄柠檬切片备用。

② 开火，起油锅，将大虾放入橄榄油中，两面翻腾，炒至粉红色。

③ 锅中加适量水、盐及两匙椰奶，将香茅碎、红椒碎、黄柠檬片、薄荷叶及香叶放入水中煮沸。

④ 放入备好的草菇，用慢火煮5分钟左右，加入鱼露，调味后即可出锅。

口味类型	操作时间	难易程度
鲜香	50分钟	★

煲汤小贴士

用于制做冬阴功汤的食材，大多有不同程度的腥味或者是异味。因此，在制做汤时，应该有意加入一些去腥的食材，以去除异味，增加汤品的鲜味。比如可以适当的加一些生姜、椰奶等。

滋补功能

这是一款极富特色的酸味汤品，制作简单，鲜香爽口。具有很好的开胃祛湿、软化血管的功效。女性时常适当食用一些，可以起到滋润肌肤、淡化皱纹的作用。并且，还能有效地防止机体老化，有助于美容养颜。

柚子芒果甜汤 ——润肤养颜，减少细纹

口味类型	操作时间	难易程度
甜润	40分钟	★

主料

红心柚 400 克，芒果 200 克。

辅料

矿泉水半杯，蜂蜜适量。

滋补功能

这款美味的柚子芒果甜汤制作简单，营养十足，具有一定的保健作用。其中含有的类胡萝卜素、番茄红素等可以淡化暗斑、滋润肌肤，女性经常食用可以起到润肤养颜的效果，并能减少皱纹的产生。

制作步骤

①红心柚剥去外皮，去掉里面的白膜，柚子果肉用勺子慢慢取下，备用。

②芒果清洗干净，去掉外皮、去掉核，将果肉切为大小匀称的小块，备用。

③备好的红心柚果肉、芒果小块加入矿泉水，放入搅拌机，打成均匀的羹状，倒入碗中。

④最后根据个人口味，在碗中加入适量蜂蜜，搅拌均匀即可食用。

煲汤小贴士

需要注意的是，过敏体质的人不能吃芒果，吃了可能会引起皮炎。此外，患有妇科病的病人，也都是不能吃芒果的，当然也就不太适合食用这款汤了，这点需要引起注意。

金银杏仁腐竹蛋汤 ——美容润燥，防止皱纹

口味类型	操作时间	难易程度
甜润	90分钟	★★

主料

腐竹60克，银耳80克，银杏6颗，杏仁10克，鸡蛋1个。

辅料

无花果2个，冰糖适量。

制作步骤

①银耳泡发洗净，撕为小朵备用；腐竹清洗后，撕成大片；银杏洗净去壳。

②把除了鸡蛋之外的所有食材放入锅中，倒入适量清水，用大火烧开。

③改为中小火继续炖45分钟左右，缓慢放入打散的鸡蛋液，搅拌均匀。

④等锅中的汤煮开后，调入适量冰糖，边煮边搅拌，直到冰糖融化即可。

煲汤小贴士

银耳的滋补效果非常好，算得上是公认的美容佳品，日常生活中可以用银耳炖猪蹄、煲汤等等，都别有一番风味。但是，不管是这款美味的汤，还是用银耳做成的其他美味，都尽量不要隔夜食用。如果做多了，要注意提前隔离保存。

滋补功能

杏仁有滋阴养颜的功效；银耳能够益气清肠；银杏能够抗衰老；腐竹可以清热润肺；这四者与鸡蛋、无花果搭配熬成的这款香甜美味的金银杏仁腐竹蛋汤，可以促进血液循环，延缓衰老，抗除皱纹，女性可以经常食用。

提亮肤色

花生仁红枣汤 ——滋补气血，提亮肤色

▌主料▌

红枣 100 克，花生仁 100 克。

▌辅料▌

蜂蜜 200 克。

▌制作步骤▌

❶ 将红枣以及花生仁分别在清水中冲洗干净，然后分别用温水浸泡备用。

❷ 开火上锅，将红枣、花生仁放入锅中，倒入清水，大火烧沸。

❸ 转用小火继续熬煮，一直煮到锅中的花生变得熟软，即可。

❹ 等到煮好的汤稍微晾凉一些后，加入适量蜂蜜搅匀，即可。

口味类型	操作时间	难易程度
清甜	30分钟	★

🍲煲汤小贴士

在食用花生时，要将外观呈现出黄绿色的花生挑选出来扔掉，然后用流动的水浸泡、漂洗剩下的花生，接着再用水煮熟食用。因为，花生中的黄曲霉菌毒素可溶于水，经过流水漂洗、水煮才能够有效消除黄曲霉。

滋补功能

红枣的补血益气效果非常好；花生仁能够很好地滋养调气、利水消肿，所以，用二者一起熬成此汤，可以补充气血。

木耳莲藕鲫鱼汤 ——补血驻颜，红润肌肤

口味类型	操作时间	难易程度
咸鲜	90分钟	★★

主料

鲫鱼 1 条，木耳 30 克，莲藕 50 克。

辅料

姜、葱各 10 克，黄酒 5 克，盐、色拉油各适量。

制作步骤

❶鲫鱼去鱼鳞鱼鳃，清内脏，清洗干净，沥水；鲫鱼放入油锅中，煎至两面金黄。

❷木耳浸泡水中，充分泡发后，清洗干净撕成小朵；莲藕洗净，切成片。

❸将备好的鲫鱼放入汤锅中，加足量水，放入葱、姜，以及适量黄酒，烧沸。

❹在锅中放入备好的木耳、莲藕，用小火炖 40 分钟，加入适量盐调味即可。

煲汤小贴士

木耳当中富含膳食纤维，因此，也容易引起腹泻。消化功能比较差，或者是脾胃虚寒的人群要少吃木耳，否则可能会引起胃肠胀气、腹泻等不适症状。在饮用此汤时也要注意控制好用量。经期女性不适合饮用此汤。

滋补功能

木耳和莲藕中都含有丰富的铁，能够补血养颜；鲫鱼中含有优质的蛋白质，可以健脾开胃、活血通络，此三者搭配熬成的汤，可以有效滋润肌肤、补充气血，从而使肌肤保持弹性。

荷叶菇笋泥鳅汤 ——清热解毒，亮丽皮肤

口味类型	操作时间	难易程度
鲜香	150分钟	★★★

▌主料▌

泥鳅100克，鲜菇丝40克，笋丝50克。

▌辅料▌

鲜荷叶汁10克，湿淀粉、尾油、绍酒、精盐、味精各适量。

▌制作步骤▌

① 泥鳅清洗干净后，切为小段，用姜汁以及酒拌匀，蒸熟后备用。

② 滚水倒入锅中，加入适量绍酒，加入备好的笋丝、鲜菇丝，用大火烧开。

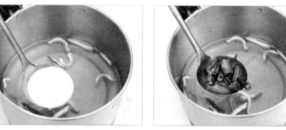

③ 加入适量精盐、味精进行调味，接着倒入鲜荷叶汁，用湿淀粉勾芡。

④ 锅中倒入准备妥当的泥鳅，加入适量尾油，调匀后即可出锅享用。

🥄煲汤小贴士

在准备制作荷叶菇笋泥鳅汤时，为了保持泥鳅的新鲜，可以将买来的泥鳅用清水漂洗一下，然后放在装有少量水的塑料袋中，扎紧口后放在冰箱中冷冻，泥鳅长时间都不会死掉，只是进入了冬眠状态。

滋补功能

这款鲜香美味的荷叶菇笋泥鳅汤中含有丰富的优质蛋白以及维生素等营养成分，从而具有补中益气、清热解毒的功效。女性常食用此汤可以提亮肤色，改善面部血液循环，从而具有亮丽皮肤的食疗效果。

山楂西瓜梨汤 ——软化血管，养颜嫩肤

口味类型	操作时间	难易程度
酸甜	30分钟	★

▌主料▌

山楂 200 克，西瓜 100 克，梨 2 个。

▌辅料▌

水淀粉、白糖、冰糖各适量。

▌制作步骤▌

① 西瓜去皮、籽，取瓤切为小块；梨洗净，去皮、去核，切小块备用。

② 山楂在清水中浸泡十分钟左右，清洗干净后，捞出去掉核，沥水备用。

③ 锅内加适量清水，放入适量冰糖，加入备好的山楂，用大火烧开，搅拌至冰糖融化。

④ 改小火煮 5 分钟，加入梨丁，煮 10 分钟，加入西瓜丁及白糖，最后用水淀粉勾芡即可。

煲汤小贴士

　　山楂有破气的作用，吃多了容易耗气，会影响到孕妇的健康以及胎儿的健康发育。同时，山楂还能加强子宫的收缩，严重者可以引起早产或者是流产，所以孕妇不宜食用过量的山楂，饮用此汤也要控制好量。

滋补功能

　　山楂能够健脾开胃；西瓜可以清暑解热，补充水分；梨能够生津止渴。三者搭配，一起烹制成的这款山楂西瓜梨汤能够使汤促进血液循环，补充机体所需要的水分，女性经常食用可以润泽肌肤，达到提亮肤色的食疗效果。

药膳乌鸡汤 ——凉血排毒，嫩肤提色

口味类型	操作时间	难易程度
咸鲜	90分钟	★★

▍主料▍

乌鸡1只，川明参30克，当归20克，黄芪40克，党参25克，莲子20克，山药50克，百合15克，薏仁35克。

▍辅料▍

红枣6颗，枸杞10颗，盐适量。

▍制作步骤▍

①乌鸡治净，在沸水中氽烫一下；所有的药材分别洗净，沥干水分备用。

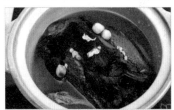

②乌鸡放入锅中，加入适量的清水，大火烧开后，放入川明参、当归、黄芪、党参、莲子。

③煮开后，撇去浮沫，改小火煲半小时，放入山药、百合、薏仁，加盖继续煲煮。

④1小时后，放盐调味，加入红枣和枸杞，小火煲半小时至软烂即可。

煲汤小贴士

新鲜的山药在去皮切开后，非常容易跟空气中的氧气产生氧化作用，与铁或金属接触后，也会形成褐化现象，所以切开山药的时候最好用竹刀或者是塑料刀片，先在表皮上画线后，再用手剥开成段最好。

滋补功能

这道咸鲜美味的药膳乌鸡汤属于药膳汤，滋补与排毒的效果都非常好，女性如果能够坚持经常适量食用，可以有效地嫩肤提色，增加皮肤的弹性。此外，这道靓汤还可滋补强身，促进血液循环，使面部肌肤红润。

陈皮红花鲇鱼汤 ——活血解毒，悦颜乌发

| 主料 |

鲇鱼500克，红花12克，黑豆150克，陈皮5克。

| 辅料 |

精盐5克。

| 制作步骤 |

煲汤小贴士

在烹制这款汤时，想要把黑豆彻底的清洗干净，最好用自来水不断地去冲洗，流动的水可以有效地避免农药渗入果实当中去，能够有效清除农药残留物，保证黑豆上没有农药以及其他杂质。

❶黑豆放入铁锅内（不加油），上火炒至豆皮裂开，洗净沥水备用。

❷鲇鱼去鳞、鳃、内脏，冲洗干净；川红花漂洗干净，装入纱布袋内；陈皮清洗干净，切丝。

❸锅内注入适量清水烧开，放入黑豆、川红花、陈皮、鲇鱼，水开后撇净浮沫。

❹用中火续煮至黑豆熟烂、鱼肉酥烂，然后放入适量精盐，调味后即可出锅。

口味类型	操作时间	难易程度
咸鲜	60分钟	★★

滋补功能

鲇鱼可以滋阴养血、补中气；黑豆能够有解表清热；二者与红花、陈皮搭配，一起熬成的这款美味的陈皮红花鲇鱼汤能够起到活血解毒、滋润肌肤的效果。女性定期食用能够改善面部暗沉的现象，还可以使秀发乌黑亮丽。

甲鱼乌鸡汤 ——滋阴补血，提亮肤色

▌主料▌

甲鱼、乌鸡各1只。

▌辅料▌

姜、葱、盐、味精、胡椒粉、料酒各适量。

▌制作步骤▌

① 甲鱼宰杀放血后，先用70℃的水烫一下，再放在90℃的水中余一下捞起。

② 甲鱼除去干净内脏，彻底漂洗干净，用沸水余过之后，出水后再次洗净。

③ 乌鸡洗净宰成块，用沸水除尽血水。锅内加入水，放入准备好的乌鸡、甲鱼。

④ 加入盐、胡椒粉、姜、葱、料酒，用小火慢炖至鸡块与甲鱼质地软透即可。

口味类型	操作时间	难易程度
鲜香	90分钟	★★★

🍲煲汤小贴士

在烫甲鱼时，不能使用太过于滚烫的热水，不然甲鱼上的黑膜就不易刮干净。另外，甲鱼与乌鸡一起炖汤时，如果其中一种的质地比较软嫩的话，先炖软的那个就得先从汤中捞出，留下另一种继续炖制。

滋补功能

这款美味无比的甲鱼乌鸡汤中含有人体所需的蛋白质、锌等营养元素，可以促进血液循环，达到滋阴补血的效果，女性常饮该汤可进一步改善面部暗沉的现象，进而提亮肤色，使肌肤变得更加柔嫩有光泽。

冰糖乳鸽燕窝羹 ——补益气血，润肤靓颜

口味类型	操作时间	难易程度
鲜香	150分钟	★★

┃主料┃

乳鸽1只，燕窝30克。

┃辅料┃

冰糖适量。

┃制作步骤┃

①燕窝放在碗中，用温水浸润至膨胀，除去杂毛，清洗干净，备用。

②乳鸽去干净毛，清理干净内脏，清洗干净后剔骨，切成块备用。

③将乳鸽、燕窝一同放入锅内，加足水，用大火烧开，小火炖1小时。

④加入适量冰糖，搅拌溶化后，用小火再炖半小时，直至鸽肉烂熟即可出锅。

煲汤小贴士

鉴别燕窝是否为真品时，应该掌握三点：第一点是，外表生长自然、色泽光润，呈丝条样波状排列者为真品；第二点是，内陷兜状呈网状为真品；第三点是，久炖不溶烂，嚼之脆而滑软，并具燕窝特有气味。

滋补功能

乳鸽的滋补性非常强，可以有效地帮助我们改善皮肤细胞的活力；燕窝能够养阴润燥、益气补中。二者一起炖煮成的这道冰糖乳鸽燕窝羹可以增强皮肤弹性，改善血液循环，使面色红润。女性经常食用可以改善面色暗沉的现象。

香蕉百合银耳羹 ——养阴润肺，补水美肤

口味类型	操作时间	难易程度
甜润	180分钟	★★

滋补功能

香蕉中含有丰富的果胶，可以有效地润肠解毒；百合与银耳均有良好的滋补效果；三者与枸杞搭配烹制成的这款香蕉百合银耳羹可以养阴润肺、增加皮肤的弹性与活力，女性经常食用可以达到补水美肤的食疗效果。

|主料|

百合120克，银耳15克，枸杞10颗，香蕉2根。

|辅料|

冰糖适量。

|制作步骤|

❶银耳在凉水当中浸泡2小时，去杂后，清洗干净撕成小朵，备用。

❷银耳放入碗中，加入适量清水，放到蒸笼上蒸30分钟后取出备用。

❸百合浸泡后清洗干净，掰开成小瓣，备用；香蕉洗净去皮，切为小片备用。

❹把银耳、百合、香蕉、冰糖一起放入炖盅中，入蒸笼蒸30分钟即可。

煲汤小贴士

香蕉皮往往容易被我们忽略丢弃，其实它具有很不错的美容功效。香蕉皮可以滋润皮肤。皮肤干燥者在做完这款香蕉百合银耳羹之后，可以用剩下的香蕉皮敷在脸上，十分钟后再洗掉，可以看到肌肤立马变得滋润起来了。

西米猕猴桃羹 ——排毒抗衰，补水嫩肤

口味类型	操作时间	难易程度
甜润	60分钟	★★

▌主料▌

西谷米50克，猕猴桃100克，枸杞6颗。

▌辅料▌

白糖适量。。

▌制作步骤▌

❶西米用温水浸泡20分钟左右；枸杞用清水浸泡10分钟后捞起备用。

❷猕猴桃去掉外面的那层薄皮，稍微冲洗一下，切成薄片，静置待用。

❸锅中加水烧开，放入西米，大火烧开后转小火煮7~8分钟，煮至西米外表通透。

❹在锅中加入备好的猕猴桃、枸杞以及冰糖，煮至冰糖完全溶化，即可出锅。

煲汤小贴士

优质西米煮出来的西米猕猴桃羹味道佳，卖相好。上好的西米色泽白净，表面光滑圆润，质硬而不碎，煮熟之后不糊，透明度非常好，嚼之有韧性。所以，在购买西米时一定要挑选光滑圆润的。

滋补功能

这道西米猕猴桃羹的味道比较甜润，而且其中含有大量的维生素等营养成分，能够很好地润肠通便，还可以及时补充身体中所需要的的水分，促进血液循环，改善肌肤粗糙暗沉的状况，定期饮用可以恢复天然润泽的肌肤。

鸡蛋蛏子葱花汤 ——补阴清热，养血驻颜

口味类型	操作时间	难易程度
鲜香	40分钟	★★

▌主料▌

蛏子 500 克，鸡蛋 1 个，泡发木耳 30 克。

▌辅料▌

花生油、黄酒、胡椒粉、葱、姜、植物油、盐、味精各适量。

▌制作步骤▌

❶蛏子先清洗净外部的泥土，放入盆内，待其吐出泥沙后，洗净沥干。

❷锅烧热加入油，下入姜末、蛏子，用锅铲不停翻动，翻匀，铲透。

❸待蛏壳稍变色，肉稍变硬，加入木耳、绍酒、清水、盐、味精烧开。

❹撇去浮沫，放入蛋液，开后盛入汤碗内，撒上葱片、胡椒粉即成。

🌸煲汤小贴士

做汤前要让蛏子彻底吐沙，在令其吐沙时可以加入少量精盐，并滴入几滴豆油，这样基本上可以将其活养 3～4 小时，这样就能够使蛏子吐尽泥沙了，完了再用清水冲洗干净，就能够使蛏子无杂质了。

滋补功能

蛏子能够补阴清热；鸡蛋可以红润肌肤；木耳又具有补血益气的效果。三者一起熬成的这款鸡蛋蛏子葱花汤，可以改善血液循环，使肌肤红润富有光泽。女性经常食用该汤可以达到养血、养阴、提亮肤色的食疗效果。

白菜丸子汤 ——滋阴补血，红润肌肤

口味类型	操作时间	难易程度
鲜香	60分钟	★★

|主料|

猪瘦肉、肥膘肉各150克，鸡蛋清80克，大白菜300克，香菜15克。

|辅料|

香油、盐、味精、葱、姜、花椒各适量。

|制作步骤|

①猪瘦肉剁成泥，肥膘肉切为小碎丁，二者一起做成肉丸子，入锅氽熟。

②白菜清洗干净，切为小块备用；香菜清洗干净，切为小段备用。

③锅中加水烧沸，放入丸子、白菜块、精盐、葱姜丝、花椒水，加汤没过主料，大火烧开。

④撇去浮沫，小火炖10分钟左右，淋香油，放香菜段，加适量味精调味即可。

煲汤小贴士

在烹制这道美味的汤时，制作丸子是一个很关键的步骤。制作时要记得向肉馅中加入适量的面包屑以及淀粉，这样将丸子滚匀后，才可以固定成块，在煮丸子的时候才不容易将其煮散。

滋补功能

这款鲜香美味的白菜丸子汤中含有非常丰富的粗纤维、维生素C、核黄素等营养成分，能够有效地促进身体的新陈代谢，改善血液循环。经常适量食用该汤，可以改善肤色暗沉的现象，使肌肤变得红润，并富有弹性。

洋葱柠檬蹄髈汤 ——提亮肤色，清除自由基

口味类型	操作时间	难易程度
鲜香	50分钟	★★

▌主料▐

蹄髈 1 只，柠檬 1 个，洋葱 1 颗。

▌辅料▐

姜 1 块，香菜 50 克，胡椒粒、盐各适量。

▌制作步骤▐

① 蹄髈去掉油脂，在开水中氽烫，去除血水，捞出后冲洗干净，备用。

② 洋葱切片备用；柠檬清洗干净，切片备用；姜洗净切片；香菜切段备用。

③ 蹄髈加入适量清水，加姜、胡椒粒大火煮开，转文火，煮到蹄髈熟透。

④ 加入洋葱、柠檬片，用小火炖煮 20 分钟，加香菜、盐调味即可。

🍲 煲汤小贴士

洋葱有淡橘黄色皮以及紫色皮两种类型。橘黄色皮的洋葱每层都比较厚，水分也比较多，尝起来口感比较脆，也比较甜，适合凉拌；紫色皮的洋葱水分比较少，每层肉比较薄，尝起来也比较辣，适合做汤、炒菜。

滋补功能

蹄髈可以加速人体的新陈代谢，有效延缓机体的衰老；柠檬能够很好地保养皮肤；洋葱具有排毒的作用。三者熬成的这道洋葱柠檬蹄髈汤可以加速新陈代谢，延缓机体衰老，改善皮肤粗糙暗沉的现象，非常适合爱美的女士食用。

萝卜天麻豆酱汤 ——美白去黄，解毒生津

|主料|

白萝卜 200 克，天麻 10 克，瘦肉 200 克，味噌豆酱 50 克。

|辅料|

葱、姜、盐各适量。

煲汤小贴士

白萝卜不适合脾胃虚弱者，比如大便稀者，如果食用过多的白萝卜的话，会加重病情。因此这类人群不太适合饮用萝卜天麻豆酱汤。此外，还需引起注意的是，在服用参类滋补药时也忌食白萝卜，也最好不要食用此汤，以免影响疗效。

|制作步骤|

①瘦肉清洗干净，切成均等大小的肉片，开水中稍微氽煮，捞出备用。

②把准备妥当的瘦肉入锅，加姜片、冷水，用大火煮沸，加入天麻。

③再次煮沸后，加入白萝卜块、葱、姜，第三次煮沸后，加入味噌豆酱。

④沸腾后，撇清浮沫，小火慢炖半小时左右，加入适量盐调味即可。

口味类型	操作时间	难易程度
鲜香	90分钟	★★

滋补功能

在这道美味的萝卜天麻豆酱汤中，含有丰富的消化酶等营养成分，可以帮助机体促进新陈代谢，解毒生津，进而改善肌肤粗糙暗黄的状况。女性经常食用该汤可以达到美白去黄、改善皮肤粗糙的食疗效果。

亮眼明眸

菊花枸杞罗汉果汤 ——清热润肺，生津明目

口味类型	操作时间	难易程度
咸鲜	60分钟	★★

▌主料▌

菊花 20 克，罗汉果 1 个，枸杞 10 克。

▌辅料▌

盐适量。

▌制作步骤▌

① 菊花在水中清洗干净后，摘成花瓣，放入盐水中浸泡 15 分钟。

② 罗汉果洗净，果肉一分为二备用；枸杞放入清水中浸泡，清洗干净备用。

③ 将准备妥当的菊花、罗汉果以及枸杞拿来，一同放入开水锅中。

④ 用中小火煲 30 分钟左右，最后在汤中加入适量盐调味，即可出锅食用。

煲汤小贴士

用罗汉果煲汤可以使这款菊花枸杞罗汉果汤整锅都变得清润甘甜，提高人的食欲。它也可以用来泡茶，一般可以冲泡四五次，如果挑选圆形色褐、个大质坚、摇之不响的优质果，冲泡次数还可以增加。

滋补功能

菊花有清热解毒、泄热的作用；罗汉果能够润肺止咳、生津止渴；枸杞则可以补肝肾。三者一起熬成的这道美味的菊花枸杞罗汉果汤，可以达到补肝的效果，进而缓解眼部疲劳，经常使用电脑的人可经常食用该汤。

决明子海带汤 ——清肝，明目，化痰

口味类型	操作时间	难易程度
咸鲜	40分钟	★

滋补功能

决明子能够降脂明目；海带具有清肝的作用；二者一起熬成的的这款决明子海带汤，能够起到一定的清肝、明目的效果，适合用眼过度的人群食用。定期食用该汤可以补充眼睛的水分，使眼睛变得更加水润。

|主料|

海带 60 克，决明子 10 克。

|辅料|

盐适量。

|制作步骤|

① 将海带放入清水中泡发，再用清水洗净，浸泡一会儿后，切成丝，备用。

② 将决明子浸泡在清水中，充分清洗干净，捞出沥干水分备用。

③ 将准备好的海带、决明子一同放入锅中，倒入适量的清水，开火炖煮。

④ 50 分钟左右后，等到海带炖至熟烂，加入少量盐调味，即可出锅。

煲汤小贴士

海带既可以凉拌，又适合做汤。但是在做汤用前应当先洗净之后再浸泡，然后将浸泡的水和海带一起下锅做汤食用。这样，可避免溶于水中的甘露醇以及某些维生素被丢弃，从而保存海带中的有效成分。

四季豆猪皮汤 ——养颜生肌，除黑眼圈

口味类型	操作时间	难易程度
鲜香	120分钟	★★

| 主料 |

净猪皮 200 克，四季豆 150 克。

| 辅料 |

盐、料酒、香油各适量。

滋补功能

在这款美味的四季豆猪皮汤中胶原蛋白的含量比较多，可以有效地帮助我们改善机体生理功能和皮肤组织细胞的储水功能，从而达到滋润肌肤效果，并有效消除黑眼圈。睡眠不良、黑眼圈较严重者可以经常食用该汤。

| 制作步骤 |

①四季豆清洗干净，用清水浸泡1小时左右，捞出沥水，切小段备用。

②猪皮刮洗干净，剖去肥肉，放入沸水锅内氽一下，洗净切成短条。

③肉皮放入锅内，加入适量清水及料酒，用旺火煮沸后，转用小火炖到肉皮熟。

④放入备好的四季豆，再炖煮半小时，加入适量精盐，淋入香油即成。

煲汤小贴士

食用生的四季豆可以引发中毒现象，所以，为了防止中毒发生，四季豆在食用前应该着重处理。要将其放入沸水中焯透，或者是用热油煸炒，直至变色熟透之后，才可以安全食用。本汤中的四季豆经过长时间炖煮已熟透，可放心食用。

白菜枸杞猪肝汤 ——养血润肤，补肝明目

口味类型	操作时间	难易程度
咸鲜	90分钟	★★

|主料|

白菜叶 150 克，猪肝 200 克，枸杞 10 颗。

|辅料|

水淀粉、盐、姜葱汁、料酒、花生油各适量。

|制作步骤|

❶ 白菜叶清洗干净，切成小片备用；枸杞清洗干净，浸泡10分钟捞出备用。

❷ 猪肝洗净，切成薄片，用盐、葱姜汁、料酒、水淀粉抓拌均匀上浆。

❸ 花生油烧至七成热，加入备好的白菜，快速炒拌，加少许盐继续翻炒。

❹ 加入适量的开水、枸杞，大火烧至沸腾，氽入猪肝，再加少许盐调味即可。

煲汤小贴士

白菜枸杞猪肝汤中，猪肝与菠菜同时食用营养更加全面，其可制成的菜肴很多，如焯水后凉拌、煲汤，或者搭配着做成丸子等，可根据个人喜好选择。

滋补功能

白菜叶能够养胃生津、除烦解渴；猪肝中含有丰富的维生素A，可以养护眼睛；枸杞可以滋补肝肾，益精明目。三者一起煮成的这道白菜枸杞猪肝汤，可以促进眼部血液循环，缓解眼睛干涩的现象，定期食用具有良好的食疗效果。

女贞首乌枸杞鸡汤 ——补益肝肾，明目提神

|主料|

乌鸡1只，枸杞子20克，制首乌30克，女贞子20克。

|辅料|

生姜3片，盐适量。

|制作步骤|

① 将乌鸡去除皮毛，清理干净内脏，在水中反复清洗，备用。

② 将准备妥当的乌鸡、制首乌还有女贞子以及生姜，一同放入锅中。

③ 锅中倒入适量的清水，漫过乌鸡，用大火烧开，再放入准备好的枸杞。

④ 转为小火继续煲2小时左右，加入适量的盐进行调味，即可出锅。

口味类型	操作时间	难易程度
咸鲜	150分钟	★★

煲汤小贴士

女贞子是具有油性的一种药物，将它用酒制过以后可以有效地增强药物的吸收程度，同时也能在一定程度上减轻了女贞子的寒凉程度。我们用来烹制汤时，也可以使用泡过酒的女贞子。

滋补功能

乌鸡具有补肾、养血的功效；枸杞能够养肝明目；制首乌可以益精血；女贞子清虚热与明目的效果良好。四者煲成的这款女贞首乌枸杞鸡汤，能够有效缓解眼睛干涩、充血等现象，女性常食用该汤还可以有效改善面部气血。

腐竹木耳胡萝卜汤 ——益气补血，养肝明目

口味类型	操作时间	难易程度
鲜香	50分钟	★★

▌主料▌

白菜120克，水发木耳50克，水发腐竹40克，瘦肉80克，胡萝卜1根。

▌辅料▌

葱、姜、植物油、料酒、盐、花椒粉、胡椒粉、鸡精、清汤各适量。

▌制作步骤▌

① 将白菜、腐竹洗净切条；木耳洗净，摘小朵；葱姜、胡萝卜与肉洗净切丝。

② 锅中加入适量油，油热后放入花椒粉爆锅，下入葱姜、肉丝，煸至变色。

③ 下入备好的腐竹、木耳、胡萝卜和清汤，烧沸后改小火慢炖15分钟。

④ 出锅前加入适量的胡椒粉、鸡精进行调味，撒上葱花点缀一下即可。

煲汤小贴士

胡萝卜不仅营养丰富，而且胡萝卜汁还可以祛斑美白。所以，日常生活中我们在洗脸时可以将适量胡萝卜汁倒在水中，用来清洗脸部，然后再用清水洗净，长期坚持可以在一定程度上帮助我们美白肌肤。

滋补功能

这道鲜美可口的腐竹木耳胡萝卜汤含有非常丰富的锌、蛋白质等营养成分，可以有效地促进血液循环、缓解眼部疲劳、减轻黑眼圈等情况。女性坚持经常适量食用该汤，还能够令肌肤变得红润，富有光泽。

牡蛎蘑菇紫菜汤 ——滋补肝肾，明目润燥

口味类型	操作时间	难易程度
鲜香	60分钟	★★

|主料|

鲜牡蛎 500 克，香菇 200 克，紫菜 30 克。

|辅料|

生姜、麻油、盐、味精各适量。

🍲 **煲汤小贴士**

因为牡蛎性寒，所以患有急慢性皮肤病患者以及脾胃虚寒的人群，还有慢性腹泻的人都不宜多吃牡蛎，否则会加重病情。而这些类型的人在食用牡蛎蘑菇紫菜汤时，也要注意掌握好用量。

|制作步骤|

① 鲜牡蛎在水中浸泡一会儿后，去外壳，取出肉，清洗干净，切成小片。

② 紫菜去杂，用清水泡发，清洗干净，切碎备用；香菇洗净，切成片备用。

③ 牡蛎肉、紫菜、香菇一同放入大蒸碗内，加葱花、料酒、姜丝及适量清水，上笼清蒸30分钟。

④ 等到牡蛎肉熟烂之后，关火，加入盐和味精调味，淋入麻油即可。

滋补功能

鲜牡蛎具有养血补血的效果；香菇能够健运脾胃；紫菜可以补肾养心。三者一起煲成的这款牡蛎蘑菇紫菜汤，可以有效滋补肝肾，改善头部血液循环，补充眼部的水分，进而预防眼睛干涩，达到明目润燥的效果。

核桃枣杞鸡蛋羹 ——滋肾养肝，补血明目

口味类型	操作时间	难易程度
甜鲜	40分钟	★

|主料|

核桃仁、红枣各250克，枸杞子150克，鲜猪肝200克，鸡蛋1个。

|辅料|

红糖适量。

煲汤小贴士

核桃仁是神经衰弱的良好治疗剂，当生活中感到疲劳时适当嚼一些核桃仁，可以有效地帮助我们缓解疲劳以及压力。所以，平日里我们的身边可以经常备一些核桃。不过，对于爱美的女性来说，还要提防核桃中的热量，适量食用就好。

|制作步骤|

① 核桃仁放入凉水中，稍微浸泡，清洗干净，放案板上切碎备用。

② 鸡蛋敲开硬壳，磕入碗中，然后去掉蛋清，将蛋黄单独打散备用。

③ 枸杞洗净，浸泡15分钟；蛋黄、核桃仁、枸杞、猪肝一起放入碗中。

④ 碗中加红糖，边搅拌边倒入适量凉开水，入锅用大火蒸开，再以小火蒸至鸡蛋成羹汤状即可。

滋补功能

核桃能够通润血脉、补气养血；红枣、枸杞等可以很好地滋肾养肝；猪肝又是护眼的佳品。所以这几种食材共同烹制成的核桃枣杞鸡蛋羹，具有良好的补血养肝功能，经常食用可以增加眼部水分，从而达到亮眼的目的。

菊花鸡丝蛋汤 ——散风清热，清肝明目

口味类型	操作时间	难易程度
咸鲜	50分钟	★★

┃主料┃

菊花20克，鸡肉200克，鸡蛋1个。

┃辅料┃

植物油、葱、姜、盐各适量。

┃制作步骤┃

① 菊花用冷水清洗干净备用；鸡肉清洗干净，去皮、筋、切丝备用。

② 锅内倒入植物油，烧至五成热，倒入鸡肉滑散滑透，捞出，沥去油。

③ 锅内留少许油，投入葱、姜稍煸炒，放入鸡丝、菊花及适量清水大火烧开，小火炖20分钟。

④ 鸡蛋去壳，倒入碗中，搅拌均匀后倒入烧开的汤中，加适量盐调味即可。

🌸煲汤小贴士

在烹制菊花鸡丝蛋汤的过程中有个小技巧，当进行到将准备好的蛋液倒入汤中的这个环节时，注意要一边慢慢倒蛋液，一边在锅中搅动倒进去的蛋液，这样一来就可以使蛋液入汤即成丝，成品卖相都比较好。

滋补功能

菊花具有平肝明目的效果；鸡肉可以温中益气；鸡蛋也具有滋补肝脏的作用。三者搭配食用，使得这款美味的菊花鸡丝蛋汤具有散风清热的功效，能够有效缓解眼睛干涩、眼睛发痒等症状，常食用可以保持眼睛明亮。

芝麻枸杞红枣乌鸡汤 ——健胃补血，明眸提神

┃主料┃

乌骨鸡1只，黑芝麻50克，枸杞15颗，红枣10颗。

┃辅料┃

姜、盐、鸡精各适量。

煲汤小贴士

在煲芝麻枸杞红枣乌鸡汤时，最好是先将黑芝麻放入干锅中均匀地炒香，这样一来不仅能够增加黑芝麻本身的香味，同时也可以提高人体对黑芝麻中营养的吸收利用率，而且汤的美味也能得到提升。

┃制作步骤┃

❶黑芝麻洗净，放入干锅内炒香；枸杞洗净，用温水浸泡回软备用。

❷乌鸡宰杀后去干净毛，清理干净内脏，冲洗干净，在开水中汆烫一下。

❸姜清洗干净，切成小薄片，备用；红枣在清水中泡发，去核洗净。

❹锅内注入适量清水烧开，放入所有食材，中火煮3小时后，加入适量盐、鸡精调味即可。

口味类型	操作时间	难易程度
鲜香	240分钟	★★★

滋补功能

这款美味的芝麻枸杞红枣乌鸡汤中含有丰富的维生素E、多糖等营养成分，可以达到健胃补血、明眸提神的效果，非常适用于双目干涩、视物不清、视力疲劳等人食用。此外，女性经常食用还可滋润肌肤。

枸杞萝卜银杏鲜虾汤 ——养血益气，通络明目

口味类型	操作时间	难易程度
咸鲜	60分钟	★★

主料

白萝卜1根，鲜虾300克，银杏5颗，枸杞10颗。

辅料

葱段、姜片、盐各适量。

制作步骤

❶白萝卜清洗干净，切为大块备用；银杏去外壳，去心备用。

❷将鲜虾充分清洗干净，去掉沙线，去外壳；枸杞浸泡洗净备用。

❸锅中加水、萝卜块、银杏、枸杞，用大火煮沸，改文火煲约40分钟。

❹放入备好的虾、葱段、姜片，大火再煮到滚，加适量盐调味即可。

 煲汤小贴士

枸杞萝卜银杏鲜虾汤中的主要食材银杏具有祛痰、止咳、润肺、定喘等多重功效，但是，如果大量进食后容易引起中毒。所以，在食用银杏时，一定要注意控制好用量。在做汤时，也不适合放太多进去。

滋补功能

这道鲜香美味的枸杞萝卜银杏鲜虾汤具有养血益气、通络明目的功效，女性经常食用此汤，可以通络活血，从而能够保持眼睛的滋润。另外，此汤营养高而不含脂肪，食用此汤也不会担心长胖，所以可以放心食用。

椰汁芒果双色糯米汤 ——保护视力，润泽肌肤

▌主料▐

芒果1个，白糯米、黑糯米各50克，椰汁200克。

▌辅料▐

冰糖适量。

▌制作步骤▐

❶ 将芒果清洗干净，取出芒果核，入锅加水，煮沸后继续煮5分钟。

❷ 从锅中捞出煮过的芒果核，加入泡好的糯米，再加入泡米用的水。

❸ 小火煮约50分钟，一直煮至糯米软熟，然后放入适量的冰糖。

❹ 用勺子不停搅拌，直至冰糖融化，倒入椰汁，搅匀后关火，然后放入芒果丁。

口味类型	操作时间	难易程度
甜润	70分钟	★★

❀煲汤小贴士

先饮椰子汁再饮酒，即使饮量多也不易醉。此外，椰子汁中还含有一种能杀去人体内寄生虫的物质，可以令人肌肤红润。所以，这款美味的汤饮也十分适合其他人群，尤其是常有酒席应酬的人饮食。

滋补功能

芒果当中含有丰富的维生素A，可以明目；糯米能够补中益气；椰汁可以生津利水。其共同熬成的这道椰汁芒果双色糯米汤，可以有效缓解眼睛干涩、眼睛浮肿等情况，以此保护视力。女性若经常食用还可使皮肤水润。

莲藕鱿鱼胡萝卜汤 ——凉血散瘀，保护视力

口味类型	操作时间	难易程度
咸鲜	60分钟	★★

滋补功能

莲藕具有清热凉血的功效；鱿鱼可以有效缓解疲劳，恢复视力；胡萝卜能够补肝明目。三者一起熬成的这道莲藕鱿鱼胡萝卜汤具有健脾开胃、养阴生津、补虚润肤的功效。女性常食可以帮助缓解疲劳，恢复视力。

▌主料▐

莲藕300克，鱿鱼300克，胡萝卜1根。

▌辅料▐

葱、姜、绍酒、盐、胡椒粉各适量。

▌制作步骤▐

① 鱿鱼洗净，切菱形块，入锅，加葱姜、清水煮开后，烹入绍酒。

② 开火上锅，胡萝卜清洗干净，切为小丁后，加入汤中，用大火煮开。

③ 莲藕彻底清洗干净后，切片入汤，沸腾后转用文火煲30分钟左右。

④ 最后在汤中加入适量盐以及胡椒粉，进行调味后，即可出锅食用。

🍲 煲汤小贴士

鱿鱼体内含有大量的墨汁，不容易清洗干净，可以先撕去表皮，拉掉灰骨，将鱿鱼放在装有水的盆中，在水中拉出内脏，再在水中挖掉鱿鱼的眼珠，使其流尽墨汁，然后多换几次清水将内外洗净即可。

决明子西葫芦猴头菇汤 ——补肝明目，清热解毒

口味类型	操作时间	难易程度
咸鲜	60分钟	★★

▌主料▐

决明子10克，西葫芦半个，胡萝卜150克，泡发的猴头菇200克，枸杞10颗。

▌辅料▐

葱、姜、盐各适量。

▌制作步骤▐

① 决明子以及猴头菇分别清洗干净备用；西葫芦清洗干净，切片备用。

② 葱清洗干净，斜切成小段，备用；姜清洗干净洗净，切成小薄片，备用。

③ 决明子、猴头菇、西葫芦、葱、姜入汤煲，加水大火煮沸，转文火煲40分钟。

④ 煮沸后，加入切成片的胡萝卜、枸杞，最后在汤中加入适量盐调味，即可出锅食用。

煲汤小贴士

在购选西葫芦的时候，要注意挑选表面看起来光亮、笔挺坚实、表面没有伤痕的。切忌不要选那些表面晦暗、存在凹陷或者是失水的西葫芦，这类型的西葫芦是已经老了的，不论是做汤还是做菜口感都不太好。

滋补功能

在这道决明子西葫芦猴头菇汤中，含有丰富的维生素等营养成分，可以有效地调节人体的代谢功能，具有清热解毒、补肝明目的效果，适合眼涩、眼干者食用。此外，女性经常食用还可以改善眼睛干涩，保持肌肤滋润。

枸杞桑葚山药汤 ——益肾补血，乌发亮丽

口味类型	操作时间	难易程度
甜润	50分钟	★

▌主料▌

淮山药150克，枸杞25克，桑葚20克。

▌辅料▌

白糖适量。

▌制作步骤▌

①淮山药戴手套削去外皮，清洗干净，切为小块，过一下清水，捞出备用。

②把枸杞、桑葚分别浸泡在清水当中，轻轻摆动，充分清洗干净，备用。

③适量清水倒入锅中，烧开后，放入备好的淮山药、枸杞、桑葚，煮沸。

④转为中小火继续炖煮30分钟左右，加入适量白糖，等到溶化即可出锅。

🥣煲汤小贴士

在烹制这款汤之前，先要备好山药。而淮山药的皮中含有皂角素和植物碱等物质，少数人接触会后会引起山药过敏现象而出现发痒的情况，所以，在处理山药时，应该尽量避免直接接触。

滋补功能

枸杞、桑葚以及淮山药，此三者都具有良好的益肾补血功效，所以用它们共同熬成的这道可口的枸杞桑葚山药汤能够滋补气血，促进头部血液循环，经常食用可以滋养秀发，减少脱发、断发的情况，使头发变得乌黑亮丽。

草红花土鸡汤 ——养颜美发，润泽肌肤

口味类型	操作时间	难易程度
鲜香	100分钟	★★

|主料|

土鸡 1 只，草红花 20 克。

|辅料|

生姜 10 克，葱 5 克，盐适量。

滋补功能

土鸡具有滋阴补肾的功效；草红花可以调养经血。二者搭配熬成的这道美味的草红花土鸡汤能够很好地滋补脾胃，促进头部血液循环，增加头发的亮度，防止须发早白，以及断发、掉发等现象。此外，还能增加肌肤的柔润度。

|制作步骤|

① 葱清洗干净，斜切成小段，备用；姜清洗干净，切成片，备用。

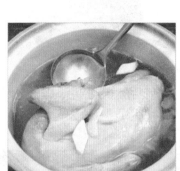

② 土鸡去毛去内脏，处理干净，切块后放入沸水锅中汆烫透，捞出沥水，备用。

③ 适量清水倒入锅中，烧开后，放入备好的土鸡、草红花、生姜、葱。

④ 煮沸后转中小火炖煮 1 小时，最后在汤中加入适量盐调味，即可出锅食用。

煲汤小贴士

在制作这道美味的汤时，在清洗土鸡的时候特别要注意一个部位，那就是鸡屁股，这里是淋巴最为集中的地方，也是储存病菌、病毒以及致癌物的仓库。所以，在烹制鸡肉之前，要先除掉鸡屁股。

何首乌苦瓜平菇汤 ——补益精血，乌须发

|主料|

苦瓜 100 克，平菇 150 克，何首乌 10 克。

|辅料|

红枣 5 颗，盐适量。

|制作步骤|

① 苦瓜反复清洗干净，切成薄片，过淡盐水，捞出挤去多余的汤汁，备用。

② 将平菇反复清洗干净，确保去除杂质，在清水中泡发后，撕成小朵，备用。

③ 适量清水倒入锅中，烧开，放入备好的苦瓜、平菇、何首乌、红枣。

④ 煮沸后转中小火煮 20 分钟，最后在汤中加入适量盐调味，即可出锅食用。

口味类型 咸鲜	操作时间 40分钟	难易程度 ★★

煲汤小贴士

在购买平菇的时候，应该选择菇形整齐不坏，颜色正常，质地脆嫩而肥厚的平菇，并且，气味要有纯正的清香。因为平菇的保鲜时间比较短，按这个标准挑选出来的平菇，可以稍微延长一些存放时间。

滋补功能

苦瓜具有养血益气的效果；何首乌中含有的卵磷脂可以防治白发、脱发；平菇能够改善人体的新陈代谢。三者共同熬成的这道何首乌苦瓜平菇汤可以增强人体体质，调节植物神经，进而能补益精血、滋养秀发。

何首乌黑豆牛肉汤 ——生发乌发，延缓衰老

口味类型	操作时间	难易程度
咸鲜	150分钟	★★

|主料|

牛肉 100 克，黑豆 80 克，何首乌 15 克。

|辅料|

龙眼肉 20 克，红枣 10 粒，生姜、盐各适量。

|制作步骤|

① 把黑豆清洗干净，用水浸泡三小时左右；牛肉清洗干净，切成块备用。

② 将何首乌、龙眼肉、红枣分别用清水清洗干净，红枣充分泡发，去核备用。

③ 将牛肉、黑豆、何首乌、龙眼肉、红枣、生姜一同放入锅中，加适量清水。

④ 大火煮沸，转小火煲 2 小时左右，最后在汤中加入适量盐调味，即可出锅食用。

 煲汤小贴士

在烹制何首乌黑豆牛肉汤的过程中，要特别注意黑豆的准备工作。黑豆质地较硬，比较不容易煮熟，所以在做汤时，先将其放在清水中充分浸泡，可以使其充分吸水，从而使煲出来的黑豆软嫩可口。

滋补功能

牛肉具有补脾益气的功效；黑豆能够滋养气血；二者与具有增发效果的何首乌共同熬成这道美味的何首乌黑豆牛肉汤，具有良好的补肝益肾、补气益精效果。经常食用可使头发乌黑发亮，起到养发护发的作用。

首乌鸡蛋汤 ——乌须黑发，防脱防掉

口味类型	操作时间	难易程度
鲜香	90分钟	★★

主料

首乌 20 克，鸡蛋 2 枚。

辅料

食盐适量。

制作步骤

❶ 把鸡蛋壳清洗干净后，放入锅中，煮熟，取出放凉，剥壳备用。

❷ 开火上煮锅，将适量清水倒入锅中，开大火，将锅中的水烧沸。

❸ 在汤中放入准备好的首乌和鸡蛋，煮沸，转为小火煲 1 小时左右。

❹ 最后根据个人口味喜好，在汤中加入适量盐调味，即可出锅食用。

煲汤小贴士

在煮鸡蛋之前，要先将蛋壳冲洗干净，然后再放入锅中煮熟，以免蛋壳上的细菌渗透进去。在剥鸡蛋壳时，要先将鸡蛋煮熟再放入冷水中过凉，这样蛋壳和蛋清容易分离，从而使蛋壳容易脱落。

滋补功能

首乌具有养血益肝、乌须发的作用，是一味滋补效果不错的良药；鸡蛋含有丰富的优质蛋白；二者一起熬成的这道美味的首乌鸡蛋汤，能够滋补身体中的气血，使头发更加乌黑亮丽，富有光泽，并有效防止掉发现象。

淡菜猪腰汤 ——润滋毛发，防治枯燥

口味类型	操作时间	难易程度
咸鲜	230分钟	★★

|主料|

猪腰 200 克，淡菜 50 克。

|辅料|

盐适量。

🍲 煲汤小贴士

这道淡菜猪腰汤里有个比较特殊的食材就是淡菜。淡菜因为不容易保存，一般都是煮熟后制成干品来存放。所以在熬煮淡菜汤的时候，要事先提前将淡菜放入清水中充分浸泡，使其变软后，再进行烹制。

|制作步骤|

❶淡菜清洗干净，浸泡3小时备用；猪腰洗净，切片，开水余烫备用。

❷开火上锅加清水，将清洗干净的淡菜放入清水锅中，用大火煮开。

❸在煮开的汤中放入准备妥当的猪腰片，改用小火继续炖煮40分钟左右。

❹最后在汤中根据自己口味，加入适量盐进行调味，即可出锅食用。

滋补功能

这道咸鲜美味的淡菜猪腰汤中含有丰富的钙、磷、铁、锌等营养元素，可以调节气血，促进头部血液循环，以达到滋润毛发的效果，适合毛发枯少者食用。女性若定期食用该汤还能有效滋养肌肤，让皮肤具有弹性。

219

双黑红枣美发汤 ——补肾益气，养血美发

|主料|

乌鸡 1 只，黑豆 30 克，红枣 10 枚。

|辅料|

白果 10 克，黄芪 30 克，盐适量。

|制作步骤|

① 将乌鸡去掉皮毛，清理干净内脏，用清水反复冲洗干净，沥水，备用。

② 黑豆淘洗干净，在清水中浸泡一小时以上；红枣清洗干净，泡发后沥水备用。

③ 将乌鸡、黑豆、红枣、白果、黄芪一同放入砂锅中，加适量清水。

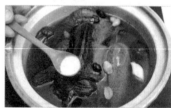

④ 用大火烧开后，转为小火煲 2 小时左右，最后加适量盐调味，即可出锅。

口味类型	操作时间	难易程度
鲜香	150分钟	★★

煲汤小贴士

黑豆的营养价值非常高，但是不适合多食，尤其是炒熟后的黑豆。这主要是因为炒熟的黑豆热性比较大，多食容易引起上火，尤其是小儿，更不宜多食。此外，黑豆也不宜与蓖麻子、厚朴同食。

滋补功能

乌鸡具有温中健脾的功效；黑豆能够补虚黑发；红枣又可以补中益气。三者与白果、黄芪等熬成的这道美味的双黑红枣美发汤，可以起到补肾益气的作用，还能促进血液循环，达到美发护发的目的，适用于发质受损者食用。

桑山龙眼汤 ——养血健脾，补肾生发

口味类型	操作时间	难易程度
甜润	70分钟	★

主料

龙眼肉 25 克，淮山 20 克，桑椹 15 克。

辅料

黑芝麻 30 克，红糖适量。

制作步骤

①黑芝麻、龙眼肉、桑葚分别清洗干净，沥水备用；山药洗净，切块。

②开火上锅，将备好的龙眼肉、淮山、桑葚一同放入锅中，加水烧开。

③在烧开后的汤锅中，放入准备好的黑芝麻，继续用大火烧开。

④转为小火继续煲煮 1 小时左右，加入适量红糖，拌匀即可出锅食用。

煲汤小贴士

在购买龙眼肉时，要注意鉴别出龙眼的真伪。通常情况下，龙眼肉呈不规则薄片，常数片粘结在一起，表面呈黄棕色至棕褐色，外表面皱缩不平，内表面较为光亮，有细密的纵皱纹。

滋补功能

龙眼肉具有益心脾、补气血的功效；淮山能够有效地益胃补肾；桑葚含有乌发素，可以在一定程度上增亮头发的色泽；三者和具有秀发作用的黑芝麻共同熬成汤，可以达到补肾的目的，进而能够促进头发的生长。

芪参茯苓猪心美发汤 ——补血养心，养颜美发

口味类型	操作时间	难易程度
咸鲜	140分钟	★★

▌主料▌

猪心 1 个，生地 24 克，黄芪 15 克，党参 15 克，茯苓 15 克，龙眼肉 10 克，大枣 5 枚。

▌辅料▌

生姜 3 片，盐适量。

▌制作步骤▌

❶将猪心反复清洗干净，放入沸水中汆烫片刻后，捞出切成片，备用。

❷生地、黄芪、党参、茯苓、龙眼肉、大枣分别清洗干净，大枣去核备用。

❸将猪心、生地、黄芪、党参、茯苓、龙眼肉、大枣放入锅中，加水烧开，转小火煲 2 小时。

❹最后，用小勺子在汤锅中加入适量盐，进行调味，即可出锅食用。

 煲汤小贴士

猪心通常有一股异味，如果处理不好，菜肴的味道就会大打折扣。所以，在买回猪心后应该立即在少量面粉中"滚"一下，放置 1 小时左右，然后再用清水冲洗干净，这样一来，烹调出来的猪心就能够味美纯正。

滋补功能

这道美味的芪参茯苓猪心美发汤中含有多种药材，其具有极强的补血养心、美颜养发的作用，经常适量食用，可以令头发乌黑具有光泽，适合少白发、毛发干枯者食用，可以有效缓解头发干枯等现象。

猪肝菠菜茄皮乌发汤 ——补益肝肾，养血美发

|主料|

猪肝 200 克，茄子皮、菠菜根各 60 克，黑豆 30 克。

|辅料|

盐适量。

滋补功能

这款美味的猪肝菠菜茄皮乌发汤中含有猪肝、茄子、菠菜和黑豆等食材，含有丰富的铁、磷等营养成分，可以起到补益肝肾的功效，经常食用能够促进头部血液循环，滋养秀发。此外，还能缓解面部暗沉的现象。

|制作步骤|

❶ 猪肝在清水中充分浸泡，然后反复清洗干净，切成片沥水备用。

❷ 茄子皮清洗干净，切成小块备用；菠菜根清洗干净，沥水备用。

❸ 将准备好的猪肝、茄子等食材一同放入锅中，倒入适量水，用大火烧开。

口味类型 咸鲜	操作时间 90分钟	难易程度 ★★

❹ 转为小火煲 1 小时左右，最后在汤中加入适量盐调味，即可出锅食用。

煲汤小贴士

由于猪肝中有毒的血液是分散存留在数以万计的肝血当中的，因此，买回猪肝后，在做汤之前要先在自来水龙头下冲洗一会儿，然后再置于盆内，浸泡 1 小时左右，以彻底消除残血，以保证汤安全美味。

首乌桑葚茯苓肉片汤 ——补益肝肾，美发养颜

口味类型	操作时间	难易程度
咸鲜	150分钟	★★

▌主料▌

瘦猪肉 200 克，茯苓 30 克，制首乌 30 克，桑葚 30 克。

▌辅料▌

蜜枣 3 枚，盐适量。

▌制作步骤▌

① 瘦猪肉放入清水中清洗干净，切成小肉块，过开水略氽煮，去腥备用。

② 蜜枣反复冲洗，确保褶皱中的杂质尘土清洗干净，从中间剖开两半。

③ 锅中倒入适量水，放入肉块、茯苓、制首乌、桑葚和蜜枣，大火煮沸。

④ 转为小火继续煎煮 2 小时，最后在汤中加入适量盐调味，即可出锅食用。

煲汤小贴士

首乌桑葚茯苓肉片汤中用到的桑葚是一味常见的中药，除了在这里用来煲汤以外，还有其他养生的饮食方法。比如，用其与冰糖或蜂蜜制成茶水，可以有效滋阴、补血，还能滋润肠道，防治大便干燥等。

滋补功能

此汤属于一道药膳汤，其中所含的茯苓具有健脾和胃的功效；制首乌、桑葚均能够很好地滋润头发。所以，该汤不仅可以滋阴润燥、补益肝肾，还能够有效地增加头皮血液循环，进而防止脱发。适合长期坚持食用。

川桑芝麻红枣汤 ——补血美发，养颜护肤

口味类型	操作时间	难易程度
鲜香	150分钟	★★

主料

乌鸡1只，川芎6克，桑叶10克，黑芝麻30克，红枣10枚。

辅料

盐适量。

制作步骤

① 乌鸡去干净皮毛，清理干净内脏，用清水反复清洗干净，备用。

② 将红枣清洗干净，在水中泡发后去核备用；黑芝麻清洗干净备用。

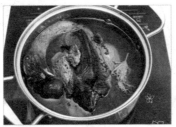

③ 乌鸡、川芎、桑叶、黑芝麻、红枣一同放入汤锅中，加入适量水，烧开。

④ 转为小火继续煲2小时左右，最后在汤中加入适量盐，调味即可出锅。

煲汤小贴士

这道美味的川桑芝麻红枣汤当中，乌鸡是主角，而乌鸡当中含有十分丰富的营养成分，补血效果十分好，属于女性养生经常会选用的食材之一，所以爱美的女士可以经常食用乌鸡来帮助自己养生养颜。

滋补功能

乌鸡、黑芝麻、红枣等都含有十分丰富的蛋白质、维生素等营养成分，可以有效地增补气血，促进头皮的血液循环。所以，经常适量食用该汤，能够很好地防治脱发，改善少白头等情况。女性常饮该汤还能使皮肤红润。

首乌玉竹玫瑰猪肝汤 ——补肝肾，美须发

口味类型	操作时间	难易程度
咸鲜	50分钟	★★

滋补功能

此汤属于一道药膳汤，其中含有丰富的铁、锌、蛋白质等营养成分，可以有效地帮助我们的身体滋补肝肾，并能促进血液的循环，最终可达到滋养秀发的效果。女性常饮该汤还能增补面部气血，提亮肤色。

主料

猪肝200克，党参15克，黄芪30克，制首乌15克，玉竹15克，玫瑰花8克，枸杞子15克。

辅料

盐适量。

制作步骤

❶ 将猪肝清洗干净后，切成小片，放入沸水锅中汆烫，捞出沥水备用。

❷ 将党参、黄芪、制首乌及玉竹清洗干净后，全部放入锅中，一起煲成汤。

❸ 将准备好的猪肝以及枸杞放入锅中的汤里，继续煲煮20分钟左右。

❹ 在汤中放入备好的玫瑰花，继续煲5分钟，加适量盐调味，即可出锅食用。

煲汤小贴士

由于玫瑰花具有一定的收敛作用，所以有便秘情况的人群不适合过多饮用玫瑰花茶。此外，孕妇也不适宜饮用玫瑰花茶，严重者可能会造成流产的现象。这两类人群，在饮用这道汤时也需要控制好量，少饮或者不饮。

桃仁首乌杜仲生发汤 ——补肾益精，生发乌发

口味类型	操作时间	难易程度
鲜香	150分钟	★★

滋补功能

此汤中的羊肉、核桃仁、红枣以及杜仲等都具有一定的补肾益精作用，这几种食材和药材共同熬煮成的这款桃仁首乌杜仲生发汤可以起到补血生津的作用，女性经常饮用能够缓解头发干枯、脱发等现象，使头发变得乌黑亮丽。

▌主料▐

羊肉 500 克，何首乌 30 克，杜仲 30 克，核桃仁 10 个，红枣 5 枚。

▌辅料▐

生姜 10 克，盐少许。

▌制作步骤▐

❶羊肉清洗干净，切成块，放入沸水氽一下，去腥味备用；核桃仁去壳。

❷红枣清洗干净，泡发后去核备用；生姜清洗干净，切成薄片备用。

❸锅中加水，放入核桃仁、何首乌、杜仲、羊肉、生姜、红枣，大火烧开。

❹转为小火，煲煮 2 小时左右，然后在汤中加入适量盐调味，即可出锅食用。

煲汤小贴士

茶水是羊肉的"克星"，这是因为羊肉中蛋白质含量丰富，而茶叶中含有较多的鞣酸，吃羊肉时喝茶会使肠的蠕动减弱，大便水分减少，进而诱发便秘。所以，在饮用这款美味的桃仁首乌杜仲生发汤时要忌喝茶水。

红枣牛骨汤 ——强身健发，乌黑亮丽

|主料|

牛骨头 1000 克，红枣 10 颗。

|辅料|

生姜 15 克，葱 10 克，料酒 5 克，鸡精 2 克，盐适量。

|制作步骤|

① 将牛骨头剁成小块，放入沸水锅中氽烫一会儿，捞出沥水，备用。

② 葱清洗干净，斜切成小段，备用；姜清洗干净洗净，切成小薄片，备用。

③ 将准备好的牛骨头放入锅中，倒入适量清水，加入适量料酒，煮沸。

④ 在锅中放入备好的红枣，转小火煲 1 小时，加入适量鸡精、盐调味，即可出锅。

口味类型	操作时间	难易程度
咸鲜	90分钟	★★

煲汤小贴士

在制作这款鲜美的汤时需要注意一点，在煮牛骨的时候可以在锅中滴入几滴香醋，这样就能够有效地加快骨头中钙质的溶解，进而缩短烹饪的时间，也能够更好地帮助我们吸收其中的营养。

滋补功能

牛骨当中含有丰富的钙质，可以有效地帮助人们强身健骨；红枣能够补益气血。二者一起熬成这道美味的红枣牛骨汤，可以促进机体血液循环，进而改善头部气血的供应，以使得头发吸收足够的营养，保持头发的光亮。

核桃龙眼青口瘦肉汤 ——滋养润发，防掉防脱

| 主料 |

猪里脊肉 150 克，核桃仁 30 克，龙眼 25 克，青口 10 克。

| 辅料 |

生姜 10 克，红枣 5 颗，盐适量。

| 制作步骤 |

① 青口用淡盐水浸泡一小会儿，去掉外壳，取出青口肉，备用。

② 猪里脊肉清洗干净后，切成小块备用；生姜清洗干净，切成片备用。

③ 将肉块、核桃仁、龙眼、青口、生姜、红枣放入锅，加水大火烧开。

④ 转为小火，煲 1 小时左右，最后加入适量盐调味，即可出锅食用。

口味类型	操作时间	难易程度
咸鲜	100分钟	★★

🍲 煲汤小贴士

核桃是大家公认的具有补脑作用的食材。日常生活中，坚持每日食用 3 颗左右的核桃，可以达到补脑以及滋润头发的效果。但是在做这款汤的时候要控制好核桃的用量，最好不要超过 30 克，以免为肠胃带来负担。

滋补功能

龙眼具有很好的滋养、健脑以及补血安神的功效；核桃的补脑功效尤为良好；二者与富含高蛋白的瘦肉、青口搭配熬成这道核桃龙眼青口瘦肉汤，具有护发效果，能够改善因血气不足引起的脱发等现象。

消脂瘦身

菠菜魔芋汤 ——润燥滑肠，排毒纤体

┃主料┃

菠菜 200 克，魔芋 150 克。

┃辅料┃

葱、姜各 10 克，味精 2 克，盐适量。

┃制作步骤┃

① 菠菜清洗干净，切为小段，备用；魔芋清洗干净，切为小块备用。

② 葱洗净，切成小片，备用；姜洗净，切成小薄片，备用。

③ 开火上锅，将适量清水倒入锅中，烧沸后，放入菠菜、魔芋。

④ 煮沸后，转小火继续煮 10 分钟，加入适量味精、盐调味即可。

口味类型	操作时间	难易程度
鲜香	30分钟	★

煲汤小贴士

在饮用此汤时需要注意一点，菠菜不能与黄瓜同食。因为黄瓜中含有维生素 C 分解酶，而菠菜含有丰富的维生素 C，所以二者不适合同食，在饮用此汤后暂时不适合吃黄瓜。

滋补功能

菠菜、魔芋中均含有大量的植物纤维，所以，二者一起熬成的这道美味的菠菜魔芋汤，可以起到很好的润燥滑肠作用，还能够起到排出身体中的毒素的作用。

菠萝橘子魔芋汤 ——滋养肌肤，预防脂肪沉积

口味类型	操作时间	难易程度
甜润	40分钟	★

▌主料▌

魔芋200克，菠萝80克，橘子1个。

▌辅料▌

冰糖适量。

▌制作步骤▌

❶魔芋清洗干净，切为小段备用；菠萝去掉外皮及硬芯，切成小块备用。

❷橘子剥去外皮，最好也去掉橘瓣上的皮，掰成小瓣，放在碗中备用。

❸开火上锅，将适量清水倒入锅中，用大火煮沸后，放入备好的魔芋。

❹煮沸后，放入切好的菠萝块和橘子，煮10分钟后放入冰糖，溶化即可。

煲汤小贴士

橘子与牛奶不宜同食，因为牛奶中的蛋白质易与橘子中的果酸和维生素C发生反应，凝固成块，不仅影响消化吸收，还会引起腹胀、腹痛、腹泻等症状，应在喝完牛奶1小时后再吃橘子。此汤中橘瓣的皮可保留，去皮是为提升口感。

滋补功能

菠萝可以消除水肿；橘子能够开胃理气；魔芋可以宽肠通便。三者一起熬成的这道爽口的菠萝橘子魔芋汤饮能帮助活跃肠道，加快排出体内有害毒素，预防和减少肠道系统疾病的病变发生率，并减少脂肪的堆积。

白菜大蒜汤 —益胃生津，促进减脂

口味类型	操作时间	难易程度
咸鲜	30分钟	★

▌主料▌

白菜 300 克，大蒜 30 克。

▌辅料▌

姜 10 克，鸡精 2 克，盐适量。

▌制作步骤▌

① 白菜清洗干净，取菜帮部位，切成大小均等的小块，备用。

② 大蒜剥掉外皮，切为小瓣备用；姜清洗干净，切成薄片，备用。

③ 将适量清水倒入锅中，烧沸后，放入备好的白菜、大蒜、姜片，大火煮沸。

④ 煮沸后，转为小火继续煮 10 分钟左右，放入鸡精、盐调味即可。

🍲 煲汤小贴士

在选购大蒜时，要轻轻用手指挤压大蒜的茎，检查其摸起来是否坚硬，优质的大蒜应该是摸起来没有潮湿感才对。这款汤适合大多数人饮用，基本没有副作用，可以作为减肥瘦身的必备饮品。

滋补功能

白菜当中含有大量的纤维素，可以通便；大蒜能够有效消除肠胃中的毒素，所以二者一起熬成的这款白菜大蒜汤，制作简单，功效良好，不但可以起到润肠的作用，还可刺激肠胃蠕动，促进排毒，进而达到消脂瘦身的目的。

双山牛蒡萝卜汤 ——消脂瘦身，促进代谢

口味类型	操作时间	难易程度
鲜香	50分钟	★★

▍主料▍

山药100克，胡萝卜50克，牛蒡200克，山楂15克。

▍辅料▍

盐适量。

▍制作步骤▍

① 牛蒡削干净皮，冲洗干净，在案板上切成均等的滚刀块，静置备用。

② 胡萝卜清洗干净，切成小块备用；山药削去皮，清洗干净，切成小块备用。

③ 将准备好的山楂、牛蒡、胡萝卜、山药一同放入锅中，加适量水煮沸。

④ 转小火继续炖煮，煮至牛蒡熟软，加入适量盐调味，即可出锅食用。

煲汤小贴士

牛蒡除了具有消脂瘦身的功效，还能够帮助我们清理血液当中的垃圾，促使体内细胞的新陈代谢，防止老化，能够使食用者的肌肤美丽细致，还可以消除色斑等。所以，日常生活中可以经常食用一些牛蒡。

滋补功能

山楂具有开胃消食的作用；牛蒡中含有较多纤维质，能够有效刺激肠胃蠕动。二者一起熬成的汤可以促进代谢后剩余的废物在较短时间内排出体外，达到消脂瘦身的功效。此外，经常适量食用，还能滋养肌肤。

香附山药芹菜鲫鱼汤 ——瘦肚消脂，防止脂肪聚集

|主料|

鲫鱼1条，芹菜30克，制香附、香砂仁各5克，淮山药、枳椇子各3克。

|辅料|

葱段、植物油、盐各适量。

|制作步骤|

① 鲫鱼除去内脏、鱼鳞以及鱼鳃，清洗干净备用；芹菜洗净切段备用。

② 开火上锅，将油倒入锅中，加热至六成熟，放入葱段和鲫鱼略煎炸，捞出沥油。

③ 鲫鱼、芹菜、制香附、香砂仁、淮山药、枳椇子一同放入锅中，倒入适量水，大火煮沸。

④ 转为小火继续炖煮2小时左右，最后加入适量盐调味，即可出锅。

口味类型	操作时间	难易程度
咸鲜	180分钟	★★★

煲汤小贴士

在挑选芹菜时，要注意掐一下芹菜的杆部，如果容易折断的，则为嫩芹菜，不易折的则为老芹菜。在做汤的时候，煎鲫鱼这个环节要注意油不要放太多，否则鲫鱼中含有了大量的油的话，不利于我们消脂瘦身。

滋补功能

鲫鱼属于低脂、高蛋白的食物，食用不易引起发胖；芹菜可以促进肠胃蠕动；制香附、淮山药等中药材能够有效增补气血。其共同煲成的香附山药芹菜鲫鱼汤可以达到消脂的目的，女性常饮该汤可以有效达到瘦肚的效果。

车前泽泻山参肉片汤 ——开胃消食，消脂减肥

｜主料｜

瘦肉100克，山楂20克，山药40克，党参5克，车前子3克，泽泻3克。

｜辅料｜

盐、味精各适量。

｜制作步骤｜

❶瘦肉清洗干净，切成均等大小的肉片，开水中稍微氽煮，捞出备用。

❷山楂、党参、车前子、泽泻分别清洗干净；山药洗净，去皮，切片。

❸瘦肉、山楂、党参、车前子、泽泻、山药放入锅中，加水大火煮沸。

❹转为小火继续炖煮1小时左右，最后加入适量盐、味精调味即可。

口味类型	操作时间	难易程度
清淡	140分钟	★★

煲汤小贴士

在这道车前泽泻山参肉片汤当中，我们用到了大量的中药材。在煲含有中药的汤饮时，可以先将药材全部放入纱布包中，封好口后放入汤锅中与其他食材一起煲汤，这样能够防止汤汁中含有大量药渣，影响食用。

滋补功能

这款车前泽泻山参肉片汤属于一款药膳汤，其中的山楂、党参、车前子、泽泻等可以促进肠胃蠕动，达到开胃消食的目的，经常食用可以有效排出体内淤积，达到消脂减肥的功效，并能及时补充蛋白质等营养，防止体虚。

竹笋蛤蜊人参鸡骨汤 ——排泄油脂，减肥瘦身

口味类型	操作时间	难易程度
鲜香	60分钟	★★

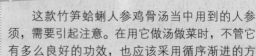

🥄 煲汤小贴士

这款竹笋蛤蜊人参鸡骨汤当中用到的人参须，需要引起注意。在用它做汤做菜时，不管它有多么良好的功效，也应该采用循序渐进的方式，逐渐增加食用的分量，日子久了自然见功效，切忌一开始便大量使用、服用。

▌主料▌

鸡胸骨 250 克，竹笋 300 克，蛤蜊 10 克，人参须 25 克。

▌辅料▌

盐适量。

▌制作步骤▌

① 鸡胸骨清洗干净，放入沸水中汆烫，捞出沥水备用；蛤蜊清洗干净备用。

② 竹笋清洗干净，切为小片，备用；人参须稍微浸泡，清洗干净，备用。

③ 将准备好的人参须、竹笋、鸡骨一起放入锅中，加入适量水，用大火煮开。

④ 放入准备好的蛤蜊，用中小火炖 40 分钟左右，加入适量盐，即可出锅。

滋补功能

竹笋能够益气和胃；蛤蜊可以滋阴生津；人参须则能有效消脂化瘀。三者一起与鸡胸骨共同熬成的竹笋蛤蜊人参鸡骨汤可以有效地促进人体的新陈代谢，帮助人们改善体内的气血循环，进而达到排泄油脂、减肥瘦身的效果。

冬瓜鲤鱼排毒瘦身汤 ——消肿抑脂，健形美体

口味类型	操作时间	难易程度
鲜香	60分钟	★★

▌主料▌

鲤鱼1条，冬瓜1000克。

▌辅料▌

姜片5片，鸡精2克，料酒10克，白糖3克，胡椒粉、盐、食用油各适量。

▌制作步骤▌

① 冬瓜去掉外皮，除去瓤，清洗干净，切成大小厚薄均等的小片，备用。

② 鲤鱼刮去鱼鳞，掏空鱼鳃和内脏，处理干净，放入油锅中煎至两面金黄。

③ 鲤鱼放入清水锅中，放入适量的料酒、盐、白糖、姜，煮至半熟。

④ 加入准备好的冬瓜煮烂，放入适量胡椒粉进行调味，即可出锅。

煲汤小贴士

这道汤瘦身塑形效果比较不错，但是由于冬瓜性寒凉，一些脾胃虚寒易泄泻者要慎用。另外，久病与阳虚肢冷者要忌食，否则会影响到病情，得不偿失。需要瘦身的女性要根据自身情况来选择。

滋补功能

鲤鱼中的蛋白质不仅含量高，而且质量非常不错，人在食用后的吸收率也比较高；冬瓜能够有效抑制糖类转化为脂肪，此汤以此二者为主要食材，不仅能够补充机体所需的营养，还能防止人体发胖，可以使体形更为健美。

青木瓜排骨汤 ——健脾消食，消脂瘦身

口味类型	操作时间	难易程度
咸鲜	90分钟	★★

▌主料▌

排骨 300 克，青木瓜 1 个。

▌辅料▌

盐适量。

▌制作步骤▌

❶ 将木瓜削去外面的皮，去掉里面的黑子，将果肉切成小块，备用。

❷ 排骨清洗干净，斩为小段，放入沸水锅中氽烫一下，捞出沥水备用。

❸ 准备好的排骨、青木瓜一同放入锅中，再倒入适量清水，用大火烧开。

❹ 转为小火继续炖煮 1 小时左右，最后加入适量盐，调味即可出锅。

🍲煲汤小贴士

在这款青木瓜排骨汤中，木瓜算是爱美女性的美容佳品之一了。早晨将木瓜粉加水搅拌成浆状，敷在脸上 20 分钟，用清水洗去，这样会吸附掉在夜间剥落掉的表皮细胞，对干癣、黑斑、雀斑、青春痘有很好的效果。

滋补功能

排骨可以补充人体所需要的钙质，还能够滋养肌肤；青木瓜中含有的木瓜蛋白酶可以将脂肪分解为脂肪酸。二者一起熬成的汤则可以健脾消食、预防便秘、帮助消化，经常食用该汤可以达到瘦身、润肤的食疗效果。

双杏山药水果瘦肉汤 ——促进蠕动，排毒润肠

【主料】

瘦肉 150 克，淮山 15 克，南杏 10 克，北杏 8 克，苹果 100 克，梨子 80 克。

【辅料】

盐适量。

【滋补功能】

这款咸鲜味美的双杏山药水果瘦肉汤中含有大量的果胶、粗纤维等营养成分，能刺激肠壁，增加蠕动作用，所以可将肠道内积聚的毒素和废物排出体外。女性常饮该汤不仅能消脂，还能润洁肌肤，使肌肤富有弹性。

【制作步骤】

❶ 苹果、梨分别用淡盐水清洗干净后，削去皮，切成小块，备用。

❷ 瘦肉清洗干净，切成均等大小的肉片，在开水中稍微氽煮一下，捞出备用。

❸ 将瘦肉、淮山、南杏、北杏、苹果、梨放入锅中，倒入适量水，大火烧开。

口味类型	操作时间	难易程度
咸鲜	80分钟	★

❹ 转为中小火，继续炖煮 1 小时左右，加入适量盐调味，即可出锅食用。

🥣煲汤小贴士

吃苹果最好连皮一起吃，因为与苹果肉相比，苹果皮中黄酮类化合物含量较高，抗氧化性强，能防止中老年女性中风。而在烹制这款汤时，考虑到消化快慢的问题，所以建议削皮烹制，不削皮也是可以的。

紫芹萝卜排骨汤 ——促进肠胃蠕动，排除毒物

口味类型	操作时间	难易程度
咸鲜	100分钟	★★

┃主料┃

排骨 500 克，红萝卜 100 克，芹菜 50 克，紫菜适量。

┃辅料┃

盐适量。

┃制作步骤┃

① 芹菜清洗干净，切成小段备用；红萝卜清洗干净，切成小粒备用。

② 排骨清洗干净，斩为小段，放入沸水锅中余烫，捞出沥水，备用。

③ 将准备好的排骨、萝卜以及芹菜全部放入清水锅中，用大火煮沸。

④ 转为小火继续炖煮 1 小时左右，放入紫菜，加入适量盐调味即可。

煲汤小贴士

在烹制这款紫芹萝卜排骨汤时需要注意一点，最好提前浸泡一下紫菜。而如果紫菜在凉水中浸泡后呈现出了蓝紫色，那么就说明在干燥、包装前，紫菜就已被有毒物质污染，这种紫菜对人体有害，不能食用。

滋补功能

红萝卜中含有丰富的胡萝卜素，可以有效促进排便；芹菜能够清热利水；紫菜又具有很好的促进消化的功效。所以，这三者与排骨一起熬成的这款靓汤，可以有效促进肠胃的蠕动，助于体内废物的排除，并能减少粉刺的发生。

豆腐白果栗子冬菇汤 ——生津润燥，减肥瘦身

▌主料▌

豆腐250克，瘦肉150克，白果30克，栗子肉200克，冬菇30克。

▌辅料▌

姜2片，盐适量。

▌制作步骤▌

① 瘦肉洗净，切成片，开水汆煮一下；豆腐切成块；冬菇洗净。

② 白果去壳，浸泡后清洗干净；栗子肉清洗干净，浸泡半小时备用。

③ 锅中加适量清水，放入豆腐、白果、栗子肉、冬菇、瘦肉、姜片煮开。

④ 转为小火继续炖煮40分钟左右，加入适量盐调味，即可出锅享用。

口味类型	操作时间	难易程度
鲜香	60分钟	★★

煲汤小贴士

豆腐虽然营养丰富，但不可过多食用，因为过多食用豆腐会对身体造成危害，比较明显的有过多吃豆腐引起消化不良、会促使动脉硬化形成。此外，在烹制这道汤时，浸泡清洗栗子不可时间过长，容易造成营养流失。

滋补功能

这道美味的豆腐白果栗子冬菇汤中含有大量的蛋白质、纤维素、维生素等营养成分，可以生津润燥，并能及时补充营养，消减脂肪。女性定期食用，不仅能够达到预期的瘦身效果，还可以滋养肌肤，防止肌肤粗糙。

柚皮西芹苹果肉片汤 ——滋润肠道，去脂瘦身

口味类型	操作时间	难易程度
咸甜	180分钟	★★

煲汤小贴士

西芹能够很好地补充女性经血的损失，经常适量食用能够避免皮肤苍白、干燥等症状，是女性养生的佳品。而且，西芹的食用方法也比较多，可以生食凉拌，可以荤素炒食、做汤、做馅、做菜汁等。

| 主料 |

猪瘦肉 150 克，柚皮 25 克，西芹 150 克，苹果 50 克。

| 辅料 |

姜 2 片，盐适量。

| 制作步骤 |

❶ 西芹清洗干净，切段备用；苹果切块备用；猪瘦肉清洗干净，切成片，备用。

❷ 柚皮清洗干净后，切为细丝，放入滚水中炖煮约40分钟左右。

❸ 在汤中放入准备好的西芹、苹果、猪瘦肉以及姜片，开大火煮沸。

❹ 转为小火继续煲 2 小时左右，加入少量盐进行调味，即可出锅食用。

滋补功能

柚皮具有健胃消食的良好功效；西芹能够有效地消除水肿；苹果可以促进肠胃蠕动；三者与富含蛋白质的瘦肉一起煮成这款柚皮西芹苹果肉片汤，可以及时排出体内毒素，达到瘦身的目的，是女性养生瘦身的首选汤汁之一。

无花雪梨番茄海带汤 ——祛热化痰，消油去脂

口味类型	操作时间	难易程度
咸鲜	150分钟	★★

|主料|

瘦肉 200 克，海带 30 克，雪梨 50 克，番茄 20 克，无花果、蜜枣各 4 个，陈皮 5 克。

|辅料|

盐适量。

|制作步骤|

❶海带清洗干净，切段备用；雪梨清洗干净，去核切块备用；陈皮浸软备用。

❷瘦肉清洗干净，切片后放入沸水中氽烫，捞出备用；番茄洗干净，切块。

❸海带、雪梨、番茄、无花果、蜜枣、瘦肉、陈皮放入清水锅中，烧开。

❹转为中小火煲煮 2 小时左右，加入适量盐进行调味，即可出锅。

🍲煲汤小贴士

做汤时，食材的清洗工作很重要，这道汤中用到的海带需要引起注意。海带中含有褐藻胶、海藻酸，不易洗净，处理海带最好的方法是将海带散开，放在蒸笼里蒸半个小时，再用水冲洗，这样海带即嫩又脆，还好清洗。

滋补功能

这款汤味甜色美，可以有效增加食欲，为身体补充营养。此外，还具有消热、化痰、去脂的作用，并且能够有效去除肠道中淤积的脂肪，达到去脂的食疗效果。想要瘦身的女性可以经常合理食用该汤。

丰胸塑形

桂圆红枣木瓜汤 ——补心养血，丰胸美容

| 主料 |

木瓜 100 克，桂圆 30 克，红枣 25 克。

| 辅料 |

冰糖适量。

| 制作步骤 |

① 将木瓜削去外皮，去掉里面的黑子，将果肉切成小块，备用。

② 红枣、莲子洗净后，放入汤锅中，加适量水，炖至莲子酥烂。

③ 放入木瓜，继续用中小火炖煮15 分钟左右，然后转为小火。

④ 在汤中加入适量冰糖，慢慢搅拌，等到完全溶化后，即可。

口味类型	操作时间	难易程度
甜润	40分钟	★★

🍲 煲汤小贴士

木瓜中的番木瓜碱成分对人体有轻微毒性，所以，每次在食用木瓜时，食量不宜过多，而且，过敏体质者应该慎食。

滋补功能

木瓜能够丰胸通乳；桂圆可以滋阴补血；红枣则可以益气生津。三者搭配熬成的这款桂圆红枣木瓜汤可以补充人体的水分，达到补心养血、丰胸美肤的效果，女性经常饮用不仅可以丰胸塑形，还能滋润肌肤。

红枣山药汤

——补血益气，提胸美型

口味类型	操作时间	难易程度
香甜	30分钟	★

|主料|

山药300克，红枣50克。

|辅料|

冰糖适量。

|制作步骤|

①山药戴手套削去外皮，清洗干净，切为小块，过一下清水，捞出备用。

②开火上煮锅，将适量清水倒入锅中，烧沸后，放入备好的山药块。

③用中小火炖煮至山药软烂，然后放入备好的红枣，炖10分钟左右。

④在汤中加入适量冰糖，慢慢搅拌，等到冰糖完全溶化后，即可出锅。

煲汤小贴士

在服用退热药物的同时，如果食用含糖量高的食物，容易形成不溶性的复合体，减少药物初期的吸收速度。在这款红枣山药汤中，大枣为含糖量较高的食物，所以如果服用退热药物的话，忌食用此汤。

滋补功能

红枣有补血的功效；山药又能促进消化，健脾利湿；此二者一起熬煮出来的汤不仅符合大众口味，还可以很好地促进血液循环，补充身体中的气血，进而达到提胸美型的效果。日常生活中，女性常饮该汤还可以使皮肤变得滑润。

党参羊肉汤 ——健壮体质，丰胸美乳

口味类型	操作时间	难易程度
鲜香	50分钟	★★

主料

羊肉 250 克，党参 10 克，洋葱 15 克。

辅料

姜 3 克，黄酒 5 克，味精 1 克，盐 2 克，猪油 15 克，肉汤适量。

制作步骤

① 羊肉清洗干净，切成块备用；党参用清水充分浸透，切块备用。

② 洋葱去皮，切成块；姜清洗干净，切成片；党参切小块备用；将猪油、肉汤放入锅中。

③ 在锅中倒入加入适量清水，加入备好的党参块、姜片，烧开。

④ 放入备好的羊肉、洋葱、黄酒，煮至肉烂，加适量盐、味精进行调味即可。

煲汤小贴士

在烹制这道党参羊肉汤时，需要注意一下党参的烹制。在做汤时，党参要先用清水浸泡至透，然后再将其放入汤锅中与其他食材一起进行熬煮，这样可以使党参充分吸水，从而使其中的营养成分充分融入到汤汁中。

滋补功能

羊肉能够补益气血；党参可以健脾益肺；洋葱能够顺气化痰。三者一起熬成的这道党参羊肉汤可以达到健壮体质、丰胸美型的效果，所以该汤适用于形体消瘦型的胸部过小的女性，经常食用可以达到预期的食疗效果。

雪梨鲜奶炖木瓜　——滋阴丰胸，美容养颜

口味类型	操作时间	难易程度
甜润	50分钟	★★

|主料|

雪梨 350 克，木瓜 300 克，牛奶 500 克。

|辅料|

蜂蜜 5 克。

|制作步骤|

① 雪梨、木瓜分别清洗干净，削去外皮，去掉核以及瓤，切成块备用。

② 开火上煮锅，将切好的雪梨块以及备好的木瓜果肉一起放入锅中。

③ 再在锅中倒入准备好的鲜牛奶，同时加入适量清水，用大火烧开。

④ 转为小火继续炖煮 30 分钟左右，晾凉后，加入适量蜂蜜搅拌均匀即可。

　煲汤小贴士

成熟的木瓜果肉非常软，不容易保存，购买回家后要立即食用。如果买后不打算立即食用，建议选择尚未全黄略带青色的木瓜，其可摆放 1 ～ 2 天，再用报纸包好放入冰箱冷藏，可以保存约 4 ～ 5 天。

滋补功能

雪梨具有滋阴润燥的功效；木瓜可以通乳丰胸；牛奶能够美白、润泽肌肤。所以，三者一起熬成的这款甜润爽口的雪梨鲜奶炖木瓜具有滋阴丰胸的功效，并能够促进乳房的再次发育，适合胸型比较小的女性长期食用。

山药花生炖猪蹄 ——提胸美型，通乳美肤

口味类型	操作时间	难易程度
鲜香	90分钟	★★

煲汤小贴士

在制作这道美味的山药花生炖猪蹄时要注意一点，在食用猪蹄时如果是作为通乳食疗，那么就应该少放盐、不放味精。此外，晚餐吃得太晚时或者是临睡前，也不适合吃猪蹄，否则会增加血液黏度。

┃主料┃

猪蹄 250 克，山药 100 克，花生仁 30 克。

┃辅料┃

精盐 2 克。

┃制作步骤┃

❶山药戴手套削去外皮，清洗干净，切为小块，过一下清水，捞出备用。

❷猪蹄去除残留猪毛，清洗干净，切成块，放入沸水中汆烫，捞出。

❸将备好的山药、猪蹄和花生米放入汤锅中，倒入适量水，大火烧开。

❹汤中加入适量精盐，用小火慢炖 1 小时左右，直至猪蹄烂熟即可出锅。

滋补功能

这款咸鲜可口的山药花生炖猪蹄汤中，含有丰富的营养成分，可以补充人体所需的雌激素、蛋白质和胶原蛋白等营养成分，食用后具有丰胸通乳的作用。女性定期食用可以提胸美型，并能使肌肤变得滑润、有光泽。

三仙禽参汤 ——丰胸美乳，补心养血

口味类型	操作时间	难易程度
鲜香	100分钟	★★

主料

母鸡1000克，鸽肉250克，鹌鹑蛋2个，人参5克。

辅料

大葱10克，盐5克，姜5克，黄酒10克。

煲汤小贴士

需要注意的是，在炖煮此汤时一定不能急于求成，虽然鸡肉熟得比较快，但是一定要用小火炖煮1小时左右。只有这样，才可以将母鸡、鸽肉中的营养成分充分地煮进汤汁中去，三仙禽参汤才能最大限度地发挥出起效果。

制作步骤

❶将家鸽、母鸡宰杀，去干净毛，去干净内脏，清洗干净备用。

❷把鹌鹑蛋煮熟，剥去外壳，与清洗干净的人参一起放入家鸽腹内。

❸开火上锅，将准备好的鸽肉、母鸡放入锅中，加适量清水，大火煮开。

❹加入适量盐、姜片、葱段、黄酒，转为小火炖煮1小时，即可出锅。

滋补功能

这道鲜香美味的三仙禽参汤具有很好的补血、补气、补虚的功效，从而能够在饮用后有效地促进乳房的发育，达到丰胸的效果。胸部发育不良的女性食用该汤可以达到美胸的效果。此外，此汤也能增补气血，提亮肤色。

核仁芝麻豆浆 ——养颜润肤，丰胸美白

|主料|

核桃仁 30 克，黑芝麻 20 克，牛奶 150 克，豆浆 150 克。

|辅料|

冰糖适量。

|制作步骤|

煲汤小贴士

豆浆与鸡蛋最好不要一起食用，因为豆浆当中有一种特殊物质——胰蛋白酶，容易在与蛋清中的卵松蛋白相结合后造成营养成分的大量损失，从而降低二者的营养价值。所以，在饮用这款美味的核仁芝麻豆浆时，最好暂时不要吃鸡蛋。

① 把核桃仁准备好后，在案板上剁碎；黑芝麻碾碎，备用。

② 开火上锅，将核桃仁碎、黑芝麻粉放入锅中，倒入豆浆，用大火烧开。

③ 锅开后，将备好的牛奶倒入锅中，转为小火继续煮开。

口味类型	操作时间	难易程度
甜润	40分钟	★★

④ 在锅里加入适量冰糖，缓慢搅拌，待冰糖完全溶化后，即可盛出食用。

滋补功能

核桃仁具有滋补气血的良好功效；黑芝麻可以滋养肝肾、润燥滑肠；牛奶、豆浆则能够充分补充人体蛋白。这几样食材共同制作成的这道核仁芝麻豆浆，可以有效地促进胸部脂肪的聚积，提美胸型，女性常饮该汤还能美颜润肤。

猪尾花生木瓜汤 ——补气血，丰胸型

口味类型	操作时间	难易程度
鲜香	150分钟	★★

|主料|

猪尾 750 克，木瓜 800 克，花生仁 120 克，红枣 20 克。

|辅料|

盐 3 克，酱油 5 克。

|制作步骤|

①将猪尾上残留的猪毛彻底刮除干净，清洗干净后，切成小段备用。

②将木瓜削去外面的皮，去掉里面的黑子，将果肉切成小块备用。

③将准备好的猪尾、木瓜、红枣一同放入清水锅中，用大火煮沸。

④转为小火继续煲 2 小时左右，加入适量盐和酱油，调味即可出锅。

煲汤小贴士

在饮用猪尾花生木瓜汤时需要注意一点，如果是脾胃虚寒、消化欠佳的人群，食用猪尾容易引起胃肠饱胀或者是腹泻等情况，而我们在制作的时候，在汤中加入适量的生姜或者胡椒，就可以有效缓解此症状。

滋补功能

猪尾当中含有胶原蛋白，能够滋补乳房；花生仁中含有的脂肪可以使脂肪聚积；红枣能够增补气血。三者和具有丰胸效果的木瓜一同煮成的这道猪尾花生木瓜汤，可以补气血，丰胸塑形，女性常饮该汤还可滋润养颜。

豆浆山药炖羊肉 ——丰胸塑形，美容养颜

▌主料▌

羊肉500克，淮山药150克，豆浆1000克。

▌辅料▌

葱、盐、姜适量。

▌制作步骤▌

❶ 羊肉清洗干净，切成块，开水汆煮捞出备用；葱清洗干净，切段备用。

❷ 淮山药清洗干净，削去皮，切成小块，用清水冲洗后，放入锅中。

❸ 开火上锅，放入准备好的羊肉、豆浆，用小火慢慢炖煮至羊肉变熟。

❹ 在煮好的汤中加入切好的葱和姜，加入适量盐，进行调味即可出锅。

口味类型	操作时间	难易程度
鲜香	50分钟	★★

煲汤小贴士

吃羊肉时最好搭配豆腐，它不仅能补充多种微量元素，还能起到清热泻火、除烦、止渴的作用。在做汤时，葱和姜的搭配是必不可少的，但也要掌握好用量，过少难以去除腥味，提升鲜味，过多则会盖过主料的鲜美。

滋补功能

羊肉中脂肪含量比较高，能够使乳房中的脂肪积蓄，从而变得丰满而有弹性；淮山药中含有大量的蛋白以及糖类，可以有效地促进胸部脂肪的聚积；豆浆能够润白肌肤。所以每天早晚坚持热服该汤，可以润白肌肤，丰胸塑形。

木瓜炖鲫鱼 ——丰胸美乳，健美塑形

| 主料 |

鲫鱼1条，青木瓜半个。

| 辅料 |

盐适量。

| 制作步骤 |

① 将鲫鱼除去鱼鳞，去干净鱼鳃，清理干净内脏，用清水冲洗干净。

② 将木瓜削去外面的皮，去掉里面的黑子，将果肉切成小块，备用。

③ 开火上锅，将准备好的鲫鱼放入锅中，倒入适量的清水，用大火烧开。

④ 放入备好的木瓜，转为小火继续煲30分钟，最后加适量盐调味即可。

口味类型	操作时间	难易程度
鲜香	60分钟	★★

煲汤小贴士

在做汤时，用鲜活的鲫鱼能够保证汤的味道鲜美，而让鲫鱼保持鲜活的诀窍是：用浸湿的纸贴在鲫鱼的眼睛上，可以延长鲫鱼的寿命，因为鱼眼睛中有条死亡腺，离水后就会断掉，用此法，可以使死亡腺保持一段时间。

滋补功能

鲫鱼具有丰胸通乳的神奇功效；青木瓜也具有一定的丰胸效果。二者搭配，可以使功效得到最大的发挥，能够有效促进胸部的发育。胸型较小的女性，如果能够定期食用，可以在一定程度上丰胸美乳，还能使肌肤更加红润。

花生红枣炖猪蹄 ——丰胸美颜，调补气血

口味类型	操作时间	难易程度
咸鲜	100分钟	★★

|主料|

花生 200 克，红枣 10 颗，猪蹄 1 只。

|辅料|

盐适量。

|制作步骤|

❶花生清洗干净，保留红衣，沥水备用；红枣浸泡去核，清洗干净备用。

❷猪蹄除去残留的毛，清洗干净，切为块，放入沸水锅中氽烫，捞出备用。

❸将准备好的猪蹄、花生、红枣一同放入锅中，加适量的水，大火煮沸。

❹转为小火，继续炖煮 1 小时左右，最后加入适量盐进行调味，即可出锅。

🍲煲汤小贴士

猪蹄是女性美容丰胸的最佳食材之一，当清洗猪蹄遇上猪蹄上的毛较多的情况时，可以取一些松香来帮忙。先将松香烧溶，然后趁热将其泼在猪毛上，等到松香凉了，揭去松香，猪毛也会随之脱落干净。

滋补功能

花生中脂肪的含量比较高，可以使脂肪聚积；猪蹄中含有丰富的胶原蛋白，能够丰胸美乳。二者与红枣搭配熬成的这道美味的花生红枣炖猪蹄汤，可以有效地帮助机体调理气血，增加胸部脂肪的聚积，从而具有美胸的效果。

猪肉扁豆枸杞汤 ——促进激素分泌，增进乳房发育

口味类型	操作时间	难易程度
鲜香	90分钟	★★

|主料|

瘦猪肉150克，白扁豆50克，枸杞30克。

|辅料|

生姜10克，葱5克，味精2克，食盐适量。

|制作步骤|

① 扁豆泡在清水中清洗干净，枸杞子泡水清洗干净，二者沥水备用。

② 瘦猪肉清洗干净，切成肉片，备用；生姜清洗干净，切成薄片，备用。

③ 将备好的猪肉、扁豆、枸杞、姜片一同放入锅中，加适量清水，烧开。

④ 转为小火，继续炖煮至瘦肉熟烂，加入适量食盐、葱、味精调味即可。

🍲煲汤小贴士

在这道汤中我们用到了白扁豆，而白扁豆是一个比较特殊的食材，做汤时需要引起注意。白扁豆中含有凝集素，有一定的毒性，加热处理可以使其失去毒性，所以食用时一定要将其煮熟蒸透，否则易引起食物中毒。

滋补功能

这道鲜香美味的猪肉扁豆枸杞汤中，富含丰富的B族维生素以及维生素E，其有利于激素的分泌，可以有效促进女性乳房的发育，如果经常食用该汤，不仅能达到丰胸的效果，还能滋养肌肤，令肌肤白嫩、富有光泽。

归芪鸡腿汤 ——气血通畅，促进乳腺分泌

口味类型	操作时间	难易程度
咸鲜	90分钟	★★

┃主料┃

鸡腿 300 克，当归 2 克，黄芪 3 克。

┃辅料┃

盐适量。

 煲汤小贴士

在用鸡腿做汤或者做菜时，为了便于摄取其中的铁元素，可以在烹制时加入维生素 C 或者是醋等具有酸味的物质。如果采用油炸的烹制方法，一定要记得加入适量柠檬汁，或者把肉撕碎后淋上醋再食用。

┃制作步骤┃

① 鸡腿反复清洗干净，切块，放入开水中余煮，捞出冲去浮沫。

② 开火上煮锅，将准备好的鸡腿放入锅中，加入适量的清水，用大火煮开。

③ 水开后，放入备好的黄芪，转为小火，一直炖煮至鸡腿七八成熟。

④ 接着在汤中放入当归，继续煮约 5 分钟，加入适量盐进行调味即可。

滋补功能

当归能够保持气血的畅通；黄芪则具有益气固表的功效；二者与鸡腿同煮成的归芪鸡腿汤，可以帮助机体保持气血通畅，并且能够促进乳腺的分泌，非常适合胸型较小的女性食用，如果定期食用可以达到丰胸塑形的食疗功效。

猪尾凤爪香菇汤 ——润肤美胸，补气益血

口味类型	操作时间	难易程度
鲜香	100分钟	★★

| 主料 |

猪尾 2 个，凤爪 3 只，香菇 3 朵。

| 辅料 |

盐适量。

| 制作步骤 |

① 香菇用清水充分泡软，切成小片备用；凤爪清洗干净，对半切开。

② 猪尾清洗干净，切成小段，放入沸水锅中氽烫片刻，捞出沥水备用。

③ 备好的香菇、凤爪、猪尾一同放入锅中，倒入适量的清水，用大火煮沸。

④ 转为小火继续熬煮 1 小时左右，最后在汤中加入适量盐进行调味即可。

煲汤小贴士

这款汤中的香菇属于"发物"，所以脾胃寒湿、气滞者以及患有顽固性皮肤瘙痒者不宜大量食用，否则会加重病情。这类型的女性想要食用这道汤的话，可以减少香菇的配量，或者干脆去掉香菇。

滋补功能

猪尾、凤爪当中含有丰富的胶质，可以有效促进乳房中脂肪的聚积；香菇能够补脾健胃。三者互相搭配熬成的这道猪尾凤爪香菇汤不仅可以提高食欲，还能达到润肤、美胸的效果，女性常饮该汤还能帮助自己补充气血。

对虾通草丝瓜汤 ——调气血，通乳汁

口味类型	操作时间	难易程度
鲜香	80分钟	★★

▌主料▌

对虾 100 克，通草 6 克，丝瓜络 10 克。

▌辅料▌

葱 10 克，姜 8 克，盐适量。

▌制作步骤▌

① 对虾取干净虾线，在水中浸泡一会儿，彻底清洗干净，沥干水分备用。

② 葱清洗干净，斜切成小段，备用；姜清洗干净，切成小薄片备用。

③ 将对虾、通草、丝瓜络一同放入锅中，加入适量清水，用大火煮沸。

④ 放入切好的葱、姜，转为小火继续熬煮 40 分钟，最后加盐调味即可。

🍲 煲汤小贴士

在烹制这款美味的对虾通草丝瓜汤时需要掌握好火候，尽量控制在一个小时以内，如果超过一个小时，虾肉口感降低，营养价值也不比一小时之内。另外，虾线一定要清理干净，以免影响汤的口感。

滋补功能

此汤当中含有丰富的蛋白质、钙等营养元素，具有很好的调理气血、通乳丰胸的作用。女性经常适量食用该汤，可以帮助自己增补乳房气血，实现增乳的效果。此外，这款美味的对虾通草丝瓜汤还能滋养肌肤，达到美白的效果。

红酒木瓜甜汤 ——补血养颜，丰胸塑形

口味类型	操作时间	难易程度
甜润	30分钟	★

▌主料▌

木瓜300克，红酒100克。

▌辅料▌

蜂蜜适量。

▌制作步骤▌

① 木瓜削去外面的一层表皮，去掉果核，将果肉切成小块，备用。

② 将木瓜块放入搅拌机中，启动机器打成糊状，倒入碗中待用。

③ 把适量蜂蜜放入打好的木瓜汁中，用小勺子充分搅匀，待用。

④ 在搅拌好的蜂蜜木瓜汁中，再加入适量红酒，搅匀，即可。

🍲煲汤小贴士

在保存红酒时一定要避免振动，尽量做到水平放置，并且还要保持软木塞的湿润，以防止空气进入酒当中去，但是也要避免过于潮湿，以防细菌滋生。在制作红酒木瓜甜汤时，要注意把握好红酒用量，不可过多，饮汤也要控制好量。

滋补功能

木瓜具有增乳的效果；红酒可以滋润肌肤；二者搭配做成的这道红酒木瓜甜汤，不仅使得汤饮味道甜润，还具有一定的补血养颜、丰胸塑形的效果，女性如果能够经常饮用该汤饮，还可以帮助自己滋养肌肤，使肌肤更富有弹性。

牛膝归断黄芪牛肉汤 ——活血通经，健胸美型

▌主料▌

牛肉300克，黄芪5克，怀牛膝10克，干地黄、当归、续断各15克。

▌辅料▌

蜂蜜10克。

▌制作步骤▌

① 牛肉反复清洗干净，切成均等大小的肉块，放入沸水氽煮，捞出备用。

② 牛肉、黄芪、怀牛膝、干地黄一同放入锅中，倒入适量水，大火煮沸。

③ 加入当归、续断，转为小火继续煲2小时左右，撇去煮出来的浮沫。

④ 煮至肉烂熟后，即可盛出，然后在汤中加入适量蜂蜜，调匀即可。

口味类型	操作时间	难易程度
鲜香	150分钟	★★

❀ 煲汤小贴士

牛肉的气味比较重，同时对胃肠的消化负担也比较重，所以并不适合胃脾功能不太好的人食用。在烹制这款牛膝归断黄芪牛肉汤前，最好先将牛肉单独氽煮一下，以减轻气味，保证汤的鲜美。

滋补功能

此汤能够帮助身体温补肾阳、活血通经，具有一定的健胸作用，适合胸部比较扁平的女性食用。女性如果能够在日常生活中定期食用此汤，就可以在一定程度上促进胸部的发育，并可改善面部气血暗沉的现象，美容效果显著。

豆腐炖鲫鱼 ——丰胸美乳，塑造身形

| 主料 |

鲫鱼1条，豆腐100克。

| 辅料 |

姜片15克，葱花10克，白酒5克，盐适量。

| 制作步骤 |

❶鲫鱼除掉鱼鳞，去掉鱼鳃，清洗干净内脏，反复用水冲洗干净，备用。

❷豆腐切成均等大小的小片，放入烧开的盐水中煮5分钟，捞出备用。

❸鲫鱼、姜片、葱花放入锅中，加入足量清水，倒入白酒，用大火烧开。

❹放入备好的豆腐，转用小火炖煮10分钟左右，最后加盐调味即可。

口味类型	操作时间	难易程度
鲜香	60分钟	★★

煲汤小贴士

豆腐中含有极为丰富的蛋白质，如果一次食用过多的话，不仅容易阻碍人体对铁的吸收，而且还容易引起蛋白质消化不良，从而容易出现腹泻腹胀等诸多不适症状。所以豆腐要适量食用。

滋补功能

鲫鱼能够增补气血，有效促进胸部脂肪的积聚；豆腐可以抑制乳腺癌的发生。二者一起熬成的汤，可以很好地调节气血的运行，使胸部脂肪增加，从而起到增大乳房的作用，女性经常食用可以达到丰胸的目的。

消肿美腿

冬瓜蛋花汤 ——消暑利水，缓解水肿

口味类型	操作时间	难易程度
鲜香	30分钟	★

| 主料 |

冬瓜 200 克，鸡蛋 2 个。

| 辅料 |

葱花 10 克，鸡精 1 克，香油、盐各适量。

| 制作步骤 |

① 把冬瓜清洗干净，去外皮和瓤，切成薄片，过清水漂洗，捞出备用。

② 将鸡蛋磕入备好的碗中，顺一个方向充分搅成蛋液，静置备用。

③ 开火上锅，将适量清水倒入锅中，放入备好的冬瓜，煮至冬瓜透明。

④ 打入准备好的蛋液，撒上葱花，放入适量鸡精、香油、盐调味即可。

煲汤小贴士

需要注意的是，冬瓜和红小豆一起食用的话，容易使正常人的尿量骤然增多，非常容易造成脱水的现象，所以冬瓜和红小豆不宜同食。在饮用这款美味的冬瓜蛋花汤时，就要注意暂时远离红小豆了，以免引起身体的不适。

滋补功能

冬瓜是减肥的最佳帮手之一，因为其中含有的丙醇二酸能够有效地抑制糖类转化为脂肪；而鸡蛋也具有消肿利水的效果；二者一起熬成的汤，可以有效抑制身体中脂肪的聚积，减少腿部浮肿的现象，从而达到瘦腿的目的。

茯苓香菇土鸡汤 ——健脾祛湿，补肺益气

口味类型	操作时间	难易程度
鲜香	150分钟	★★

主料

土鸡1只，香菇5朵，茯苓10克。

辅料

葱10克，精盐2克，味精适量。

制作步骤

① 土鸡去毛，去除内脏，清洗干净后切块，放入沸水锅中氽烫，捞出备用。

② 香菇在清水中充分泡发，各切成两半；葱清洗干净，斜切成段备用。

③ 适量清水倒入锅中，大火烧开后，放入备好的土鸡、香菇、葱，煮沸。

④ 转为中小火，继续炖煮2小时左右，加入适量味精、盐调味即可。

煲汤小贴士

在购买香菇时，需要注意一些小问题，通常劣质的香菇看起来是黑色或者是火黄色的，菇身比较薄，发潮，捏起来松软，有白色霉花，香味也比较差。而肉厚味香，有弹性和小裂纹的，一般都是优质的香菇。

滋补功能

茯苓具有渗湿利水的作用；香菇可以健脾开胃；土鸡能够增补身体，而且脂肪含量少，不容易让人发胖。三者搭配熬成的汤，可以补益气血，消肿利水，能够有效消减腿部的脂肪，适合女性食用。

草鱼冬瓜枸杞汤 ——利水消肿，护肤减脂

口味类型	操作时间	难易程度
鲜香	90分钟	★★

▌主料▌

草鱼肉 200 克，冬瓜 250 克，枸杞 10 颗。

▌辅料▌

姜片、淀粉、盐、鸡精、高汤、香油各适量。

▌制作步骤▌

❶ 草鱼肉去掉鱼皮，在水中反复清洗干净，切成鱼片，沥干水分备用。

❷ 冬瓜清洗干净，去掉外皮和籽，切片；枸杞清洗干净，浸泡片刻。

❸ 鱼片加入适量淀粉进行上浆，放入热油中滑油，捞出沥油备用。

❹ 锅内加入高汤烧沸，放入冬瓜片、姜片、枸杞、鱼片炖至汤浓白，淋香油调味即可。

煲汤小贴士

草鱼虽然营养丰富，但是也并不适合大量食用，否则容易诱发各种疮疥。因此，用草鱼做成的这款汤不适合天天、顿顿饮食，需要掌握好用量和次数。此外，女子在月经期间也不宜食用此汤。

滋补功能

草鱼当中含有大量的优质蛋白，可以滋补肌肤；冬瓜能够利水消肿；枸杞可以滋润肌肤。三者相搭配熬成的汤可以有效消除脂肪，并能让肌肤红润而富有光泽；女性常饮该汤可以塑造优美腿型。

西瓜蜜瓜羹 ——生津止渴，利尿消肿

口味类型	操作时间	难易程度
甜润	40分钟	★★

▌主料▌

西瓜 400 克，哈密瓜 250 克。

▌辅料▌

白糖、糖桂花、水淀粉各适量。

▌制作步骤▌

🍲 煲汤小贴士

夏天尽量不要吃太多的冰西瓜，虽然冰西瓜的解暑效果很好，但是对胃的刺激很大，容易引起脾胃损伤，所以应该注意把握好吃西瓜的温度以及量。时常喝一些西瓜蜜瓜羹，是爱美人士更为保险的一个选择。

① 将西瓜擦洗一下，除去绿皮，去干净西瓜籽，取瓜瓤，切为小丁，备用。

② 将哈密瓜清洗干净，去掉外皮，去掉里面的籽，取瓤切为小丁，备用。

③ 锅中放入备好的西瓜丁、哈密瓜丁、适量清水及白糖，大火烧开。

④ 再用水淀粉勾芡，加入适量的糖桂花，起锅倒入碗中即成。

滋补功能

西瓜能够生津止渴，通利小便；哈密瓜中含有丰富的膳食纤维，可以有效帮助身体排出脂肪。二者相搭配熬成的西瓜蜜瓜羹，能够有效改善便秘，可以达到瘦全身的效果。此汤适合腿部肉较多的女性，可以消肿，使腿型健美。

黄桃银耳羹 ——益气清肠，减少脂肪

口味类型	操作时间	难易程度
甜润	50分钟	★★

▌主料▌

银耳 3 朵，黄桃罐头 1 个。

▌辅料▌

糖桂花适量。

▌制作步骤▌

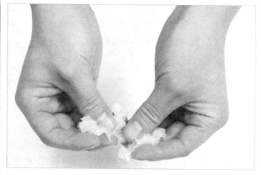

❶银耳用清水浸泡一夜，清洗干净后，去掉黄根，撕成小朵备用。

❷选用优质的黄桃罐头，打开后取出适量的黄桃，置于碗中，备用。

❸汤锅中加入适量清水，烧开，放入银耳，烧开后转为小火一直炖至起胶。

❹将准备好的黄桃放入银耳当中，撒上适量的糖桂花，即可出锅食用。

🥄煲汤小贴士

黄桃非常不容易储存，并且，新鲜的黄桃也不容易购买到。所以，在熬煮此汤时也可以适当选用优质的黄桃罐头，这样就可以避免使用变质的鲜黄桃了。黄桃银耳羹味道甜润，适合大多数人食用。

滋补功能

这道爽口美味的黄桃银耳羹中，含有丰富的膳食纤维以及大量的维生素等营养成分，可以益气清肠，帮助排毒，女性经常食用还可以减少脂肪的堆积，从而达到美腿的作用，另外，还能有效滋润肌肤，使肌肤水嫩。

双笋炖风鹅 ——益气消肿，塑造身形

|主料|

风鹅 400 克，莴笋、竹笋各 50 克。

|辅料|

葱、姜、盐、味精、料酒、胡椒粉各适量。

|制作步骤|

① 葱清洗干净，斜切为小段备用；姜清洗干净，切为薄片，备用。

② 将风鹅剁成小块，用温水反复清洗干净，并浸泡片刻，捞出备用。

③ 莴笋洗净切块；竹笋洗净切片，用开水焯烫一下；锅中放入适量水和风鹅块。

④ 加莴笋、竹笋、葱、姜，烧至笋块酥烂，加适量盐、味精、料酒、胡椒粉调味即可。

口味类型	操作时间	难易程度
咸鲜	90分钟	★★

煲汤小贴士

这道美味的汤饮中我们用到了两种笋，其中莴笋与奶酪一起食用，容易导致消化不良，引起腹痛、腹泻，所以在食用莴笋时，要注意不要食用奶酪。也就是说，在饮用这款美味的汤时，最好也暂时远离奶酪。

滋补功能

风鹅属于高蛋白、低脂肪的食物，有助于瘦身；莴笋能够清热利尿；竹笋具有通肠排便的作用。三者一起熬成的汤，可以有效增加肠道水分的贮留量，从而达到消肿的作用，对于女性塑造身形、塑造美腿很有帮助。

薯叶黄芪花粉煲 ——清热利水，消除脂肪

┃主料┃

红薯叶 100 克，天花粉、黄芪各 20 克，冬瓜 300 克。

┃辅料┃

盐、料酒、清汤、花生油各适量。

┃制作步骤┃

🍲 煲汤小贴士

　　该汤制作简单，按步骤进行即可。薯叶黄芪花粉煲当中用到的天花粉具有排脓消肿的作用，日常中常用其与滋阴的药配合使用，可以达到标本兼治的作用。所以，患有浮肿等状况的女性非常适合食用天花粉。

① 红薯叶洗净，切成小片；天花粉、黄芪分别切成小片，装进纱布袋。

② 冬瓜去掉外皮，去瓜瓤，切片，用七成热的花生油煸炒透，控油备用。

③ 开火上锅，锅中放入清汤、料酒、冬瓜，以及装有天花粉、黄芪的纱布袋，大火烧开。

口味类型	操作时间	难易程度
鲜香	50分钟	★★

④ 续煮 20 分钟后，取出纱布袋，放入红薯叶，再次烧开，加盐调味即可。

滋补功能

这道美味的薯叶黄芪花粉煲中含有丰富的膳食纤维，能够达到清热利水、滋润肌肤的效果，从而能有效消减脂肪。日常生活中女性经常食用该汤可以减轻浮肿，减轻腿部臃肿的现象，而且还能增加肌肤的水润度。

玉米须西瓜皮香蕉汤 ——去风利湿，减肥塑形

口味类型	操作时间	难易程度
甜润	120分钟	★★

▌主料▐

玉米须 20 克，西瓜皮 130 克，香蕉 3 只，枸杞 10 颗。

▌辅料▐

冰糖适量。

▌制作步骤▐

① 玉米须拣出杂质，清洗干净后，装入纱布袋中，封好口，备用。

② 西瓜皮去瓜瓤，切条，控水后用白糖抓匀，放置 15 分钟备用。

③ 香蕉去皮，取肉切斜块；枸杞冲洗干净，泡发。锅中放入清水、冰糖、纱布袋。

④ 加入西瓜皮、香蕉块、枸杞，大火烧开后改小火炖半小时，取出纱布袋即可。

煲汤小贴士

西瓜皮除了可以用来烹制可口的汤饮之外，还具有很好的美容功效。具体做法很简单，用西瓜皮压出的汁液，洗擦粗糙的双手，每天洗擦 1 次，坚持 10 天左右就会发现手上的皮肤变得光滑柔软了。

滋补功能

玉米须具有利尿降压的功效；西瓜皮可以润滑肌肤；香蕉能够促进消化；枸杞则可以补肾益精。所以这道甜润可口的玉米须西瓜皮香蕉汤具有去风利湿、消脂减肥的功效。女性经常食用该汤能够达到美腿的目的。

三鲜杨花萝卜汤 ——消肿利水，促进减肥

口味类型	操作时间	难易程度
鲜香	40分钟	★ ★

▌主料▐

杨花萝卜250克，蚕豆120克，香菇150克，草菇80克。

▌辅料▐

盐、味精、料酒、水淀粉、香油各适量。

▌制作步骤▐

① 将杨花萝卜清洗干净，去掉外皮后，切为两半，放在一边备用。

② 香菇、草菇分别清洗干净，浸泡开后切片，用开水焯烫一下，备用。

③ 蚕豆去皮，取豆瓣，并用开水焯烫。锅中加入适量清水，放入备好的所有食材。

④ 加入适量盐、味精、料酒，煮至入味时用水淀粉适当勾芡，出锅时淋入香油即可。

🎵煲汤小贴士

在这道三鲜杨花萝卜汤中，我们用到了蚕豆。因为蚕豆不太容易消化，所以脾胃虚弱的女性不宜多食，一般人也应该注意不要吃得过多，以免损伤脾胃，引起消化不良。在饮食这道汤时，也要掌握好量。

滋补功能

这道鲜香美味的三鲜杨花萝卜汤中含有丰富的纤维，具有极好的消肿利水、健脾养胃的功效。日常生活中，女性经常食用此汤，可以帮助自己促进脂肪的代谢，达到消脂、减脂的目的，进而能塑造美腿。此外，此汤还可美白肌肤，令肌肤滑润。

冬瓜干贝蛙腿汤 ——利水消肿，减肥美腿

┃主料┃

冬瓜 300 克，牛蛙腿 200 克，干贝 30 克。

┃辅料┃

生姜、陈皮、盐、料酒、清汤各适量。

┃制作步骤┃

①冬瓜清洗干净，去皮，去除瓜瓤，切片后再过次清水，备用。

②牛蛙腿清洗干净，剪去爪，在开水中氽烫一下即捞出，控干水分备用。

③干贝用温水泡发后取出肉，加开水、料酒、姜片，上笼蒸1小时。

④锅内放清汤、冬瓜、陈皮，烧开，放牛蛙腿、干贝、蒸汁，开后焖煮10分钟，加盐调味。

口味类型	操作时间	难易程度
鲜香	90分钟	★★

🍲煲汤小贴士

干贝与香肠不能同食，因为干贝中含有丰富的胺类物质，香肠含有亚硝盐，两种食物同时吃会结合成亚硝胺，对人体有害。汤中提到的牛蛙在烹制时一定要注意彻底清洗干净，以免残留寄生虫，危害健康。

滋补功能

这道鲜香美味的冬瓜干贝蛙腿汤中，含有大量的维生素、钾等人体所需的营养成分，能有效排出身体中的毒素，可以防止人体发胖。下肢臃肿以及身体肥胖的女性可以经常食用此汤，以达到减肥美腿的目的。

乌鸡当归高丽菜汤 ——光滑肌肤，改善下肢循环

主料

乌骨鸡1只，高丽菜50克，猪血、金针菇各25克，胡萝卜、当归、黄芪各少许。

辅料

盐、料酒、水淀粉各适量。

制作步骤

① 乌骨鸡剁成块，冲洗；猪血冲洗切块；高丽菜、胡萝卜洗净切片；金针菇洗净。

② 锅中放入当归、黄芪、水，大火煮沸，再放入猪血、乌骨鸡烧开，改小火炖20分钟。

③ 将准备好的金针菇、高丽菜、胡萝卜一起放入锅中，用大火煮开。

④ 在煮好的汤中加入适量盐调味后，再加入水淀粉，适当勾芡即可。

口味类型	操作时间	难易程度
咸鲜	60分钟	★★

煲汤小贴士

乌鸡当归高丽菜汤中要用到的猪血在烹制前，也需要一定的准备工作。猪血在买回来后，要注意不要让其凝块破碎，先除去少数黏附着的猪毛及杂质后，放入开水中汆一下，切块，然后再用来做这道汤，口感会更好。

滋补功能

这道美味的乌鸡当归高丽菜汤中含有多种食材，其中含有大量的蛋白质以及纤维素等营养成分，食之可以达到整肠去油的效果。女性经常食用，可以改善下肢血液循环，减少水肿现象，并提升皮肤的嫩滑度。

第4章

顺时滋补，女人才能健康美丽

四季不断交替，身体也发生着微妙的变化，所以饮食也要不断地进行调整，靓汤当然包括其中。女性尤其需要注意靓汤的顺时饮用。春季是冷暖交替的季节，肝脏等处于紧缩状态，需要进行温补，所以需要食用温中补气等暖性的汤饮。夏季天气燥热，食物容易发生变质，容易出现中暑、中毒等情况，适合饮用具有生津去热、消火解毒的的汤饮。秋季天气干燥，容易出现嗓子沙哑等情况，适宜饮用清心润肺、生精止渴的汤饮。冬季天气严寒，身体处于虚寒的状态，抗寒能力较弱，需要暖胃进而达到保暖的效果，所以应该多饮用具有健脾养胃、益气和中作用的汤饮。

春季温补，养血护肝

菠菜猪肝汤 ——生血养血，润燥滑肠

口味类型	操作时间	难易程度
咸鲜	40分钟	★★

▌主料▌

猪肝300克，菠菜150克。

▌辅料▌

生姜3片，胡椒粉2克，鸡精1克，料酒5克，盐适量。

▌制作步骤▌

①菠菜清洗干净，切成小段，放入沸水锅中略焯烫，捞出沥水备用。

②猪肝去腥，清洗干净后切成片，放入清水锅中，加入姜片，煮开。

③转为小火继续煮20分钟左右，放入备好的菠菜，稍微煮一下，关火。

④在煮好的汤中，加入适量鸡精、胡椒粉、料酒、盐进行调味，即可。

煲汤小贴士

在制作此汤时，准备工作中，有一个程序是不能忽略的，那就是在买回猪肝后，一定要在自来水龙头下冲洗一下，然后置于盆内浸泡1～2小时，来消除残血，要注意水要完全浸没猪肝。

滋补功能

猪肝能够滋补肝肾、调理气血；菠菜能够通畅大便。二者相搭配，使得这道咸鲜美味的菠菜猪肝汤具有生血补血、润燥滑肠的功效。此汤春季适量食用，可以温补身体，非常适宜春季容易气血虚弱，面色萎黄的人群食用。

荸荠腐竹猪肚汤 ——祛寒养胃，补虚损

▌主料▌

猪肚1个，荸荠100克，腐竹50克，白菜100克。

▌辅料▌

姜片、白胡椒粉、盐各适量。

▌制作步骤▌

① 猪肚洗净，放入大碗中，加适量盐抓匀，腌制10分钟备用。

② 洗净的猪肚切成为长条，放入开水中汆烫一下，捞出备用。

③ 荸荠去皮洗净；腐竹用温水泡发；白菜洗净，切小块。锅中加水烧开，放入猪肚。

④ 荸荠、腐竹、白菜、姜片入锅，中小火炖1小时后，加入白胡椒粉、盐进行调味即可。

口味类型	操作时间	难易程度
咸鲜	90分钟	★★

煲汤小贴士

　　一般人群都可以食用荸荠。特别是发热病人、麻疹病人以及流行性脑膜炎患者。荸荠性寒，脾胃虚寒血瘀者要少吃。荸荠最好不要经常生吃，如果常吃生荸荠，其中的姜片虫就会进入人体并附在肠黏膜上，会造成肠道溃疡、腹泻或面部浮肿。

滋补功能

　　猪肚能够健脾胃、补虚损；荸荠可以清热生津；白菜能解渴利尿；三者与止咳化痰的腐竹一起煮成美味的荸荠腐竹猪肚汤，具有补虚损、健脾胃的功效。在春季合理食用，能够有效帮助人们去除身体中的寒气。

茯苓红豆瘦肉汤 ——疏风清热，燥湿止痒

口味类型	操作时间	难易程度
咸鲜	180分钟	★★

┃主料┃

猪瘦肉 400 克，红豆 50 克，茯苓 30 克。

┃辅料┃

陈皮 5 克，生姜 5 片，盐适量。

┃制作步骤┃

❶将猪瘦肉清洗干净，切成小肉片，过开水略微汆煮后，捞出备用。

❷红豆放在碗中浸泡 30 分钟左右，清洗干净，捞出沥干水分备用。

❸将备好的肉块、姜片、茯苓放入锅中，倒入适量清水，用大火煮沸。

❹放入备好的红豆、陈皮，转为中小火继续煮 2 小时，最后加盐调味即可。

煲汤小贴士

传统习惯认为白茯苓偏于健脾，而赤茯苓则比较偏于利湿。在做汤时，可以根据自己的需求去选择。选购茯苓时，要选择质地坚实，外皮呈褐色且略带光泽，皱纹较深，并且断面白色细腻的，这样的茯苓才是上等好品。

滋补功能

猪瘦肉具有滋阴润燥的功效；红豆能够健脾益胃；茯苓则可以利水消肿。三者共同煮成的这道茯苓红豆瘦肉汤可以达到清热利尿、祛湿排毒的作用。春季适量食用此汤，能够有效帮助人们驱除寒气、温补身体。

玉米须白茅根猪肚汤 ——清肝去火，利水消肿

口味类型	操作时间	难易程度
咸鲜	100分钟	★★

|主料|

猪肚 300 克，玉米须 15 克，白茅根 20 克，红枣 5 颗。

|辅料|

姜片 5 克，盐适量。

|制作步骤|

❶ 猪肚彻底清洗干净，切成条状，放入沸水中汆烫片刻，捞出，备用。

❷ 红枣清洗干净后，去掉核备用；玉米须、白茅根分别用水洗净，快速沥水备用。

❸ 猪肚、玉米须、白茅根、红枣放入汤锅中，加足量水，大火烧开。

❹ 转为小火煲 1 小时左右，最后，加入适量盐进行调味，即可出锅食用。

煲汤小贴士

在制作这道美味的玉米须白茅根猪肚汤时要注意一个小细节，那就是在切制白茅根时，忌用水浸泡，以免造成钾盐的丢失。所以，在烹制这款汤以及其他含有白茅根的菜肴时，只需要用清水洗干净即可，无需浸泡。

滋补功能

玉米须具有很好的利水消肿的作用；白茅根能够清热泻火；红枣可以滋润肌肤；三者与善补虚损的猪肚同煮成的汤可以达到补肝去火的效果。春季食用此汤，一定程度上能达到养血护肝的食疗效果。

277

春笋酸菜腊肉汤 ——滋阴益血，化痰消食

口味类型	操作时间	难易程度
咸鲜	90分钟	★★

▌主料▌

腊肉 300 克，春笋 100 克，酸菜 60 克。

▌辅料▌

姜 10 克，料酒 5 克，味精 2 克，盐适量。

▌制作步骤▌

① 腊肉洗净，切成小块备用；春笋洗净，切成块，备用。

② 将生姜清洗干净，切成小薄片备用；酸菜沥去酸汤，备好待用。

③ 适量水倒入锅中，烧开，放入腊肉、春笋、生姜，倒入料酒，大火煮沸。

④ 转中小火煮 30 分钟，放入酸菜略煮，最后加入味精和盐，搅匀调味即可。

煲汤小贴士

腊肉一般人群均可食用，但是老年人、胃溃疡以及十二指肠溃疡患者不可食用，也不适合饮用此汤。在购买腊肉时要选外表干爽，没有异味或酸味，肉色鲜明的；如果瘦肉部分呈现黑色，肥肉呈现深黄色，不宜购买。

滋补功能

腊肉具有开胃祛寒的功效；春笋能够帮助机体补血益气；酸菜可以开胃健食。三者一起熬成此汤，可以达到健胃消食、补肝益血的目的。人们在春季往往容易肝气旺，多食用此汤可以滋阴益血，化痰消食。

韭菜鸡蛋汤 ——温中护肝，促进消化

口味类型	操作时间	难易程度
咸鲜	30分钟	★

|主料|

韭菜 300 克，鸡蛋 2 个。

|辅料|

鸡精 2 克，盐适量。

|制作步骤|

① 将韭菜在淡盐水中浸泡后，清洗干净，沥干水分，切成小段备用。

② 将鸡蛋全部磕入一个小碗中，将充分搅匀的蛋液，静置备用。

③ 开火上锅，加入适量清水，把准备好的韭菜放入锅中，烧沸。

④ 倒入准备好的蛋液，再次烧开后，加入适量鸡精和盐即可。

煲汤小贴士

做汤时的准备工作很重要，清洗韭菜也有一个小技巧。韭菜根部的切割处有很多泥沙，很难一次性清洗干净。所以，在处理韭菜时，可以先剪掉一段根，并用盐水将要用的韭菜浸泡一会后再洗，这样就可以快速除干净泥沙了。

滋补功能

韭菜具有益脾健胃、行气理血等多重功效；鸡蛋可以滋阴润燥。二者搭配熬成的这款咸鲜美味的韭菜鸡蛋汤具有良好的补肾益胃、消除烦闷的效果。春季食用此汤，能够帮助人们调补身体，改善气血不足的现象。

黑豆牛肉汤 ——温补脾肾，养血调经

口味类型	操作时间	难易程度
咸鲜	120分钟	★★

主料

牛肉 300 克，黑豆 50 克。

辅料

生姜 10 克，盐适量。

煲汤小贴士

除了这里做汤的饮食方法以外，营养美味的黑豆还有很多种其他的吃法，比如磨面可以蒸成馒头；煮熟可以作凉拌菜；炒熟可以作零食小吃；打豆浆可以作饮料，既帮助人们增加维生素的含量，也利于蛋白质和脂肪的消化。

制作步骤

❶牛肉清洗干净，切成小块，放入沸水锅中氽烫片刻，捞出沥水备用。

❷黑豆淘洗干净，放入清水中浸泡 30 分钟左右；生姜洗净切成片，备用。

❸将牛肉块、黑豆、姜片一起放入锅中，倒入适量清水，用大火煮沸。

❹撇去锅中的浮沫，转为小火继续炖煮 1 小时，最后加盐调味即可。

滋补功能

牛肉具有良好的滋养脾胃、强健筋骨的功能；黑豆则可以帮助机体解表清热、养血平肝。二者熬成的这道黑豆牛肉汤具有清热解毒、滋养健血、温补脾胃、养血调经的功效。春季食用能够缓解气血不足，体寒内燥的情况。

菜花玉米排骨汤 ——养血平肝，排毒养颜

口味类型	操作时间	难易程度
咸鲜	90分钟	★★

| 主料 |

排骨 500 克，菜花 200 克，玉米 1 根。

| 辅料 |

味精、盐各适量。

| 制作步骤 |

①排骨清洗干净，剁成小块，放入沸水锅中汆烫片刻，捞出沥水备用。

②菜花反复清洗干净，撕成小朵备用；玉米洗净，切块，沥水备用。

③将备好的排骨、玉米放入清水锅中，煮沸，转为中小火煮1小时。

④放入备好的菜花，煮至菜花变软后，加入适量味精、盐调味即可。

煲汤小贴士

在制作这款汤时，需要注意一个比较特殊的食材，那就是菜花。菜花如果需要入水焯烫，那要注意烫的时间不宜太长，否则就会失去脆感，食用起来口感也会大打折扣。

滋补功能

排骨具有滋阴润燥、益精补血的作用；菜花能够利尿通便；玉米则可以调中开胃。三者功效互补，共同熬成的这道菜花玉米排骨汤，可以有效促进血液循环，补血养肝，排毒养颜。春季食用可以预防干燥的现象。

平菇猪肝豆腐汤 ——温补脾胃，补益清热

口味类型	操作时间	难易程度
鲜香	90分钟	★★

▌主料▌

豆腐200克，猪肝80克，鲜平菇100克，清汤500克。

▌辅料▌

葱花、香菜末少许，盐、味精、植物油各适量。

▌制作步骤▌

① 将平菇在清水中浸泡后，去除杂质，反复清洗干净，撕成小片备用。

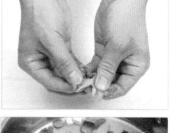

② 猪肝清洗干净，切片备用；豆腐冲洗干净，切成均等的小块，备用。

③ 炒锅上火，加油烧热，放入平菇煸炒片刻，加入备好的清汤、豆腐块。

④ 煮至平菇、豆腐入味，余入猪肝，调味后撒上葱花、香菜，加适量盐和味精调味即可。

煲汤小贴士

在饮用此汤时，豆腐不可与富含维生素C的蔬菜、水果一起吃。此外，豆腐也不适合与羊肉同吃，同吃容易发生黄疸和脚气病等症状。所以，如果正好在饮用此汤，那么在吃其他食物前需做出合理选择。

滋补功能

豆腐具有滋阴润燥的作用；鲜平菇能够祛风散寒、舒筋活络；猪肝可以滋补肝肾，这些食材共同熬成的汤具有补益清热的效果。春季食用此汤饮可以温补脾胃、养血护肝，从而达到滋补身体的效果。

双黄红枣排骨汤 ——健脾益气，祛寒养胃

▎主料▎

黄花菜 50 克，黄豆 150 克，排骨 100 克，红枣 4 颗。

▎辅料▎

生姜 1 块，盐适量。

▎制作步骤▎

① 黄豆用清水泡软，洗净备用；黄花菜去头，洗净；红枣洗净去核。

② 生姜清洗干净，切片备用；排骨清洗干净，用开水氽烫，去除血水备用。

③ 汤锅中倒入适量清水，放入黄菜花、黄豆、排骨、红枣、生姜，煮开。

④ 用中小火煲煮 3 小时左右，起锅前加入适量盐进行调味即可食用。

口味类型 咸鲜	操作时间 210分钟	难易程度 ★★

煲汤小贴士

此汤中所用到的黄花菜并不是一年四季都有，所以如果喜欢食用，或者喜欢这道汤，可以自己保存一些。一般黄花菜可以保存半年至一年。新鲜的黄花菜焯水后过凉水，沥干，用保鲜袋包好后，放入冰箱冷冻室，就可长期保存。

滋补功能

黄菜花具有除热火、生津止渴的作用；黄豆能够益气养血；排骨可以强身健体；三者与滋润肌肤的红枣同煮成的这道双黄红枣排骨汤可以达到清热解毒、健脾益气的目的。春季干燥，多食用能够祛寒养胃，润燥消水。

红薯菠菜肉片汤 ——清肝去火，润燥滑肠

口味类型	操作时间	难易程度
咸鲜	90分钟	★★

煲汤小贴士

平日里，我们在做汤或者烹制其他美食时，不宜食用带有黑斑的红薯，这是因为带有了黑斑的红薯已经携带上了黑斑病毒，而这种病毒不易被高温破坏与杀灭，食用后容易引起中毒，出现发热、恶心、呕吐、腹泻等中毒症状。

▌主料▌

猪肉100克，红薯、菠菜各100克。

▌辅料▌

生姜少许，盐适量。

▌制作步骤▌

❶猪肉清洗干净，切片备用；红薯去皮洗净，切小块；生姜洗净，切片。

❷菠菜择净，充分冲洗干净后，放入开水中稍微焯烫，捞出切段备用。

❸将切好的猪肉片放入开水中，余烫片刻后，捞起，静置一边备用。

❹猪肉、红薯、姜片一同入锅，加适量清水煲半小时，放入菠菜煮熟，加盐调味即可。

滋补功能

这道咸鲜美味的红薯菠菜肉片汤中含有丰富的纤维素、钾等营养成分，可以有效促进消化，并能达到清肝去火、润燥滑肠的作用。春季肝火旺盛，食用此汤可以调节身体不适，并且滋润肌肤，缓解皮肤干燥的现象。

双皮郁金白鸭汤 ——养胃生津，温补强身

口味类型	操作时间	难易程度
鲜香	90分钟	★★

煲汤小贴士

双皮郁金白鸭汤中用到的鸭肉是一种常见的美味佳肴。用鸭子肉还可以制成烤鸭、板鸭、香酥鸭、鸭骨汤、熘鸭片、熘干鸭条、炒鸭心花、香菜鸭肝、扒鸭掌等上乘佳肴。鸭肉性凉，体寒者要注意食量，不可贪食。

|主料|

白鸭肉 500 克，青皮、陈皮各 5 克，郁金、制香附子、白芍各 7 克。

|辅料|

生姜、盐、葱各 5 克。

|制作步骤|

❶将青皮、陈皮、郁金、白芍全部装入纱布袋中，扎口制成药包备用。

❷生姜冲洗干净后，去掉外皮，切为薄片备用；葱清洗干净后，切段备用。

❸鸭肉洗净，切为小块，放入炖锅中，加水适量，放入药包及葱姜炖煮。

❹用武火烧沸，再以文火煲煮 1 小时左右，加入适量盐调味即可食用。

滋补功能

这道鲜香可口的双皮郁金白鸭汤中食材比较多，具有滋五脏之阴、养胃生津、清热健脾的显著功效。在春季时常适量食用一些，可以很好地帮助人们去除身体中的虚寒，温补强身，达到滋补身体的食疗效果。

菠菜洋葱牛筋骨汤 ——补气益血，温补脾肾

▌主料▌

牛骨200克，牛筋100克，洋葱1个，菠菜50克，枸杞子少许。

▌辅料▌

胡椒粉、盐各适量。

▌制作步骤▌

❶牛骨清洗干净，斩小块备用；牛筋清洗干净，切成长条备用。

 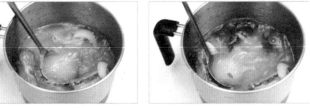

❷洋葱清洗干净，对切成4瓣备用；菠菜充分清洗干净后，切为小段备用。

❸起锅烧水，烧开后放入牛骨、牛筋、洋葱及枸杞，再次煮沸后，转小火续煮。

❹炖煮40分钟以后，放入备好的菠菜煮熟，最后加适量盐、胡椒粉调味即成。

口味类型	操作时间	难易程度
鲜香	90分钟	★★

煲汤小贴士

在做汤之前，想要彻底清洗干净用来做汤的菠菜，最好用自来水不断冲洗，如此，流动的水就可以避免农药渗入菜叶当中去。此外，洗干净的菠菜也不适合马上吃，最好再用残洁清或者是淡盐水浸泡5分钟后再食用。

滋补功能

这道鲜香美味的菠菜洋葱牛筋骨汤具有很好的开胃消食、补气益血、温补脾肾的功效。春季食用此汤，可以达到暖胃养阴的目的，从而帮助人体达到温补益气、养肝护肝的食疗效果，能够有效缓解春季阴寒的症状。

川芎白芷炖鱼头汤 ——温中补气，驱寒养胃

|主料|

鲢鱼头 500 克，川芎 5 克，白芷 4 克。

|辅料|

生姜、葱各 5 克，胡椒粉 3 克，料酒 10 克，鸡精、味精、盐各适量。

|制作步骤|

① 取鲢鱼头去除干净鱼鳃，在清水中反复冲洗，确保洗干净，备用。

② 川芎、白芷分别清洗干净；葱清洗干净切成小段备用；姜洗净切片。

③ 鱼头与川芎、白芷、葱、姜、胡椒粉一同入砂锅，加水适量，武火烧沸。

④ 放入适量的料酒、鸡精、盐，用文火继续炖半小时，加味精调味即可食用。

口味类型	操作时间	难易程度
鲜香	100分钟	★★

煲汤小贴士

在这款川芎白芷炖鱼头汤当中用到的鲢鱼头也适合做成其他美食，来帮助我们调理饮食，达到养生的目的。一般常见的鲢鱼美食有剁椒鲢鱼头、酸梅蒸鲢鱼、雪菜豆腐鱼汤，其中剁椒鲢鱼头是湖南名菜，风味独特，有助于血液循环。

滋补功能

这道鲜香美味的川芎白芷炖鱼头汤中，含有丰富的蛋白质、维生素 A、维生素 E 等营养成分，可以起到清肝去火、驱寒养胃的食疗效果。在春季食用此汤，可以很好地帮助人体调中补气，达到滋润肌肤的效果。

夏季消暑，生津祛毒

苦瓜菠萝煲鸡汤 ——清热解渴，增强免疫力

口味类型	操作时间	难易程度
鲜香	100分钟	★★

▌主料▌

鸡肉500克，苦瓜1根，菠萝1个。

▌辅料▌

姜片5片，料酒5克，精盐适量。

▌制作步骤▌

❶苦瓜反复清洗干净，去籽，切成薄片备用；菠萝去皮，去硬心，切成小块备用。

❷鸡肉清洗干净，切成小块，放入沸水锅中氽烫，去除血污，捞出备用。

❸将适量清水倒入锅中，放入备好的鸡肉、苦瓜、菠萝以及姜片，煮沸。

❹转为小火继续炖煮1小时左右，加入适量料酒以及盐进行调味即可。

煲汤小贴士

在饮用此汤时需要特别注意，由于苦瓜性凉，所以多食易伤脾胃，因此脾胃虚弱的人需要掌握好饮用此汤的量，不适合天天喝。另外，苦瓜含奎宁，会刺激子宫收缩，引起流产，所以孕妇也要谨慎食用此汤。

滋补功能

鸡肉能够温中补气，补益效果显著；苦瓜具有补肾健脾的作用；菠萝可以解暑止渴。三者一起熬成的汤可以有效促进新陈代谢，具有除烦燥热的功效。夏季天气燥热，食用此汤不仅可以清热解毒，也能增强身体免疫力。

苦瓜豆腐汤 ——清热解毒，预防高血压

|主料|

豆腐 400 克，苦瓜 150 克。

|辅料|

料酒、香油各 5 克，酱油 10 克，味精 2 克，淀粉 5 克，盐、色拉油各适量。

|制作步骤|

煲汤小贴士

此汤效果良好，非常适合夏季饮用。但是苦瓜是寒凉之品，平素大便溏稀、面色㿠白、舌淡脉沉的人大多都脾胃虚寒，所以这类人群不宜常吃苦瓜，也不太适合饮用此汤，否则容易出现胃脘不适、腹胀腹痛等症状。

① 苦瓜洗净，切成片；豆腐切成块；淀粉加适量水，调成水淀粉。

② 色拉油倒入锅中，烧至五成熟放入苦瓜，加入适量料酒、酱油翻炒均匀。

③ 在炒锅中倒入适量烧沸的清水，接着放入准备好的豆腐块，继续煮沸。

④ 煮沸后勾芡，淋入少量香油，加入适量味精以及盐，进行调味即可。

口味类型	操作时间	难易程度
鲜香	40分钟	★

滋补功能

豆腐具有润肤美颜的效果；苦瓜能够消暑解毒。二者搭配熬成的这道苦瓜豆腐汤除了能够帮助人们消解烦躁之外，还能达到降脂的目的。女性在夏季可以经常食用，来帮助自己排毒，防止粉刺、青春痘的出现。

苦瓜排骨大酱汤 ——利尿活血，退热消暑

口味类型	操作时间	难易程度
咸鲜	90分钟	★★

🥣煲汤小贴士

在做汤的过程中考虑到苦瓜的苦味比较重，容易影响苦瓜排骨大酱汤的口感，为了去除其苦味，可以先将适量盐撒在苦瓜片上，腌渍10分钟左右后，把产生的汁液滤掉，这样就可以有效减轻苦瓜的苦味了。

▌主料▐

苦瓜300克，猪排骨250克，大酱8克。

▌辅料▐

姜片、料酒、盐各适量。

▌制作步骤▐

❶ 将苦瓜在水中反复冲洗，确保清洗干净，去掉瓜瓤，切成薄片备用。

❷ 排骨清洗干净，剁成小块，放入沸水锅中汆烫片刻，捞出冲去泡沫，备用。

❸ 开火上锅，将适量清水倒入锅中，烧沸，放入排骨块、姜片，煮20分钟。

❹ 放入苦瓜、大酱，转小火焖至排骨熟烂，撇去浮沫，加料酒、盐调味即可。

滋补功能

这款美味的苦瓜排骨大酱汤鲜咸适口，具有利尿活血、清热解毒的功效。夏季天气炎热，人体非常容易出现燥热、血压升高等情况，而适量食用该汤可以起到退热消暑、降压降脂的作用，令夏季不再烦躁。

苦瓜榨菜肉丝汤 ——消暑解渴，降血降脂

口味类型	操作时间	难易程度
咸香	40分钟	★

▌主料▌

苦瓜 200 克，熟肉丝 50 克，榨菜 15 克。

▌辅料▌

味精 2 克，色拉油 5 克，高汤 500 克，盐适量。

▌制作步骤▌

① 将苦瓜在水中反复冲洗，确保清洗干净，去掉瓜瓤，切成薄片备用。

② 将榨菜清洗干净，用清水稍微浸泡一下，切成菜丝，盛入碗中备用。

③ 高汤倒入锅中，烧开，放入苦瓜片、熟肉丝、榨菜丝，大火煮沸。

④ 转为小火继续煮 10 分钟后，再加入适量味精和盐，进行调味即可。

煲汤小贴士

这款汤中的榨菜，不仅可以做汤，还有其他用途。榨菜具有一定的解酒作用，饮酒不适或过量时，吃一点榨菜可以缓解酒醉造成的头昏、胸闷和烦躁感。但是，榨菜也不适合常吃和多吃。

滋补功能

熟肉丝具有补肾气、解热毒等多种作用；榨菜则具有健胃消食的作用；二者与解毒消热的苦瓜搭配食用，使得此汤具有清暑解渴、降低血压、美容养颜的作用。在炎热的夏季食用此汤，可以开胃消食，还能够防治中暑。

冬瓜荷叶薏米肉片汤 ——清热解暑，健脾利尿

口味类型	操作时间	难易程度
咸鲜	90分钟	★★

|主料|

猪肉300克，冬瓜250克，薏米50克，荷叶适量。

|辅料|

生姜5克，盐适量。

|制作步骤|

①猪肉充分清洗干净，切成小肉片，放入开水中稍微汆煮，捞出备用。

②将冬瓜除去外皮，切成片备用；薏米淘洗干净，浸泡一小时，备用。

③将荷叶、薏米、猪肉、姜放入锅中，倒入适量水，煮沸后转中小火煲40分钟。

④放入准备好的冬瓜，煲15分钟左右，最后加入适量盐进行调味即可。

煲汤小贴士

这款冬瓜荷叶薏米肉片汤虽然美味可口、功效显著，但是由于冬瓜性寒，所以脾胃气虚、胃寒疼痛及女子月经来潮期间，还有寒性痛经者要少喝或者不饮食这道汤，也要注意忌食生冬瓜，否则会加重不适之症。

滋补功能

该汤具有清热生津、补水祛湿、解暑除烦等多重功效，食用后可以起到安神定精的食疗效果，而且还能有效地补充身体中所需的多种营养成分。夏季食用该汤，可以帮助我们补充身体能量，有效促进体力的恢复。

冬瓜海带汤 ——清热润燥，增钙降钠

主料

冬瓜 300 克，海带 200 克。

辅料

葱 10 克，蒜 5 克，鸡精 2 克，香油、盐、色拉油各适量。

制作步骤

❶ 将冬瓜去掉外皮，取出里面的种子，切成片备用；海带洗净，切成细丝。

❷ 葱清洗干净，切成葱花备用；蒜去皮，切成蒜末，静置备用。

❸ 色拉油倒入锅中，烧至六成热时，放入葱花和蒜末，爆香后倒入适量水，煮沸。

❹ 放入冬瓜和海带，煮 15 分钟左右，加入鸡精、香油、盐调味即可食用。

口味类型	操作时间	难易程度
鲜香	40分钟	★★

煲汤小贴士

做汤的冬瓜一定要挑选好，不然容易影响汤品的口感以及养生功效。在选购冬瓜时，最好用指甲掐一下，如果皮掐起来比较硬，那么肉质会比较致密，里面的种子也已成熟变成黄褐色，这样的冬瓜做汤口感最好。

滋补功能

冬瓜能够清热化痰；海带具有利尿消肿的作用。二者互相搭配，使得此道冬瓜海带汤不仅味道可口，还具有清热生津、解暑除烦的功效。夏季适量食用，不仅能够解暑润肺，还能滋润肌肤，令肌肤变得滑润富有弹性。

金银花排骨汤 ——消炎，解毒，排脓

口味类型	操作时间	难易程度
咸鲜	90分钟	★★

|主料|

排骨 300 克，金银花适量。

|辅料|

盐适量。

滋补功能

金银花具有很好的解暑消炎的作用；排骨能够滋阴润燥。二者一起熬成的这道金银花排骨汤咸鲜美味，可以滋补五脏、缓解烦闷、消除毒素。夏季食用能够有效起到消炎、解毒以及排脓的作用，防止夏季炎症的发生。

|制作步骤|

❶排骨剁成块，清洗干净，放入沸水锅中，氽烫片刻，捞出沥水备用。

❷开火上锅，将适量清水倒入锅中，放入备好的金银花，用中火烧开。

❸将准备好的排骨放入锅中，再次煮沸后，转为小火炖继续煮，一直到排骨熟烂。

❹轻轻撇去锅中煮出来的浮沫，最后加入适量盐进行调味，搅拌均匀即可出锅。

🍲煲汤小贴士

在制作这款金银花排骨汤的时候需要注意一点就是，使用金银花时用量一定要适当。这是因为金银花的味道稍微有些苦，如果用量过大的话，熬煮出来的汤会有一定的苦味，会影响到汤品的口感。

蛤蜊冬瓜水鸭汤 ——清热消暑，解毒利湿

口味类型	操作时间	难易程度
鲜香	90分钟	★★

滋补功能

水鸭具有补血行水的作用；冬瓜能够有效地消肿利湿；蛤蜊肉可以滋阴生精。三者一起熬成的这款蛤蜊冬瓜水鸭汤具有清热消暑、利尿消肿和解毒的良好功效。夏季多食用此汤不仅能够爽口润燥，还能有效排毒。

┃主料┃

水鸭1只，冬瓜250克，蛤蜊肉100克。

┃辅料┃

姜6片，米酒10克，鸡精2克，盐适量。

┃制作步骤┃

❶水鸭处理干净，切为小块，放入沸水锅中汆烫，捞出沥水备用。

❷冬瓜去掉外皮，清洗干净，切成小片备用；蛤蜊肉清洗干净，备用。

❸水鸭、姜片放入清水锅中，煮沸后放入蛤蜊肉，转中小火煮1小时。

❹倒入米酒，放入冬瓜，待冬瓜变透明色，加入适量鸡精、盐调味即可。

🍲煲汤小贴士

人们在食用蛤蜊以及贝类食物后，常会有一种清爽宜人的感觉，这在炎热的夏季对解除一些烦恼症状无疑是有益的，所以在炎热汗多的夏天，可以经常食用些此类食物。不过，脾胃虚寒者不可过量食用。

丝瓜里脊肉丝汤 ——解暑除烦，止咳化痰

| 主料 |

丝瓜 150 克，猪里脊 100 克。

| 辅料 |

葱 10 克，姜 8 克，白胡椒 3 克，香油 5 克，高汤 500 克，盐、色拉油各适量。

煲汤小贴士

在做这道汤的时候，以及在烹制丝瓜为主材的其他菜肴时应该注意要尽量保持清淡的用料原则，油要少用，可以适当的调稀芡，用适量味精或者是胡椒粉进行提味。这样，才能显示出丝瓜香嫩爽口的特点。

| 制作步骤 |

①丝瓜清洗干净，去掉外皮，切成块；猪里脊肉洗净，切薄片备用。

②葱清洗干净，斜切为半厘米长的小段；姜清洗干净，切成片备用。

③色拉油倒入锅中，烧热后放入葱姜，爆香。倒入高汤，放入肉片。

口味类型	操作时间	难易程度
鲜香	90分钟	★

④煮沸后放入丝瓜，转小火煮5分钟，加白胡椒粉、香油、盐调味即可。

滋补功能

丝瓜具有消火解毒的作用；猪里脊肉则能够滋阴润。二者搭配熬成的丝瓜里脊肉丝汤的味道不仅鲜香，功效也具有互补性。在炎热的夏季，适量饮用一些，可以达到解暑除烦、止咳化痰的目的。此外，此汤还能达到滋润肌肤的效果。

丝瓜芦笋汤 ——清热消暑，滋养肌肤

口味类型	操作时间	难易程度
鲜香	20分钟	★

主料

丝瓜1根，芦笋50克，香菜适量。

辅料

胡椒粉3克，香油5克，盐适量。

制作步骤

① 将丝瓜除去外皮，充分清洗干净，切成厚薄均匀的薄片，备用。

② 香菜摘洗干净，切成小段备用；芦笋清洗干净，切成小片备用。

③ 开火上锅，将适量的清水倒入锅中，放入芦笋片、丝瓜片，用中火煮沸。

④ 最后加入适量的盐、胡椒粉，淋上适量香油调味，再撒上香菜即可。

煲汤小贴士

丝瓜比较不常食用，在用丝瓜做菜或者是做汤时要注意丝瓜的挑选，不要买太老熟的丝瓜。熟透的丝瓜筋络较多，只能用于擦洗器皿。所以，一定要选择细嫩可口的丝瓜，这样的丝瓜口感滑嫩。

滋补功能

丝瓜具有很好的滋养肌肤和清热解暑的作用；芦笋可以有效消除水肿现象；二者一起煮成的这道丝瓜芦笋汤具有调节气血、滋阴润燥的功效。夏季常饮此汤可以增强身体的免疫力，预防中暑，并可减少面部油腻的现象。

陈皮冬瓜瑶柱老鸭汤 ——清热生津，滋补养颜

口味类型	操作时间	难易程度
咸鲜	180分钟	★★★

┃主料┃

陈皮10克，冬瓜500克，江瑶柱10克，老鸭1只，瘦猪肉200克。

┃辅料┃

盐适量。

┃制作步骤┃

① 冬瓜去皮，切片；瘦猪肉洗净，切片；江瑶柱用清水浸透备用。

② 老鸭杀洗干净，剁成块，放入沸水中，汆烫5分钟左右，捞出沥水。

③ 适量水倒入锅中，煮沸，放入老鸭、冬瓜、瘦肉、江瑶柱、陈皮。

④ 用中小火继续煲煮2小时左右，然后加入适量盐进行调味即可。

煲汤小贴士

在选购江瑶柱时，肉质鲜嫩的草潭江瑶柱为最佳。在购买时要注意看瑶柱的颜色，表面是金黄色，掰开里面也是金黄或稍微显示棕色的，证明新鲜，表面有一层薄薄的白粉，则是风干多时的。

滋补功能

这道汤咸鲜唯美，具有强身健体、清热生津、滋补养颜的功效，适合体虚乏力等身体虚弱者食用。夏季人们容易出现脱水，四肢无力的现象，所以经常适量饮用此汤，可以有效缓解一些夏季常见病症。

丝瓜荷花响螺汤 ——养阴清热，清热解暑

口味类型	操作时间	难易程度
咸鲜	230分钟	★★★

滋补功能

鲜荷花具有补肾益气、清心凉血的作用；响螺片则能够补血养颜；丝瓜可以清热润肺。三者和补气血的红枣相搭配熬成的汤咸鲜美味，可以达到养阴清热、滋补滋润养颜的效果。夏季饮用缓解口干、口渴的现象。

｜主料｜

丝瓜 500 克，新鲜荷花 3 朵，响螺片 10 克，红枣两枚。

｜辅料｜

生姜 5 克，盐适量。

｜制作步骤｜

① 丝瓜充分清洗干净，去掉外皮，切成厚薄均匀的小片，静置备用。

② 将干响螺片放入清水中充分浸泡透彻，清洗干净备用；红枣去核备用。

③ 适量清水倒入汤锅中，煮沸，放入丝瓜、响螺片、生姜以及红枣。

④ 用中火煲 3 小时，放入荷花瓣稍滚，最后加入适量盐进行调味即可。

煲汤小贴士

在用干响螺片做汤或者是做菜的时候，有一个步骤最好不要忽略，那就是一定要先将响螺片经过长时间的充分浸泡，泡软后放入高压锅当中，倒入适量水，加入葱、姜和料酒，煮15分钟后取出，再做菜使用。

雪梨杏仁枣肉汤 ——清热降火，润肺除燥

|主料|

雪梨 2 个，瘦肉 200 克，杏仁 50 克，蜜枣 3 粒。

|辅料|

麻黄 5 克，冰糖适量。

|制作步骤|

① 雪梨清洗干净，去掉外皮，去掉梨核，切成大小均等的小块，备用。

② 瘦肉清洗干净，切成小肉片，放入开水当中稍微汆一下，捞出备用。

③ 将雪梨、瘦肉、杏仁、蜜枣、麻黄放入锅中，倒入适量水，大火烧开。

④ 转用中小火继续炖煮 2 小时，最后放入适量冰糖，煮 5 分钟溶化即可。

口味类型	操作时间	难易程度
甜鲜	150分钟	★★★

煲汤小贴士

这道汤中用到了杏仁，食用杏仁对身体也是有很多好处的。一般来说，普通人每天吃 50～100 克杏仁，体重不会增加，所以担心增肥的女性可以适当选择甜杏仁作为零食，不仅可以润肠除燥，还能控制体重。

滋补功能

雪梨具有清热润肺的效果；瘦肉能够滋补五脏；杏仁则有润肠通便的功能；三者与滋养阴血的蜜枣同煮成汤，可以使这款汤具有清热降火、滋润肌肤的功效。夏季饮用该汤可以润肺除燥，预防中暑。

紫菜瘦肉汤 ——清热利尿，软坚化痰

口味类型	操作时间	难易程度
咸鲜	40分钟	★

▌主料▐

瘦肉 200 克，紫菜 20 克。

▌辅料▐

盐适量。

▌制作步骤▐

① 紫菜放入温凉的清水当中，充分浸泡，清洗干净，切碎备用。

② 将瘦肉清洗干净，切为厚薄均匀的肉片，开水中略微汆煮，捞出备用。

③ 开火上锅，将备好的瘦肉放入锅中，倒入适量清水，用大火煮沸。

④ 转为中小火继续煲 15 分钟左右，放入紫菜，最后加适量盐调味即可。

煲汤小贴士

　　紫菜属于海产食品，存放不好的话容易返潮变质，所以应该将其装入黑色的食品袋当中，然后置于低温干燥的环境中或者是放入冰箱中，可以保持其原本的味道，同时还能够保证其营养成分不至于遭受破坏。

滋补功能

　　猪肉具有补肾气、解热毒的作用；紫菜能够清热利尿、补肾养心。二者一起熬成的汤咸鲜美味，可以达到清热利尿、软坚化痰、消除油腻等诸多作用。夏季天气炎热，人们往往容易出现脱水的现象，食用此汤可以缓解脱水现象。

绿豆茯苓老鸭汤 ——清热气，解湿毒

口味类型	操作时间	难易程度
咸鲜	180分钟	★★

▌主料▌

老鸭1只，绿豆50克，土茯苓10克。

▌辅料▌

盐适量。

▌制作步骤▌

① 老鸭宰杀，去除干净毛以及内脏，充分清洗干净，切成块备用。

② 绿豆清洗干净后，放入清水中，浸泡30分钟左右；土茯苓洗净备用。

③ 老鸭、绿豆、土茯苓一同放入锅中，倒入适量清水，用大火煮沸。

④ 转为中小火继续炖煮2小时左右，最后加入适量盐进行调味即可。

煲汤小贴士

在饮用这款汤的时候，需要注意一点，那就是绿豆中特有的一种蛋白，容易与中药中的一些成分发生反应，从而使药效降低，不利于药效的发挥和病情的恢复。所以，在服用中药的时候，最好不要饮用此汤。

滋补功能

这道绿豆茯苓老鸭汤口味咸鲜，具有清热解毒、消除燥热的效果，对面疱和水痘有一定的食疗效果。夏季天气燥热，面部容易长青春痘等，所以经常适量食用此汤，可以达到去除毒热的目的，使面色变得红润。

荷叶火腿乌鸡汤 ——滋阴清热，泻火去燥

口味类型	操作时间	难易程度
鲜香	70分钟	★★

▌主料▐

乌鸡1只，鲜荷叶1张，火腿50克，香菇50克，西红柿适量。

▌辅料▐

姜、葱各5克，料酒、胡椒粉各3克，味精3克，精盐5克，鸡油20克，骨头汤2500克。

▌制作步骤▐

① 乌鸡去干净毛、内脏以及爪，切块，放入沸水锅中汆烫，捞出备用。

② 荷叶洗净切块；火腿切片；香菇泡发，切块；西红柿洗净，切成块。

③ 乌鸡、荷叶、姜、葱、鸡油、料酒放入锅中，倒入骨头汤和适量水，煮半小时。

④ 冷后再次烧开，放入西红柿略煮，加胡椒粉、味精、精盐调味即可。

煲汤小贴士

荷叶不仅可以在夏季煲汤养身，还有很多其他办法用来帮助我们健康养生。比如，鲜荷叶可以直接用来泡水喝，一次用量在15～30克左右，一天2次。连饮一个月，可以达到减肥的效果。

滋补功能

乌鸡具有很好的补气益血的功效；荷叶则可以清热解暑；香菇能够滋补肝肾。三者功效互补，与火腿、西红柿等搭配熬成的汤具有除烦润燥、滋阴补肾的功效。夏季适量食用可以有效缓解小便不利、大便干燥等症状。

秋季除燥，清心润肺

冰糖银耳雪梨汤 ——滋阴润肺，生津止咳

口味类型	操作时间	难易程度
甜润	60分钟	★★

▌主料▌

银耳50克，梨1个，红枣20克，枸杞10克。

▌辅料▌

冰糖适量。

▌制作步骤▌

❶银耳放入清水中，充分泡发，去掉深黄色的部分，撕成小朵备用。

❷将梨清洗干净，削去外皮，去干净梨核，切成大小均等的小块，备用。

❸银耳、梨、红枣、枸杞一同放入锅中，倒入适量清水，用大火烧开。

❹转为中小火继续煲30分钟左右，加入适量冰糖，煮至溶化即可出锅。

煲汤小贴士

在做汤的时候，浸泡银耳也需要注意一点，那就是银耳最好用凉水泡发，这样泡发出来的银耳，不容易流失其中的营养成分。而且，这样浸泡过的银耳在炖煮出来之后，食用起来口感也非常爽滑。用太热的水浸泡则没有这种效果。

滋补功能

银耳具有滋阴润肺的效果；梨可以有效益脾止泻；枸杞能够补血安神。三者与补中益气的红枣共同熬成的这道冰糖银耳雪梨汤甜润可口，具有滋润养颜、清热解火的功效。秋季干燥，饮用此汤可达到润肺止咳的目的。

银耳菊花鸡肝汤 ——疏肝清热，健脾宁心

主料

鸡肝 100 克，银耳 15 克，菊花 10 克，茉莉花 24 朵。

辅料

姜汁 10 克，料酒 5 克，食盐适量。

煲汤小贴士

购买鸡肝做汤，也有一定的技巧。新鲜的鸡肝呈褐色或紫色，表面细腻并有光泽，没有麻点，用手触摸感觉富有弹性，没有硬块、水肿现象；不新鲜的鸡肝颜色暗淡，失掉光泽，肝面萎缩并起皱，最好不要购买。

制作步骤

① 银耳用清水泡透后，去掉黄蒂，撕成小片备用；鸡肝洗净，切成薄片。

② 开火上锅，适量清水倒入锅中，烧沸，放入鸡肝、银耳、料酒和姜汁。

③ 继续煮沸，撇去锅中的浮沫，转为中小火继续炖煮，一直煲至鸡肝变熟。

④ 放入备好的菊花以及茉莉花，稍微煮一下，最后加适量盐调味即可。

口味类型	操作时间	难易程度
鲜香	50分钟	★★

滋补功能

鸡肝具有补肝益肾的功效；菊花能够帮助机体散风清热；茉莉花可以理气和中；三者与润燥清热的银耳相搭配，熬成的这道鲜香可口的汤具有行气、解郁、消食、醒神的作用。秋季较为干燥，经常食用此汤可以健脾宁心。

百合莲藕里脊汤 ——清心润肺，安神定志

口味类型	操作时间	难易程度
咸鲜	40分钟	★

▌主料▐

猪里脊 300 克，莲藕 80 克，鲜百合 2 头。

▌辅料▐

枸杞 20 颗，姜 10 克，盐 5 克。

▌制作步骤▐

❶猪里脊清洗干净，切成丝备用；莲藕充分清洗干净，切成片备用。

❷将适量清水倒入锅中，烧开后，放入备好的肉丝，煮沸后，撇去浮沫。

❸放入莲藕、百合和姜片，中小火煮至莲藕熟透。

❹在锅中加入备好的枸杞，转为小火继续炖 10 分钟，加盐调味即可。

🍲煲汤小贴士

买回的猪肉做完汤如果剩下太多，可以先用清水清洗干净，然后分割成小块，分别装入保鲜袋当中，然后再放入冰箱进行冷冻保存。或者也可以先冷冻一会儿，等冻结后再分开保存，这样猪肉块就不会互相黏在一起了。

滋补功能

猪里脊具有滋阴润燥的作用；莲藕则可以清热凉血；百合则具有很好的润肺止咳的功效。三者功效互补，一起熬成的汤可以达到清心润肺、清热凉血的功效。在干燥的秋季适量食用，能够很好地缓解皮肤干燥的现象。

栗子陈皮老鸭汤 ——养胃健脾，补肾强筋

▎主料▎

老鸭1只，陈皮5克，栗子300克。

▎辅料▎

姜3片，红枣2颗，银耳5克，盐适量。

▎制作步骤▎

① 老鸭去干净毛，清除净内脏，清洗干净后，剁成小块备用。

② 开火上锅，加水煮沸，把准备好的老鸭放入沸水锅中汆烫，捞出沥水。

③ 鸭块、栗子、陈皮、红枣、银耳、姜片放入锅中，倒入适量水，大火烧开。

④ 转为中小火继续炖煮1小时左右，最后加入适量的盐进行调味即可。

口味类型	操作时间	难易程度
咸鲜	90分钟	★★

🍲煲汤小贴士

在做汤之前准备板栗时有个技巧，就是用刀将板栗切成两瓣，去掉外壳后放入盆里，加上开水浸泡一会儿后，用筷子搅拌，板栗皮就能够顺利脱去。不过需要注意的是，板栗浸泡的时间不宜过长，以免营养丢失。

滋补功能

老鸭具有很好的补脾益肾的功效；陈皮能够行气宽中；栗子则具有益胃平肝的效果。三者搭配熬成的汤能够达到养胃健脾、补肾强腰、清热润肺的功效。秋季适量食用，可以促进机体的新陈代谢，增加机体的抗病能力。

海参木耳猪瘦肉汤 ——生滋润肺，补益肺气

口味类型	操作时间	难易程度
鲜香	80分钟	★★

▎主料▎

猪瘦肉100克，海参、黑木耳各100克，银耳50克，大枣40克。

▎辅料▎

姜粒5克，麻油15克，精盐5克。

▎制作步骤▎

① 猪瘦肉清洗干净，切成小片备用；海参清洗干净，切成小块备用。

② 木耳充分泡发后，切成小块备用；银耳充分泡发，去黄蒂，撕成小朵备用。

③ 猪肉、海参、木耳、银耳、大枣、姜粒一同放入锅中，加适量水，大火煮沸。

④ 转为中小火，继续炖煮40分钟左右，加入适量麻油以及精盐，进行调味即可。

煲汤小贴士

在饮用这款汤的时候要注意一点，海参不能与葡萄、柿子等同食，因为海参中含有丰富的蛋白质和钙等营养成分，而葡萄、柿子、石榴等水果含有较多的鞣酸，同时食用容易出现腹疼、恶心等症状。

滋补功能

这款汤的味道鲜香，食用后能够达到清心润肺、补血安神的效果。秋季天气干燥，三餐当中常适量饮此汤可以帮助人们滋补肝肾，并且可以达到除燥的目的。此外，这款汤也能有效滋养肌肤，缓解皮肤干燥的现象。

丹参黄豆排骨汤 ——去湿消肿，补而不燥

口味类型	操作时间	难易程度
咸鲜	100分钟	★★

滋补功能

排骨具有滋阴壮阳的功效；黄豆可以益血补虚；丹参则能够活血祛瘀。三者搭配，功效互补，所以其共同熬成的汤不仅美味，还具有祛湿消肿、补血安神的良好效果。秋季时常适量食用此汤，可以达到润燥除烦的效果。

| 主料 |

排骨 500 克，黄豆 150 克，丹参 10 克。

| 辅料 |

生姜 10 克，盐适量。

| 制作步骤 |

❶排骨清洗干净，剁成小块，放入沸水锅中余烫一下，捞出沥水备用。

❷把黄豆清洗干净后，放入清水中浸泡 30 分钟左右；生姜切成片备用。

❸将备好的排骨、黄豆、丹参、姜片一起放入清水锅中，用大火煮沸。

❹转为中小火继续炖煮 1 小时左右，最后加入适量盐进行调味即可。

🍲煲汤小贴士

黄豆质地比较硬，想要不影响汤饮的口感，就要在煲汤时先将其放入清水中浸泡最少 30 分钟左右，这样就可以使其充分吸收水分，充分膨胀，从而能够使煲出来的汤品味道更佳，口感更好，也更适合一些牙齿不太好的人群。

莲藕牛腩汤 ——健脾开胃，益气补血

口味类型	操作时间	难易程度
咸鲜	200分钟	★★★

▌主料▌

牛腩 500 克，莲藕 100 克。

▌辅料▌

葱、姜各 15 克，料酒、食盐各适量。

滋补功能

牛肉性温，具有温和健脾的功效，其与补血益气的莲藕共同熬煮成此汤不仅味道可口，更重要的是可以使二者的功效发挥到最大的程度，从而使得此汤具有清心润肺、健脾开胃的效果，非常适合秋季食用。

▌制作步骤▌

① 牛腩切成均匀的小块，放入沸水中稍微汆烫一下，捞出沥水备用。

② 莲藕冲洗干净，切成厚薄均匀的薄片备用；葱切成段；姜切成片。

③ 适量水倒入锅中，煮沸，放入牛腩、葱段、姜片，小火煲2小时。

④ 锅中放入莲藕，继续煲 30 分钟至藕片熟烂，加适量料酒、盐调味即可。

煲汤小贴士

没有用刀切过的莲藕，可以在室温中放置一周左右的时间。不过，由于莲藕在空气中容易变黑，切面孔的部分容易发生腐烂，所以被切过的莲藕在保存时，要在切口处覆以保鲜膜，冷藏保鲜一个星期左右。

南瓜莲子巴戟天汤 ——清心润肺，补中益气

口味类型	操作时间	难易程度
甜味	140分钟	★

|主料|

南瓜 300 克，莲子 50 克，巴戟天 25 克。

|辅料|

姜 3 片，冰糖、盐各适量。

滋补功能

此汤具有清心醒脾、补中益气、清心润肺的良好功效。在干燥烦闷的秋季适量食用此汤能够滋补身体，多次食用可以缓解因秋季而出现的燥热现象，达到一定养心安神的食疗效果。此外，其还能补充身体中的气血。

|制作步骤|

❶南瓜去掉表皮，清洗干净后，切成大小均等的小块，备用。

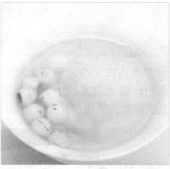

❷莲子去掉莲心，清洗干净，在小碗中用清水泡软，备用。

❸将南瓜、莲子、巴戟天、姜片放入锅中，倒入适量水，烧开后转小火煲2小时。

❹最后放入适量冰糖，搅拌煮至完全溶化，再加少量盐进行调味即可。

煲汤小贴士

在购买南瓜的时候，一定要注意选择那些外形完整新鲜的南瓜，以保证南瓜的质量。如果南瓜表面有损伤、虫害或者是斑点，则不适合购买，因为这样的南瓜不仅不容易保存，食用的时候也不安全。

话梅银耳糯米甜汤 ——生津止渴，养胃健脾

| 主料 |

话梅 30 克，银耳 20 克，糯米 50 克。

| 辅料 |

冰糖 20 克。

| 制作步骤 |

❶ 银耳清洗干净，在清水中浸透，去掉深黄色的部分，撕成小朵备用。

❷ 取适量的冰糖，用磨豆机或者其他工具打碎成屑，备用。

❸ 糯米淘洗干净，用清水浸泡备用；糯米放入锅中，加入适量的清水，然后用武火煮沸。

❹ 在锅中加入话梅、银耳、适量的冰糖，用文火炖至米熟汤稠即可。

口味类型	操作时间	难易程度
甜润	60分钟	★

煲汤小贴士

在购选糯米的时候，要注意糯米有两个品种，其中的一种是椭圆的，在挑选的时候要注意看是否粒大饱满；还有另一种是细长尖尖的，这种糯米在挑选的时候要注意看是否发黑或者有其他霉变坏掉的现象。

滋补功能

话梅具有生津止渴的效果；银耳能够补肾润肠；糯米则可以补血补虚。三者搭配共同熬成的汤，不仅味道甜润，主要是还具有生津止渴、消肿解毒的良好作用。干燥的秋季适量食用，可以达到令肌肤变得滋润的效果，能够缓解粗糙的现象。

苹果鸡蛋玉米汤 ——清心润肺，生津止渴

口味类型 甜润	操作时间 40分钟	难易程度 ★★

▌主料▐

甜玉米2个，苹果半个，鸡蛋1个。

▌辅料▐

冰糖少许。

▌制作步骤▐

❶玉米去掉外皮和玉米须后，在清水当中清洗干净，切为小块备用。

❷苹果清洗干净，削去苹果皮，去掉核，切为大小均等的小块备用。

❸锅中倒入适量清水，加入备好的玉米，用大火煮开，改小火煮5分钟。

❹加入适量冰糖，放入苹果小块，大火煮开后，打入鸡蛋搅拌均匀即可。

煲汤小贴士

霉坏变质的玉米有致癌作用，千万不可以食用。此外，患有干燥综合症、糖尿病、更年期综合症且属阴虚火旺之人不宜食用爆玉米花，否则容易助火伤阴。一般人对于爆米花，也不适合长期大量食用。

滋补功能

这道甜润可口的汤中含有大量的维生素A以及维生素E等营养成分，能够在一定程度上发挥出滋润肌肤、清心润肺、生津止渴的功效。在干燥的秋季饮用此汤，可以很好地除烦润湿，并及时补充身体中所需要的营养成分。

豆豉鸭蛋猪骨汤 ——和胃除烦，补中益气

口味类型	操作时间	难易程度
鲜香	50分钟	★★

▌主料▌

鸭蛋 1 个，豆豉 30 克，猪骨汤适量。

▌辅料▌

姜片、葱花各 2 克，料酒 5 克，味精 1 克，盐 2 克。

▌制作步骤▌

❶ 开火上汤锅，用旺火烧开后，再加入准备好的猪骨汤，用大火烧开。

❷ 汤烧开后下入备好的豆豉、姜片、葱花以及适量的盐，继续烧开。

❸ 等到锅中的水沸腾以后，放入提前打散的鸭蛋，并加入适量料酒。

❹ 等到鸭蛋在锅中熟后，加入适量味精进行调味，撒葱花，即可盛出食用。

🍲 煲汤小贴士

初秋天气还比较热，用完剩下的鸭蛋要及时放入冰箱的保鲜室内进行保存，这样低温的环境下能够有效抑制微生物的繁殖。此外，要注意的是，鸭蛋用水洗过后要尽快食用完，因为水洗过后的蛋容易变坏，不宜久留。

滋补功能

这道鲜香美味的汤具有和胃除烦、滋阴润燥的功效，而且此汤有一股浓香，能够增加人的食欲，同时能够达到强身健体的目的。在干燥而食欲减退的秋季，食用此汤还可以防治烦躁、胸闷等症、缓解身体的不适。

山楂橘子羹 ——除烦润燥，消除疲劳

口味类型	操作时间	难易程度
甜润	40分钟	★

▌主料▌

山楂糕 200 克，橘子 250 克。

▌辅料▌

白糖 50 克，淀粉 30 克。

滋补功能

山楂糕具有活血化淤的效果；橘子则能够理气燥湿、润肺止咳。二者互相搭配熬成的汤甜润可口，可以达到滋阴润肺、除烦润燥的效果，同时还能增强食欲。秋季食用不仅能够补益肌体，还可滋润皮肤，使肌肤富有弹性。

▌制作步骤▌

❶ 橘子剥皮，去掉里面的籽，切成小块后静置一边，备用。

❷ 山楂糕切成小碎块备用，淀粉中加入适量清水充分搅拌，调稀备用。

❸ 开火上锅，锅中加入适量清水烧开，倒入备好的山楂糕煮15分钟。

❹ 加入橘子以及适量的白糖，再次搅拌煮开，以适量水淀粉勾芡即可。

煲汤小贴士

橘子是一般人都适合吃的，不过需要注意的是，肠胃、肾、肺功能比较差的老人以及脾胃虚寒的老人则要少吃一些橘子，不然的话容易引起腹痛、腰膝酸软等病症。橘子皮可以留下，晒干后泡水喝可以健脾理气。

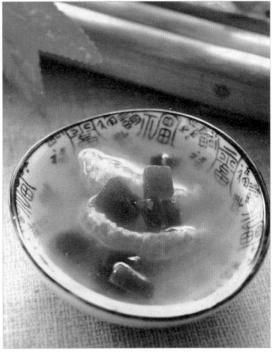

黄芪枸杞鹌鹑汤 ——益中补气，消解烦困

口味类型	操作时间	难易程度
鲜香	120分钟	★★

主料

鹌鹑2只，黄芪、枸杞各30克。

辅料

料酒、盐、味精、姜片、鸡汤、鸡油各适量。

煲汤小贴士

鹌鹑肉里不仅含有丰富的蛋白质，还含有多种维生素、矿物质，以及大量的卵磷脂。鹌鹑适用于炸、炒、烤、焖、煎汤等烹调方法，如香酥鹌鹑、芙蓉鹑丁、烤鹌鹑等；或做补益药膳主料。

制作步骤

❶ 鹌鹑宰杀，去干净毛以及内脏，斩去脚爪，清洗干净备用。

❷ 将鹌鹑斩块，放入开水中汆烫一会儿，捞出洗净，放入炖盅当中。

❸ 黄芪在清水中稍微浸泡后洗净；枸杞浸泡清洗干净，两者一同放入炖盅内。

❹ 放入料酒、盐、味精、姜片、鸡汤，上笼蒸至肉熟烂，淋上鸡油即成。

滋补功能

此汤具有益气固表、利水消肿、养血安神的神奇效果。秋季经常适量食用，可以有效帮助人们消解烦闷、补血生津，具有非常不错的消除烦闷的效果。此外，女性常饮此汤，还能帮助恢复肌肤弹性，使皮肤在干燥的秋季保持水润。

猪肉豆腐杏仁粉丝汤 ——清心润肺，润肠通便

口味类型	操作时间	难易程度
鲜香	60分钟	★★

主料

猪肉丝 100 克，油豆腐 150 克，粉丝 100 克，杏仁 50 克。

辅料

葱花 50 克，香油、盐各少许。

制作步骤

① 粉丝用温水充分浸泡后，将其清洗干净，捞出，沥干水分备用。

② 猪肉丝放入滚水中稍微氽烫片刻后，捞出，冲洗干净泡沫，备用。

③ 杏仁洗净泡水；油豆腐洗净，对半切开。将杏仁、猪肉丝、油豆腐放入开水中。

④ 煮开后，加入粉丝煮 5 分钟，撒上葱花，加适量盐调味，淋上香油即可。

煲汤小贴士

这道汤中用到了杏仁，在购买杏仁的时候一定要注意杏仁要有统一的颜色，不要软掉的或者是干枯的。此外，还要闻一下杏仁的气味，正常的应该气味香甜，如果闻到的气味是刺鼻略苦的，说明已经坏了。

滋补功能

猪肉丝具有滋肝阴、润肌肤的功效；油豆腐可以强身健体；杏仁能够润肠通便；三者搭配与粉丝同煮成的汤可以达到滋阴润肺、排毒散瘀的效果，适用于风邪、肠燥等症，因此也非常适宜在秋季食用。

冬季祛寒，暖胃安神

当归山药枸杞羊肉汤 ——温热补血，开胃健脾

口味类型	操作时间	难易程度
咸鲜	100分钟	★★

|主料|

羊肉500克，山药200克，当归8克，枸杞适量。

|辅料|

老姜5克，米酒10克，胡椒粉、盐各适量。

|制作步骤|

❶ 羊肉清洗干净，切成小块，过开水稍微汆煮以去掉腥味，备用。

❷将山药的外皮去除干净，清洗干净后，切成小块，浸泡水中备用。

❸锅中加适量水，放入羊肉、山药、当归、老姜，用中小火炖1小时。

❹放入备好的枸杞略煮，最后加入米酒、胡椒粉、适量盐调味即可。

煲汤小贴士

在煮制这道美味的汤时，在汤中放入数个山楂或者是加入一些萝卜、绿豆，都能够提高汤的鲜美程度。如果是在炒制羊肉时，适量放一些葱、姜、孜然等佐料可以去膻味。此外，吃涮肉时务必要涮透。

滋补功能

羊肉具有暖胃驱寒的效果；山药可以补肺益肾；枸杞则能够益气补血。三者与当归一起熬成的汤具有良好的温补效果，并且还可以健脾养胃。冬季寒冷，时常适量食用此汤可以温补脾胃，适用于身体瘦弱和畏寒的人食用。

双参栗子枸杞羊肉汤 ——补中益气，健脾益肺

▎主料▎

羊肉 300 克，枸杞 20 克，人参 30 克，党参 5 克，栗子肉 25 克。

▎辅料▎

桂圆 10 克，生姜 5 片，冰糖 10 克，盐适量。

▎制作步骤▎

煲汤小贴士

枸杞一年四季都可以服用，冬季最适合煮粥、做汤，夏秋季则适合泡茶喝。不过，值得注意的一点是，如果你的枸杞有了酒精的味道，那么就说明已经变质了，不能再继续食用了，也不适合做汤煮粥了，否则会引起身体的不适。

❶羊肉洗净，切成小块，过开水稍微汆煮以去掉腥味，备用。

❷枸杞稍微浸泡一下，清洗干净沥水备用；桂圆清洗干净，沥水备用。

❸将准备好的羊肉以及姜片放入清水锅中，开火煮沸后，撇去浮沫。

❹放入党参、栗子肉、桂圆、枸杞、人参，转中小火炖煮 40 分钟，放入冰糖和盐即可。

口味类型	操作时间	难易程度
鲜香	90分钟	★★

滋补功能

此汤中的食材众多，可以达到温补气血，健脾益胃的效果；冬季常饮该汤，能够达到强身健体，养胃虚寒的目的，同时还能够缓解手脚冰凉的现象，并且可以使人面色红润。脾胃不适者在冬季也可以经常适量食用一些。

海参红枣羊肉汤 ——补脾益气，养阴益肾

| 主料 |

羊肉 250 克，海参 100 克，红枣 50 克。

| 辅料 |

葱花 10 克，盐适量。

| 制作步骤 |

① 羊肉清洗干净，切成小块，放入沸水锅中略微氽烫，捞出沥水，备用。

② 海参反复冲洗，彻底清洗干净后备用；红枣泡发，清洗干净，沥水备用。

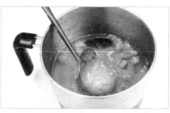

③ 锅中倒入适量水，煮沸，放入羊肉、海参、大枣，小火炖1 小时。

④ 最后在煮好的汤当中加入适量盐进行调味，然后撒上葱花即可。

口味类型	操作时间	难易程度
咸鲜	90分钟	★★

煲汤小贴士

在这款汤中用到了海参，在烹制海参时不管是哪种方法，都需要注意发好的海参应该反复冲洗，以清除残留的化学成分。海参在发好后，适合用于红烧、葱烧、烩等烹调方法，做汤也是不错的选择，味道鲜美爽口。

滋补功能

羊肉能够健脾养胃；海参可以养心润燥；红枣则能滋补气血。三者搭配，熬成的汤美味可口，可以达到滋阴润肺、温补强身的目的。冬季常适量饮用该汤，不仅能驱除寒冷，还能帮助我们补充气血，令肌肤滑润有光泽。

人参枸杞子土鸡汤 ——强身宁神，补益气血

口味类型	操作时间	难易程度
咸鲜	180分钟	★★

|主料|

土鸡1只，人参30克，枸杞25克。

|辅料|

鸡精2克，盐适量。

|制作步骤|

① 将土鸡残留杂毛去除干净，除去内脏，清洗干净，沥干水分备用。

② 土鸡切块，过热水汆煮后，放入砂锅中，倒入足量水，大火烧开。

③ 在锅中放入准备好的人参、枸杞，转为中火继续炖2小时左右。

④ 最后在汤中放入适量鸡精以及适量盐进行调味，即可出锅食用了。

煲汤小贴士

枸杞不光只适合做汤，熬粥加枸杞也能发挥其功效。此外，把枸杞泡水喝也是不错的养生法。具体做法为：菊花3～5朵、枸杞1～2颗，放入已经预热的杯中，加入沸水泡10分钟后饮用，有明目、益血、抗衰老、防皱纹的功效。

滋补功能

土鸡可以令人身心安宁；人参则具有抵抗疲劳、补益气血等功效；此二者再加上枸杞的补血作用，一起熬汤使得此汤不仅美味还具有极好的强身安宁、滋补强身的功效。

冬笋雪菜黄鱼汤 ——补气开胃，填精安神

口味类型	操作时间	难易程度
鲜香	90分钟	★★

|主料|

黄鱼 500 克，冬笋 30 克，雪菜 25 克。

|辅料|

葱 5 克，姜 3 克，味精 2 克，料酒 5 克，香油、胡椒粉各 3 克，盐、油各适量。

|制作步骤|

① 冬笋清洗干净，切成片备用；雪菜清洗干净，切成碎末备用。

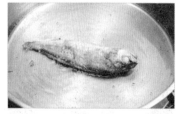

② 黄鱼去掉鱼头，处理干净，放入油锅中煎至金黄，接着将锅中倒入适量水。

③ 放入冬笋片、雪菜末、适量料酒、精盐、葱段、姜片，用大火烧开。

④ 转为小火继续煮 20 分钟，最后加入适量味精、香油、胡椒粉调味即可。

** 煲汤小贴士**

这道汤中的黄鱼在烹制的时候需要注意一点，其肉质鲜嫩，最适合清蒸。做汤前如果用油煎的话，油量需多一些，以免将黄鱼肉煎散，煎的时间也不宜过长。此外，烧黄鱼时，揭去头皮，就可除去异味。

滋补功能

黄鱼具有补虚强身的功效；冬笋能够开胃健脾；雪菜可以温中利气。三者一起熬成的汤鲜香美味，并且具有很好的滋阴润燥、补气开胃、填精安神的功效。冬季食用可以达到暖胃安神的效果，并能祛寒保暖。

胡萝卜牛蒡鸡肉汤 ——健脾养胃，温中补肾

口味类型	操作时间	难易程度
鲜香	160分钟	★★

滋补功能

鸡肉具有温中益气的效果；胡萝卜能够健脾消食；牛蒡则具有补肾壮阳的功能。三者搭配一起做汤使得此汤不仅鲜香美味，还具有很好的温中补肾、养心安神的神奇效果。冬季适量食用，可以达到温补身体、滋养身心的目的。

▌主料▐

鸡肉 500 克，胡萝卜 2 根，牛蒡半根。

▌辅料▐

生姜 1 块，料酒、盐、鸡粉各适量。

▌制作步骤▐

① 胡萝卜清洗干净，切为小块备用；生姜清洗干净，切为薄片备用。

② 牛蒡去皮，清洗干净，切成块。放入清水中浸泡 10 分钟，捞出沥水。

③ 鸡肉洗净，切块，放入冷水中浸泡 15 分钟，去除血水。鸡块、牛蒡、胡萝卜、姜片一同入锅。

④ 加入适量清水及料酒，大火烧开，再以小火煲 2 小时，加盐、鸡粉调味即可食用。

煲汤小贴士

做汤时如果剩下了胡萝卜没用完，在存放前切记不要用水冲洗，只需将胡萝卜的"头部"切掉，然后放入冰箱冷藏即可。这样保存胡萝卜是为了使胡萝卜的"头部"不吸收胡萝卜本身的水分，以延长保存时间。

西红柿羊肉汤 ——温补益气，驱除寒冷

主料

羊肉250克，西红柿200克。

辅料

盐、味精、香油各适量。

制作步骤

❶ 羊肉清洗干净，切成小块，入开水略微汆煮，去除异味，捞出备用。

❷ 西红柿清洗干净，去掉蒂后，切成大小均等的小块，静置一边备用。

❸ 锅内加入适量清水，放入备好的羊肉块，以及适量盐，稍煮片刻。

❹ 放入切好的西红柿，烧开后撇去浮沫，加适量味精调味，然后淋上香油即可食用。

口味类型	操作时间	难易程度
咸鲜	50分钟	★★

煲汤小贴士

　　我们都知道西红柿的食用方法非常多样，可以生吃、可以煮、可以炒。不过，青色未完全成熟的西红柿不适合食用。此外，在烧煮西红柿的时候，稍微加一点点醋，就能够有效破坏西红柿当中的有害物质番茄碱。

滋补功能

　　羊肉能够有效地温补益气；西红柿可以健胃消食。二者一起熬煮成的汤不仅咸鲜可口，还具有滋补身体、驱除寒冷的良好效果。冬季天气严寒，食用此汤可以达到保暖养胃的效果。此外，还能消除皮肤干燥的现象。

红杞虫草柴鸡汤 ——促进血液循环，温补身体

口味类型	操作时间	难易程度
鲜香	90分钟	★★

┃主料┃

柴鸡1只，枸杞子10克，红枣5颗，冬虫夏草3个。

┃辅料┃

花椒、盐、味精、葱、姜、胡椒粉、料酒各适量。

┃制作步骤┃

❶柴鸡宰杀后放血，去干净毛，去掉内脏，清洗干净，切块备用。

❷将切好的柴鸡块放入开水中，汆烫片刻，去除异味，捞出后将泡沫冲洗干净。

❸葱洗净，切段；姜洗净，切片。柴鸡入炖锅，放入冬虫夏草、红枣、枸杞。

❹加入花椒、葱、姜，炖至鸡肉熟，然后加入适量盐、味精、胡椒粉、料酒调味即可。

煲汤小贴士

在挑选虫草这种珍贵的食材时需要注意，好的冬虫夏草虫体丰满肥大，没有虫蛀发霉的现象，质脆，非常容易折断，断面内心充实，比较平坦，白色略发黄，周边显深黄色，所以在挑选冬虫夏草时一定要仔细辨别。

滋补功能

这道鲜香美味的靓汤能够有效地改变人体的微循环，促进血液循环，进而达到温补身体的效果。非常适合寒冷的季节食用。如果在冬季时常适量饮用该汤，可以使我们的身体远离寒冷的侵袭，达到一定的保暖功效。

西洋参桂圆鸡汤 ——补胃养血，温补益气

口味类型	操作时间	难易程度
咸鲜	50分钟	★

|主料|

鸡腿 1 只，桂圆肉 50 克，西洋参 10 克。

|辅料|

盐适量。

|制作步骤|

①西洋参冲洗一下，泡水备用；桂圆肉清洗干净，泡在清水中，备用。

②鸡腿清洗干净，斩为小块，入开水锅中汆烫一下捞出，冲净浮沫。

③鸡块、西洋参、桂圆肉及其浸泡用的水一同入锅，再加适量水，旺火烧开。

④转为小火继续再煲 20 分钟左右，待肉熟后，加入适量盐调味即成。

煲汤小贴士

需要注意的是，在食用西洋参或者是饮用西洋参桂圆鸡汤时，要注意少吃辛辣或者刺激性的食物。因为辛辣或刺激性的食物容易影响到西洋参的补益效果，如果食用辛辣刺激性食物再食用西洋参后不会达到预期的滋补效果。

滋补功能

鸡腿肉具有温中补气的效果；桂圆肉能够养血益脾、补心安神；西洋参则可以补气养阴。三者熬成的美味汤具有良好的补胃养血、强身健体的功效。在寒冷的冬季，适当食用一些西洋参桂圆鸡汤，可以增加食欲，并且能够有效缓解手脚冰凉的现象。

腰花木耳笋片汤 ——温热补血，滋养脾胃

口味类型	操作时间	难易程度
鲜香	60分钟	★★

|主料|

猪腰1对，水发木耳2朵，笋片50克。

|辅料|

葱、盐、鸡精、胡椒粉各适量。

|制作步骤|

① 猪腰清除干净腰膜，清洗干净后切片，入水汆烫一下，捞出备用。

② 木耳泡发，去蒂，清洗干净，撕成小份备用；葱洗净，切段备用。

③ 起锅烧水，木耳、笋片入沸水中焯烫至熟后，捞入猪腰碗中，汤备用。

④ 在汤中加入葱段及适量盐、鸡精、胡椒粉，再将烧开的汤汁浇在盛猪腰片的碗内即可。

煲汤小贴士

家庭中烹调猪腰菜肴的时候，尤其是做汤时最好使用新鲜猪腰，如果选用冷冻后的猪腰，由于组织结构的变化，猪腰内部的"游离水"结冻而增大了体积，就会迫使猪腰组织疏松，影响成菜的效果以及口感。

滋补功能

猪腰具有和肾理气的作用；木耳则能够补气益血；笋片可以开胃健脾。所以这道鲜香美味的汤具有非常不错的温热补血、强身宁神的功效。在寒冷的冬季，时常适量食用一些腰花木耳笋片汤，就能够帮助我们达到暖胃的效果。

西芹土豆洋葱牛肉汤 ——补中益气，滋养脾胃

|主料|

牛肉200克，牛骨300克，西芹200克，洋葱、土豆、番茄各50克。

|辅料|

葱段、姜片、盐、料酒各适量。

|制作步骤|

① 牛肉为小切块，汆水后捞出备用；洋葱去外膜，去除尾部，切片备用。

② 土豆去皮，切块备用；西芹切为大段；番茄去蒂，洗净，切块备用。

③ 锅中加水，放入牛骨、葱段、姜片，大火烧开。

口味类型	操作时间	难易程度
鲜香	90分钟	★★

④ 放入其他所有食材，并加入适量料酒，煮开后小火将牛肉煮熟，调入适量盐调味即可。

滋补功能

牛肉是冬季补益的佳品；西芹则具有镇静安神的效果；洋葱能够促进消化；三者与土豆、番茄等一起熬成的汤可以达到滋补气血、强身健体的功效。在寒冷的冬日里适当食用一些，能够收获极好的滋养效果。

酸菜大肠汤 ——温补气血，暖胃健体

口味类型	操作时间	难易程度
鲜香	90分钟	★★

▌主料▐

猪大肠250克，酸菜4片，高汤适量。

▌辅料▐

姜1块，香菜、料酒、盐、胡椒粉各适量。

▌制作步骤▐

① 酸菜洗净，切为丝备用；姜洗净，切片备用；香菜洗净，切末备用。

② 猪大肠洗净，加料酒和姜，以清水煮45分钟使其熟软，捞出切成小段。

③ 锅中加入高汤，加入适量的酸菜丝以及姜片，煮沸后加入大肠。

④ 煮开10分钟后，加盐调味，待大肠熟烂时，撒胡椒粉、香菜末即可。

煲汤小贴士

很多人比较喜欢吃酸菜，但是要知道酸菜只能偶尔食用，如果长期贪食的话则可能引起泌尿系统结石。另外，在腌制酸菜的过程当中，维生素C被大量的破坏掉了，所以一般人都不适合长期大量食用酸菜。

滋补功能

猪大肠具有润燥补虚的效果；酸菜能够开胃健食。二者一起熬成的汤味道酸咸适中，可以有效地增加食欲，并且能够达到温补身体、健脾暖胃的效果。冬季适量食用，可以保持身体的温暖，有效驱除寒冷。

紫菜肉片墨鱼丸汤 ——补益精气，暖胃安神

▌主料▌

墨鱼肉 150 克，瘦猪肉 250 克，紫菜 15 克。

▌辅料▌

淀粉、盐、猪油、花生油、胡椒粉、香菜各适量。

▌制作步骤▌

① 紫菜挑拣干净后，用清水泡发，然后洗净，撕成小块，备用。

② 墨鱼肉与瘦猪肉分别洗净，剁成肉泥，加淀粉、盐、猪油搅拌成馅料，做成墨鱼丸。

③ 锅内放入花生油烧至六七成熟，下丸子炸成金黄色，捞出沥干油。

④ 锅内放清水烧开，放入鱼丸、紫菜烧开，再以小火煮 10 分钟，撒入葱花、胡椒粉、香菜末即可。

口味类型	操作时间	难易程度
鲜香	90分钟	★★

煲汤小贴士

在挑选生墨鱼的时候，要注意挑选色泽鲜亮洁白、没有异味、没有黏液、肉质富有弹性的墨鱼。如果是干墨鱼的话，有一个简单的挑选方法，优质的干墨鱼带有海腥味，但是不存在腥臭味。有海腥味之外的其他味道，需要引起注意。

滋补功能

墨鱼能够益血生津；瘦肉可以补肝润肤；紫菜能够补肾养心。所以三者共同熬成的汤不仅鲜香味美，还可以达到补益精气、暖胃安神的效果。气血不足以及手脚冰凉的人食用可以缓解症状，因此其非常适合冬季食用。

第5章

靓汤相伴，女性特殊期不用愁

女性由于自身的生理特征，特殊时期需要特殊滋补和保护，而靓汤中的营养可以帮助女性滋补身体，调理各个时期的不适。孕妇缺少营养，容易造成胎儿发育不良或容易造成流产的现象。这时期饮用含有丰富蛋白质、钙等营养成分的靓汤可以滋补身体中的营养成分，帮助胎儿的生长发育。产妇容易出现断乳、体弱乏力的现象，多食用含有胶原蛋白、钙、锌等营养成分的汤可以缓解类似情况。更年期女性则容易出现烦躁、睡眠不良的情况，而多饮用具有滋阴润燥、宁心安神功效的汤饮可以帮助女性平稳度过更年期。不同时期喝不同的靓汤，可以帮女性快乐度过特殊期。

孕妇营养汤

黄豆芽香菇汤 ——通便排毒，提高免疫力

| 主料 |

黄豆芽、香菇各 100 克。

| 辅料 |

味精 2 克，香油 5 克，盐适量。

| 制作步骤 |

① 黄豆芽去掉根部，泡在装有清水的碗中，稍微浸泡片刻之后，清洗干净。

② 将香菇去蒂之后在清水中浸泡，用水洗净，撕成小朵，备用。

③ 开火上锅，将清水煮沸后放入黄豆芽、香菇，继续熬煮。

④ 继续熬煮 20 分钟，加入适量味精、盐、香油调味即可。

口味类型	操作时间	难易程度
鲜香	50分钟	★

煲汤小贴士

没有熟透的豆芽往往会带一点涩涩的味道，吃起来影响口感。不过，在焯烫豆芽或者是炒豆芽时，向豆芽中加入适量的醋，就能够有效地去除涩味。

滋补功能

黄豆芽具有养气补血、清热利湿的效果；香菇则可以提高机体的免疫力。二者一起熬成的汤能够补气养血、强身健体。孕妇适量食用此汤，可以清除体内的毒素，提高机体的免疫力，进而达到补益的效果。

玉兰火腿鸡脯汤 ——增强体力，防止感冒

口味类型	操作时间	难易程度
鲜香	60分钟	★★

▌主料▐

鸡脯150克，猪肉50克，火腿25克，冬菇20克，玉兰50克，鸡蛋2个。

▌辅料▐

葱油10克，姜汁3克，味精1克，黄酒15克，水淀粉10克，高汤800克，盐适量。

▌制作步骤▐

① 鸡脯、猪肉分别清洗干净，剁成末备用；鸡蛋磕入碗中，搅拌均匀。

② 将冬菇清洗干净备用；玉兰也清洗干净，切成片备用；火腿切成片备用。

③ 肉末、湿淀粉、姜汁、盐与蛋液混合，搅匀后做成丸子，煎至硬皮，然后高汤入锅，加丸子。

④ 加入冬菇、玉兰片、火腿烧沸，转中小火煮20分钟，加入适量味精、黄酒调味即可。

🍲 煲汤小贴士

冬菇不适合存放太久，尤其要注意防潮。冬菇一旦受了潮，菇体就极易长虫变质。此外，在储存冬菇的时候，千万不要与生腥食物或者是化学物品混放在一起。

滋补功能

这道汤做起来相对比较复杂，汤中食材众多，含有丰富的蛋白质、维生素以及钙、磷等营养成分，可以有效地促进胎儿的正常生长，并能增强孕妇的身体抵抗力，防止感冒等。

桂圆鸡蛋甜汤 ——补心安神，防止身体虚弱

口味类型	操作时间	难易程度
甜润	30分钟	★

▌主料▐

桂圆 60 克，鸡蛋 2 个。

▌辅料▐

红糖 10 克。

▌制作步骤▐

❶ 将两颗鸡蛋全都磕入碗中，顺着一个方向充分搅拌均匀，静置备用。

❷ 将桂圆壳剥掉后，把桂圆肉清洗干净，放入清水中浸泡片刻，备用。

❸ 开火上锅，将适量清水倒入锅中，然后放入备好的桂圆，开火煮熟。

❹ 接着倒入准备好的蛋液后略煮，加入适量红糖，搅拌均匀即可出锅。

🍲煲汤小贴士

桂圆对子宫癌细胞的抑制率超过 90%，妇女更年期是妇科肿瘤易发的阶段，适当吃些桂圆有利健康。但是，有感冒、发热、咳嗽等症状的人群不适合食用桂圆。此外，由于孕妇往往阴虚偏虚，容易生内热，所以饮用此汤也要控制好量。

滋补功能

桂圆具有健脑益智、补养心脾的功效；鸡蛋能够补心宁神、养血安胎。二者搭配熬成的汤具有很好的补益效果，能够有效增补身体中的气血。孕妇食用后可以有效补充身体中所需的营养，防止身体虚弱。

砂仁鲫鱼汤 ——利湿止呕，安胎利水

口味类型	操作时间	难易程度
鲜香	90分钟	★★

▌主料▌

鲫鱼 1 条，砂仁 5 克。

▌辅料▌

味精、姜、葱、花生油、盐、料酒、淀粉各适量。

▌制作步骤▌

① 鲫鱼去干净鱼鳞、去掉鳃，开肚去内脏，用清水洗净，沥干水分。

② 把葱去皮，清洗干净，切成段；生姜洗净，切片；砂仁洗净，沥干，研成末。

③ 把花生油、盐以及砂仁拌匀后，全部装入鱼腹当中，再用淀粉封好口。

④ 锅中加水，放入葱段、姜片、鲫鱼、料酒、味精，中小火炖半小时即成。

🍲煲汤小贴士

做汤时，如何使食材既能够充分发挥营养价值又不因为材料的琐碎而影响口感，是有一个技巧的。在做此汤过程中，将砂仁放入鱼腹当中，再将鱼封口后放入锅中熬汤，可以使鲤鱼在炖煮的过程中充分吸收砂仁中的味道以及营养成分。

滋补功能

鲫鱼能够安胎通乳；砂仁则具有补气益血、安胎养神的神奇功效。二者一起熬成的汤对胎儿骨骼的发育具有良好的作用，孕妇经常适量食用该汤，还可以醒脾开胃，此汤还适用于呕吐泄泻、妊娠恶阻、胎动不安等情况。

芽菜节瓜猪舌汤 ——补虚调身，改善孕期水肿

口味类型	操作时间	难易程度
咸鲜	60分钟	★★

┃主料┃

猪舌400克，节瓜640克，黄豆芽320克，陈皮10克。

┃辅料┃

盐5克。

┃制作步骤┃

① 豆芽去根须，清洗干净，沥干；豆芽放入锅内，不必加油，微炒至软身。

② 节瓜刮去茸毛、瓜皮、蒂，用水洗净，切块；陈皮用水浸透，洗净。

③ 猪舌放入滚水中煮5分钟后，取出，刮去舌苔，用水洗净，切片备用。

④ 锅中加入适量清水及全部材料，大火烧开后改中火煲至猪舌熟透，加盐调味即可。

煲汤小贴士

在这款芽菜节瓜猪舌汤当中用到了豆芽，需要提醒的是，食用豆芽的时候切忌食用无根的豆芽，这是因为无根豆芽在生长过程中都喷洒了除草剂，而除草剂一般都具有致癌、致畸、致突变的作用。

滋补功能

这道咸鲜可口的汤具有利尿、消肿的功效，孕妇适量食用，可以有效地补虚调身，改善孕期水肿的现象。此外，这款汤还可以在一定程度上补充孕妇身体中所必要的营养成分，同时还能够有效促进胎儿的健康成长。

三鲜鳝鱼肉丝汤 ——提升抵抗力，缓解孕期不适

▌主料▐

鳝鱼 50 克，黄瓜 50 克，猪瘦肉 20 克，鸡蛋 1 个。

▌辅料▐

水淀粉、葱丝、姜丝、胡椒粉、精盐、料酒、味精、鲜汤、猪油、芝麻油各适量。

▌制作步骤▐

① 鳝鱼洗净入沸水中烫熟，切成段；瘦猪肉洗净，切细丝；黄瓜削皮去瓤切成丝。

② 鸡蛋磕入碗内调匀，制成蛋皮后切细丝。猪油入锅，油热后将葱、姜丝爆香。

③ 加入鲜汤烧开，速下肉丝，烹料酒，下入鳝鱼段、黄瓜丝、蛋皮丝和胡椒粉。

④ 汤开后加精盐、味精，淋水淀粉勾芡，盛入汤碗，撒上葱丝，淋入芝麻油即可。

口味类型	操作时间	难易程度
鲜香	100分钟	★★

🍲煲汤小贴士

在这道汤的食材中有一个比较特殊的食材鳝鱼，用它做汤虽然营养美味，但是最好是在宰后即刻烹煮食用，因为鳝鱼死后容易产生组胺，容易引发中毒现象，不利于人体的健康。

滋补功能

鳝鱼具有补中益气的功效；黄瓜能够有效解毒消肿；瘦肉可以润肠胃、补肾气；鸡蛋能够养血安胎。几味食材共同熬成的汤可以增强孕妇的身体抵抗力，能够预防感冒等，并且还能缓解孕期身体的不适症状。

银耳竹笙莲子红枣汤 ——益气和血，缓解孕早期不适

口味类型	操作时间	难易程度
甜润	200分钟	★★

▌主料▌

银耳100克，竹笙30克，莲子、红枣各10颗，枸杞15颗，百合10克。

▌辅料▌

冰糖适量。

▌制作步骤▌

① 银耳放入水中浸泡约5小时，捞出洗净，撕成小朵，去蒂后备用。

② 竹笙放入水中浸泡20分钟，捞出，剪成小段，再放入滚水中焯烫一下。

③ 莲子、枸杞、红枣、百合分别洗净，放入锅中，加适量的清水，大火烧开。

④ 锅中加入银耳、竹笙，大火烧开后改小火炖半小时，加入冰糖，熬至溶化即可。

煲汤小贴士

干制竹笙的保存方法比较简单，只要放置于阴凉、干燥、通风地点就可以了。但是，在开封后需要尽快食用完毕，并且要保证每次用完剩下后都要把袋口扎严，以防袋中的竹笙受潮，影响口感和营养价值。

滋补功能

这道甜润可口的汤当中，含有多种营养食材，具有补血益气、养胃健脾的良好功效。孕妇定期适量食用，可以在一定程度上帮助自己改善面部气血不足的现象，达到安胎养神的效果。同时，还能够帮助孕妇调理身体，促进胎儿的发育。

淮山冬瓜腰片汤 ——强肾消滞，缓解孕期不适

口味类型	操作时间	难易程度
咸鲜	90分钟	★★

煲汤小贴士

这道咸鲜美味的汤饮汁白味正，腰片脆嫩，营养非常丰富，具有补肾气、通膀胱、消积滞的功效，同时还具有止消渴的作用，孕妇适当食用可以有效缓解孕期不适，减轻呕吐及身体浮肿等诸多不适症状。

‖主料‖

冬瓜250克，猪腰1副，薏米15克，黄芪15克，淮山药15克，香菇5个。

‖辅料‖

鸡汤、葱、姜、盐各适量。

‖制作步骤‖

❶冬瓜清洗干净，削去皮，去掉核，切成片备用；香菇洗净去蒂备用。

❷猪腰对切成两半，除去白色部分，再切成片，洗净后用热水汆烫一下。

❸鸡汤倒入锅中加热，先放姜葱，再放薏米、黄芪和冬瓜，以中火煮40分钟。

❹放入猪腰、香菇和山药，煮熟后用慢火再煮片刻，加盐调味即可。

滋补功能

在饮用此汤时需要注意的一点是，猪腰的胆固醇含量比较高，孕妇往往血压偏高，如果食用过多的猪腰会适得其反。所以，孕妇在食用猪腰时一定要注意适量，不宜多食。因此，孕妇在饮食此汤时也需要控制好量。

瘦肉燕窝骨汤 ——补血润肠，提升免疫力

口味类型	操作时间	难易程度
鲜香	180分钟	★★

|主料|

猪瘦肉 400 克，燕窝 75 克，猪脊骨 50 克。

|辅料|

盐 3 克，酱油 5 克。

|制作步骤|

① 拿一小碗放入清水，将燕窝用清水浸开，拣去杂质，清洗干净，备用。

② 将瘦肉清洗干净后切成肉片，猪骨洗净切段，二者分别放入开水汆一下捞出。

③ 将备好的瘦肉和猪骨放沸水内，先用大火烧开，再以中小火继续煲煮。

④ 2 小时后捞出猪骨，下燕窝同煲半小时，用适量盐、酱油调味即可。

煲汤小贴士

脊骨中含有大量的骨髓，在烹煮的时候柔软多脂的骨髓就会随着烹煮慢慢释出。骨髓可以用在调味汁、汤里或者是煨菜里。另外，也可以趁热作为开胃小点的涂酱来食用。但是，在食用骨髓时，不要加太多盐，也不适合经常食用。

滋补功能

猪瘦肉能够强身健体；燕窝具有安胎养神、益气补血的作用；猪脊骨则能够补阴益髓。三者一起熬成的汤可以有效益气补中，促进血液循环，增进消化和吸收。孕期女性经常适量食用，能够有效补血润肠，提升免疫力。

淮杞荸荠羊腿汤 ——补气健脾，助胎儿发育

口味类型	操作时间	难易程度
咸鲜	220分钟	★★

| 主料 |

羊前腿 400 克，山药 40 克，枸杞 20 克，荸荠 15 克，桂圆肉 10 克。

| 辅料 |

姜 5 克，盐 3 克。

| 制作步骤 |

① 羊腿刮去杂质以及残留的羊毛，清洗干净，斩为小块汆水后，备用。

② 荸荠装在有摩擦又透水的袋子中，放在水里揉搓，再用小刀刮皮，洗净切半备用。

③ 姜洗净，切片；山药、枸杞、桂圆肉分别冲洗。锅内放水烧开，放入羊腿肉。

④ 再加入山药、枸杞、桂圆、荸荠、姜，大火烧开后转中小火煲 3 小时，即可加盐调味。

煲汤小贴士

在做很多汤时都要用到枸杞子，而枸杞子也有好坏之分，需要在购买时注意辨别。新鲜的枸杞子由于产地不同而色泽有所不同，但颜色都比较柔和，有光泽，肉质饱满，选购枸杞时要注意颜色、肉质等情况。

滋补功能

这道味道咸鲜的汤中含多种营养食材，其中含有丰富的优质蛋白质、维生素等营养成分，具有补气健脾、祛风除湿的功效。孕妇日常适量食用，既能缓解孕期的身体不适状况，同时也能促进胎儿的健康生长以及发育。

冬菇干贝排骨鸡脚汤 ——补骨养筋，帮助养胎

口味类型	操作时间	难易程度
鲜香	230分钟	★★

主料

排骨 250 克，鸡脚 8 只，冬菇、干贝各 80 克。

辅料

葱、姜、盐各适量。

煲汤小贴士

在煲汤饮用的时候需要注意，干贝与香肠不能同食，这主要是因为干贝中含有丰富的胺类物质，而香肠当中含有亚硝盐，两种食物如果同时吃的话，会结合成亚硝胺，对人体产生危害。孕妇体质比较虚弱，尤其需要注意这点。

制作步骤

① 排骨、鸡脚冲洗干净后，放入冷水中煮开 2 分钟，取出冲净血水备用。

② 冬菇用水清洗干净，稍浸泡备用；干贝用水泡开，清洗干净，撕碎备用。

③ 葱清洗干净，斜切为小段；姜清洗干净，去掉外皮后，切为薄片。

④ 锅中加适量清水，放入所有食材，大火煮开 20 分钟后，改小火煲 3 小时，调味即可。

滋补功能

冬菇具有补气安神的功效；干贝能够滋阴补肾；排骨则可以强身健体；鸡脚含有丰富的钙质和胶原蛋白，可以软化血管，同时还有美容功效。四者熬成的汤可以滋养身心，补充身体中所需的营养成分。孕妇经常食用可以补骨养筋，养胎养神。

冬瓜鸡杂猪肝汤 ——补血润肺，消除孕期水肿

口味类型	操作时间	难易程度
鲜香	80分钟	★★★

主料

鸡杂 2 副，猪肝 80 克，冬瓜 480 克。

辅料

姜、花生油、盐各适量。

制作步骤

① 鸡肠剪开洗净，用盐搓过再洗净，反复清洗消毒除臭，切段；鸡肝去筋切粒。

② 鸡肫剖开，去黄色胃膜，洗净。鸡杂全部放碗内，加调味料、姜丝拌匀稍腌。

③ 猪肝洗净，切片备用；冬瓜洗净，切小块备用。开火上锅，下油烧滚。

④ 锅中加盐，加冬瓜及清水煲半小时，加鸡杂、猪肝迅速搅散，煮沸后加盐调味。

煲汤小贴士

鸡杂本身带有一定的腥味，容易影响煲汤的效果。去除腥味也是有技巧的，先用盐洗过一遍后，再用盐和葱丝腌30分钟再洗，然后用辣椒和生抽放热锅内略炒，煲汤时就能够有效清除其腥味。

滋补功能

这道鲜香可口的汤中富含丰富的锌、维生素A等营养成分，可以发挥补血益气、养肾安神的良好功效，孕妇经常适量食用，可以起到补血润肺的食疗效果，同时这道汤还能够帮助孕妇调养身体，消除孕期水肿。

产妇滋补汤

章鱼红枣排骨汤 ——养血肌肤，缓解产妇缺乳

口味类型	操作时间	难易程度
咸鲜	90分钟	★★

|主料|

排骨 500 克，红枣 8 颗，章鱼干 30 克。

|辅料|

莲藕 200 克，绿豆 30 克，酱油 3 克，盐适量。

|制作步骤|

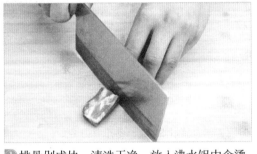

① 排骨剁成块，清洗干净，放入沸水锅中汆烫，捞出沥水静置备用。

② 莲藕洗净，切成片备用；章鱼干用清水泡透；绿豆浸泡 30 分钟备用。

③ 将准备好的排骨、章鱼干、绿豆分别放入清水锅中，用大火煮沸。

④ 放入藕片、红枣，转中小火炖煮 1 小时，调入酱油，再加盐调味即可。

煲汤小贴士

做汤时在排骨的选料上有一定的讲究。在购买时，要选肥瘦相间的排骨，而不是选全部是瘦肉的排骨，不然的话用来做汤的排骨中没有够量的油分，做出来的汤不够鲜美，而且排骨也会比较柴，会影响口感。

滋补功能

排骨具有滋阴润燥的功效；红枣可以补气养血；章鱼干则具有补虚生乳的功效。三者互相搭配熬成的汤能够补脾益气、养血安神，同时还可以健美丰肌。产妇适量食用此汤，能够有效帮助自己养血肌肤，滋补身体，缓解产后缺乳的现象。

章鱼猪蹄花生莲藕汤 ——补血益气，补虚润肤

┃主料┃

莲藕 1000 克，猪蹄 650 克，章鱼 150 克，花生 250 克。

┃辅料┃

生姜 20 克，盐 10 克，胡椒粉 6 克。

┃制作步骤┃

① 莲藕去外皮，清洗干净，切成厚薄均匀的小片；章鱼洗净，切成块备用。

② 猪蹄去杂毛处理干净，清洗好后剁成块，放入沸水锅中汆烫，捞出备用。

③ 将备好的猪蹄、章鱼、莲藕、花生、生姜放入锅中，加适量水，烧开。

④ 转为中小火继续炖煮 1 小时左右，加入适量盐、胡椒粉调味即可。

口味类型	操作时间	难易程度
清香	90分钟	★★

煲汤小贴士

做鲜藕时不要用生铁锅，否则鲜藕容易变色，失去白嫩的色泽，影响口感不说，还影响藕的营养价值。藕去皮后，暴露在空气中容易变色，可以将其在淡醋水中浸泡 5 分钟后捞起，即可保持其玉白水嫩。

滋补功能

这款清香鲜美的汤中含有丰富的胶原蛋白等营养成分，可以有效滋养肌肤。产妇时常适量食用，能够有效补血益气、补虚润肤、缓解产后面色暗沉等情况，进而还能够达到滋润皮肤、润肤美白的神奇效果。

豌豆陈皮红枣汤 ——益中平气，催乳汁

口味类型	操作时间	难易程度
甜润	120分钟	★★

主料

豌豆 200 克，陈皮 15 克，红枣 10 颗。

辅料

冰糖适量。

制作步骤

① 把豌豆挑拣好后，清洗干净，用清水浸泡 1 小时左右，捞出沥水备用。

② 将红枣在碗里的清水当中泡发后，去掉核，然后用清水冲洗干净，备用。

③ 开火上锅，加适量清水，将准备好的豌豆以及陈皮放入清水锅中，煮沸。

④ 放入红枣，转为中小火继续炖煮 40 分钟，加入适量冰糖，溶化即可。

煲汤小贴士

豌豆粒吃太多的话，容易发生腹胀的现象，所以不适合长期大量食用。此外，豌豆在做菜做汤的时候，十分适合与富含氨基酸的食物一起搭配进行烹调，这样可以有效地提高豌豆的营养价值，使其养生价值最大限度得到发挥。

滋补功能

豌豆具有补中益气的功效，陈皮能够健脾和胃；红枣可以养血安神。三者搭配熬成的汤可以缓解产后乳汁不通的现象。产妇适当食用，可以帮助自己催乳利肠，增强机体的免疫功能，同时还能够增强产妇的身体抵抗力。

木瓜花生猪蹄汤 ——补血催乳，润肤美容

口味类型	操作时间	难易程度
鲜香	90分钟	★★

|主料|

猪蹄 1 个，木瓜 250 克，花生 100 克。

|辅料|

姜片 5 片，盐适量。

|制作步骤|

① 猪蹄清洗干净去掉杂毛，切块，放入沸水锅中氽烫，捞出沥水备用。

② 将木瓜的外皮削干净，清洗干净杂质，去掉里面的小黑籽，切成小块备用。

③ 将准备好的猪蹄、木瓜、姜片放入锅中，加入适量清水，用大火煮沸。

④ 转为中小火继续炖煮 1 小时左右，直到猪蹄软烂，最后加适量盐调味即可。

煲汤小贴士

在这道汤中，有种食材比较特殊，那就是木瓜。木瓜不适合放在冰箱中冷藏太久，如果存放的时间太长的话，就会出现长斑点或者是变黑的现象。所以说木瓜最适宜及时购买及时食用，最好不要进行冷藏保鲜。

滋补功能

猪蹄中的胶原蛋白可以起到增乳的作用；木瓜具有通乳抗癌的功效；花生可以醒脾开胃。三者共同熬成的汤可以增补气血，达到通乳的效果。此外，此汤还能够缓解产妇虚脱的现象，并且可以帮助饮用者恢复肌肤弹性。

豆豉猪肝汤 ——补血养胃，防止产后乳汁不出

口味类型	操作时间	难易程度
咸鲜	50分钟	★★

┃主料┃

猪肝100克，豆豉20克。

┃辅料┃

姜丝5克，生粉10克，盐适量。

┃制作步骤┃

❶将猪肝上的白色筋膜去除干净后，用清水清洗干净，切成片备用。

❷在切好的猪肝中加入适量盐、姜丝、生粉，充分调拌均匀备用。

❸开火上锅，将适量清水倒入锅中，煮沸后放入备好的猪肝、豆豉炖煮。

❹等到锅中的猪肝煮熟后，加入少量盐给汤进行调味，即可出锅。

煲汤小贴士

豆豉不只是一种做菜做汤的配料，同时它也是一味中药。像风寒感冒、怕冷发热、寒热头痛、鼻塞喷嚏等症状，都能用豆豉来帮忙缓解和辅助治疗。在日常生活中，我们可以经常用豆豉作为调味，提升菜肴的味道，增加其营养价值。

滋补功能

猪肝和豆豉都具有很好的补血功效，二者一起熬煮成的美味汤能够起到补血养胃的良好功效。产妇日常饮用该汤，能够很好地补充身体中所需的气血，可以有效地帮助自己防止产后乳汁不出等症状，并且还能润洁肌肤。

猪蹄筋黄豆汤 ——补血通乳，清热利尿

┃主料┃

猪蹄筋 1 个，黄豆 200 克。

┃辅料┃

香油、盐各适量。

┃制作步骤┃

① 黄豆挑选好，洗净，然后放在碗中，用清水浸泡 3 小时备用。

② 猪蹄筋清洗干净后，在水中充分浸泡半小时，然后切小份备用。

③ 砂锅上火，将适量清水倒入砂锅中，煮沸后，放入备好的猪蹄筋和黄豆。

④ 炖煮至猪蹄筋、黄豆熟烂之后，加入适量香油、盐进行调味即可。

口味类型	操作时间	难易程度
鲜香	250分钟	★ ★

 煲汤小贴士

猪蹄筋最好趁新鲜的时候制作成菜，如果暂时不用或者用不完的话，可以用保鲜膜包裹好，放入冰箱的冷藏室内，可以保存两天不变质。如果需要长期保存猪蹄筋的话，则要放入冰箱的冷冻室当中进行冷冻保存。

滋补功能

猪蹄筋能够补血通乳；黄豆可以滋阴润燥、养颜护肤；二者一起熬成的汤具有良好的补血通乳、清热利尿等功效，可以有效帮助产妇缓解因气血不足而引起的乳房平坦不丰、产后乳汁不足等状况。

牛奶麦片 ——润肺通便，防止产后便秘

┃主料┃

燕麦片50克，牛奶250克。

┃辅料┃

白糖20克，黄油10克。

┃制作步骤┃

❶燕麦片清洗干净后，沥去多余的水分，放在小碗中备用。

❷开火上锅，将适量清水倒入锅中，开大火煮开后，放入备好的燕麦。

❸锅中煮开后，放入适量黄油，一边搅拌一边等待再次煮沸。

❹煮沸后，加入牛奶以及适量白糖，加热再煮沸，并适当搅拌即可出锅。

口味类型	操作时间	难易程度
甜润	40分钟	★

煲汤小贴士

在购买燕麦的时候，要注意查看产品的蛋白质含量。如果蛋白质含量在8%以下，那么就说明其中燕麦片的比例过低，不适合做为早餐中的唯一食品，必须配合牛奶、豆制品等蛋白质丰富的食品一起作为早餐食用。

滋补功能

牛奶具有安神的效果；燕麦片则具有固表止汗、润肠通便的效果。二者共同熬成的汤口感甜润，不但可以安神，还可以润肺通便，有效防止产后便秘。富含钙质和高蛋白的牛奶和麦片，还可以丰胸，非常适合产妇食用。

胡萝卜红枣炖猪蹄 ——延缓衰老，通乳丰胸

|主料|

猪蹄 750 克，胡萝卜 100 克，红枣 10 颗。

|辅料|

料酒 10 克，味精 2 克，胡椒粉 3 克，盐适量。

|制作步骤|

① 猪蹄用小刀将残毛刮干净，切块清洗干净；胡萝卜切成小块备用。

② 猪蹄放入沸水锅中汆烫，捞出沥水，剁成块；红枣泡发，清洗干净备用。

③ 把备好的猪蹄、红枣放入沸水锅中，转小火炖至八成熟时，放入胡萝卜继续炖煮。

④ 直到猪蹄软烂，汤变浓时，放入适量盐、味精、料酒和胡椒粉调味即可。

口味类型	操作时间	难易程度
鲜香	90分钟	★★

煲汤小贴士

虽然说胡萝卜中含有大量的营养元素，营养非常丰富，但是却不宜一次性食用过多，也不适合顿顿都大量食用，因为大量摄入胡萝卜素会令皮肤的色素产生变化，变成橙黄色。对于孕妇和产妇都需要引起一定注意。

滋补功能

猪蹄具有滋养肌肤的良好效果；胡萝卜可以补肝明目；红枣则能很好地滋补气血。三者共同熬成的汤可以帮助产妇通乳、丰胸，并能有效延缓衰老。产妇定期适量食用能够滋补身体、强身健体，并可恢复肌肤的弹性。

黄芪桂圆红枣鸡蛋汤 ——活血润肤，改善产后气色

口味类型	操作时间	难易程度
甜润	150分钟	★★

▌主料▐

干桂圆 100 克，红枣 15 颗，鸡蛋 1 个，黄芪 100 克。

▌辅料▐

冰糖 15 克。

▌制作步骤▐

❶ 干桂圆去掉壳去掉核，果肉浸泡在清水中备用；红枣去核，清洗干净。

❷ 将鸡蛋外壳清洗干净后，放入小煮锅中煮熟后捞出，放凉后剥去蛋壳，备用。

❸ 锅中加水，大火煮开后放入剥好的桂圆肉、红枣和黄芪，20 分钟后转小火炖煮 90 分钟。

❹ 关火前，加入适量冰糖和去壳的煮鸡蛋，充分搅拌待冰糖完全溶化即可。

🌸煲汤小贴士

很多汤饮中都提到了去掉枣核这个步骤，去核也是有技巧的。红枣去核时，将红枣放在隔水垫子上，将枣对准孔隙，再用筷子从红枣的枣蒂处垂直下压，直到透过隔水垫子的孔隙处，既能顺利去掉枣核。

滋补功能

这道甜润美味的汤不仅口感极佳，功效更是十分显著。汤中含有多种营养食材具有活血润肤、补气益血的效果。经常食用能够有效改善面部皮肤的粗糙、暗沉等现象。产妇食用，可以帮助补充面部血色，从而提亮肤色。

红枣益母草瘦肉汤 ——活血化瘀，缓解产后腹痛

口味类型	操作时间	难易程度
咸鲜	150分钟	★★

┃主料┃

红枣6粒，瘦肉200克，益母草75克，枸杞8颗。

┃辅料┃

生姜、盐各适量。

┃制作步骤┃

①瘦肉洗净，切为肉片，放入开水中余烫一下，去除异味，备用。

②生姜清洗干净后，去掉外皮，切片备用；红枣泡发清洗干净，去核备用。

③益母草、枸杞分别挑拣干净后，用清水清洗干净，然后同时放入锅中。

④红枣、瘦肉放入锅内，加水大火煮滚后，改用文火煮2小时，加盐调味即可。

┃煲汤小贴士┃

益母草是治疗妇女月经不调、胎漏难产、产后血晕的佳品，还能够利尿消肿，其营养价值非常的高。日常生活中女性可以经常适量食用益母草。但是，阴虚血少、月经过多、寒滑泻利者还有孕妇则不可以食用此物。

滋补功能

益母草具有活血调经的作用，与红枣、枸杞、瘦肉搭配熬成的汤具有活血化瘀、补血益气的良好效果。产妇往往失血较多，比较虚弱，还有一些体质本就比较虚弱的产妇适量食用该汤，可以缓解产后腹痛的症状，补充身体中所需的营养成分。

黄芪党参花生牛展汤 ——产后调补，暖身御寒

|主料|

黄芪、党参各 20 克，枸杞 10 克，红皮花生仁 100 克，牛展 500 克。

|辅料|

料酒、盐各适量。

|制作步骤|

① 牛展用水洗净，切成大块，放入沸水中，加料酒汆煮 5 分钟，去除血水，冲洗干净。

② 黄芪、党参以及枸杞分别用冷水冲去表面的尘土，静置一边备用。

③ 锅中注入适量清水，大火烧沸，加入黄芪、党参、花生、牛展，烧沸后转小火煲 2 小时。

④ 接着放入清洗好的枸杞，继续煲 30 分钟，食用前加适量盐调味即可。

口味类型	操作时间	难易程度
咸鲜	180分钟	★★

 煲汤小贴士

这里需要提醒的一点就是，花生米的红衣具有很好的补血效果，但是，将花生米炒熟后，其红皮外衣的补血效果就会被减弱。所以，在食用花生米时，最好不要将红衣剥掉，并且尽量少食用油炸的花生米，煮汤煲粥最合适。

滋补功能

这道美味的汤口味咸鲜，其中含有多种营养食材，具有补血暖身、强身健体的效果。产妇将其安排进自己平日的三餐当中，适量食用可以帮助自己调理身体，补充身体中所需的营养成分，防止产后过度虚弱所引起的诸多症状。

奶汤锅子鱼 ——利水消肿，清热通乳

口味类型	操作时间	难易程度
鲜香	90分钟	★★

┃主料┃

鲤鱼1条，冬笋15克，干香菇5朵，火腿10克，奶白色高汤1500克。

┃辅料┃

料酒、葱段、姜片、姜末、白胡椒粉、香菜末、盐、醋、植物油各适量。

┃制作步骤┃

① 冬笋、香菇洗净，切片；火腿切片；姜末、香醋放入小碗中，搅匀成姜醋汁。

② 鲤鱼宰杀，治净，去鱼头，沿脊骨劈成两片，将鱼片斜刀切成块状。

③ 油锅烧热，放入鱼块和鱼头煎至金黄色，加料酒、葱段、姜片、奶汤，大火烧开。

④ 加入香菇、火腿、冬笋，调入适量盐，大火炖5分钟，吃前加入白胡椒粉及香菜末即可。

 煲汤小贴士

在制作奶白色的高汤时，具体的步骤是：先要将打理过的老鸡、鸭子、猪棒骨、猪皮以及鸡爪在沸水当中进行余烫，倒掉水，然后加入足够量的凉水，中小火煲制3小时左右，一直到汤色呈现出奶白色，即可停火。

滋补功能

该汤中富含优质蛋白、钙等营养元素，具有滋补健胃、利水消肿、通乳、清热解毒的神奇功效。对各种水肿、浮肿、腹胀、乳汁不通等症状皆有辅助治疗作用。

芎芷木耳鲢鱼头汤 ——祛风散寒，活血止痛

口味类型	操作时间	难易程度
鲜香	90分钟	★★

▌主料▌

川芎5克，白芷6克，鲢鱼头1个，黑木耳10克。

▌辅料▌

葱、姜、盐、料酒、胡椒粉各适量。

▌制作步骤▌

❶黑木耳用清水泡发后，充分冲洗干净，然后撕成小朵，静置备用。

❷鲢鱼头处理干净后，入沸水锅中汆烫片刻，捞出清水冲洗后备用。

❸锅内放入适量清水，加入备好的川芎、白芷、料酒、葱、鱼头，用大火烧开。

❹放入黑木耳，改用中小火继续炖1小时左右，用适量的盐调味即成。

🍲煲汤小贴士

黑木耳不仅是烹调的原料，而且还具有很好的药用价值，适合大多数人长期食用，能够有效消除肠胃中的杂物，具有润肺和清涤的作用。不过，体质虚弱的人群，以及产妇等，需要控制食用量，不可贪多。

滋补功能

鲢鱼具有温中益气的功效；黑木耳能够补血。二者和川芎、白芷搭配熬成的汤不仅鲜香美味，还可以达到滋补气血的作用。产妇在三餐中适量食用，可以帮助机体祛风散寒，同时还可以美容肌肤，令肌肤红润有光泽。

川芎萝卜蛤蜊土豆汤 ——活血养血，软坚散结

┃主料┃

川芎10克，蛤蜊100克，胡萝卜150克，土豆200克。

┃辅料┃

葱姜汁、盐、植物油、料酒各适量。

┃制作步骤┃

❶川芎清洗干净后，在锅中用水煎煮后，去渣取汁，盛入碗中静置备用。

❷胡萝卜、土豆分别清洗干净后，切成小块备用；蛤蜊肉用淡盐水洗净备用。

❸起油锅，油烧至八成热，放入胡萝卜、土豆块略煸炒；加入川芎药汁及适量清水。

❹煮至将熟时，放入蛤蜊肉，并加料酒、葱姜汁、盐调味，大火煮沸即可。

口味类型	操作时间	难易程度
鲜香	90分钟	★★

┃煲汤小贴士┃

选购蛤蜊时可拿起来轻敲，若听到的是"砰砰"声，则蛤蜊是死的；相反若为"咯咯"较清脆的声音，则蛤蜊是活的。在保存蛤蜊时，首先要将其放在盘子中，放点水让蛤蜊吐泥，等它吐完泥后，再放在冰箱中保鲜，需尽快食用。

滋补功能

这款汤中含有丰富的维生素、钙、锌等营养成分，具有一定的活血养血功效。平日的三餐当中经常适量食用，可以达到补血的目的。非常适合产妇食用，以补充其身体中所缺失的营养。

更年期调理汤

栀子豆豉甜汤 ——消除烦躁，防止胸闷

口味类型	操作时间	难易程度
甜润	50分钟	★

▌主料▌

豆豉 100 克，栀子 30 克，山楂 20 克。

▌辅料▌

白糖适量。

▌制作步骤▌

❶将挑选好的豆豉反复清洗干净后，沥去水分，放在小碗中备用。

❷山楂在水中充分浸泡，去蒂后清洗干净，去掉核，沥干水分备用。

❸开火上锅，在锅中加入适量清水烧开，放入备好的山楂、豆豉，煮熟。

❹接着放入栀子，继续煎煮15分钟左右，然后加入适量白糖拌匀即可。

🍲煲汤小贴士

　　豆豉不仅是调味品，而且还有医疗作用，如伤风感冒时，可将豆豉与姜、葱同煮，趁热服下，出汗即愈。豆豉当中含有大量的营养素，可以有效改善胃肠道菌群，常吃豆豉还可帮助消化、降低血压、预防疾病、延缓衰老及增强肝脏解毒的能力。

滋补功能

　　豆豉能够有效地增加人的食欲，并且还可以促进吸收；栀子可以泻火除烦；山楂能够调理中气。三者互相搭配熬成的汤具有除烦润燥的良好功效。更年期女性心情烦躁，食用此汤可以缓解烦躁、胸闷等的现象，以调理更年期的不适。

二仙烧羊肉汤 ——温补肾阳，健脾益气

| 主料 |

羊肉 250 克，仙茅 15 克，仙灵脾 15 克。

| 辅料 |

生姜 15 克，味精 2 克，盐适量。

| 制作步骤 |

❶ 羊肉清洗干净，切为小块，在沸水中略微氽煮一下，去去腥味，备用。

❷ 将仙茅、仙灵脾清洗干净，生姜洗净切片，一同放入纱布袋中，包好。

❸ 把备好的羊肉放入锅中，倒入适量清水，然后放入纱布袋开大火煮沸。

❹ 煮沸后转为中小火继续煮 30 分钟，加入适量味精、盐进行调味即可。

口味类型	操作时间	难易程度
咸鲜	80分钟	★★

🥄 煲汤小贴士

　　在煲煮此汤饮时，有一个步骤是不可以省略的，那就是纱布袋。纱布袋也是必不可少的道具之一，将仙茅、仙灵脾、生姜一起放入纱布袋中，再放入锅中熬汤，可以方便我们饮用汤汁，无需在做好汤后再过滤掉残渣。

滋补功能

　　羊肉能够温补脾胃；仙茅可以祛寒除湿；仙灵脾能够补肾壮阳。三者同熬成的汤可以达到温补肾阳、健脾益气的效果。能使女性顺气补血，尤其是更年期的女性经常适量食用，可以调理其身体的不适。

鸽肉百合银耳汤 ——滋阴降火，宁心安神

口味类型	操作时间	难易程度
鲜香	90分钟	★★

|主料|

鸽肉 300 克，百合、莲子各 15 克，水发银耳 60 克。

|辅料|

香油、精盐各适量。

|制作步骤|

❶鸽肉去除杂质，反复清洗干净，剁成小块，在沸水中氽煮片刻，捞出备用。

❷银耳在清水中充分泡发，反复清洗干净后，去掉黄色部分，撕成小朵，备用。

❸将准备好的鸽肉、百合、莲子以及银耳放入锅中，加入适量水。

❹煮沸后转为小火继续炖煮1小时，加入适量香油、盐进行调味即可。

煲汤小贴士

在这款汤当中有一个宝，那就是乳鸽。乳鸽的骨内含有丰富的软骨素，可与鹿茸中的软骨素相媲美，如果经常食用具有改善皮肤细胞活力，增强皮肤弹性的功效，同时还能够有效改善血液循环，达到面色红润的效果。

滋补功能

这道汤中的食材均有良好的补益效果，鲜香美味的同时还可以达到温补气血的功效。此外，这道鸽肉百合银耳汤也具有滋阴润肺、宁心安神的功效。更年期女性常饮该汤，可以达到滋阴降火、润心除燥的效果。

小麦夜交藤黑豆汤 ——滋养心肾，安神助眠

口味类型	操作时间	难易程度
甜香	90分钟	★★

┃主料┃

小麦 60 克，黑豆 30 克，夜交藤 15 克。

┃辅料┃

白糖适量。

┃制作步骤┃

① 小麦挑拣干净，用清水淘洗干净，沥水备用；夜交藤洗净，沥干。

② 黑豆挑选好后，用清水淘洗干净，放入清水中浸泡 30 分钟左右，备用。

③ 开火上锅，锅中倒入适量水，放入备好的小麦、黑豆、夜交藤，用大火烧沸。

④ 转小火继续熬煮，最后捞起夜交藤，放入适量白糖，搅拌均匀即可。

煲汤小贴士

夜交藤是一味中药，它可以治失眠症、劳伤、血虚身痛、多汗、痈疽、瘰疬、风疮疥癣等症。此中药不仅可以养血安神，还具有止痒的功效。将夜交藤煎汤，用其汤水外洗皮肤瘙痒处，就能够有效止痒。

滋补功能

小麦具有养心、益肾的功效；黑豆能够增补气血；夜交藤可以养心安神。三者一起熬成的汤具有滋养心肾、安神的功效，适用于心肾不交之失眠、心烦等症。更年期女性时常适量食用，可以消解心悸烦闷等症状。

山药柏子仁猪心汤 ——滋补气血，养心安神

口味类型	操作时间	难易程度
鲜香	80分钟	★

┃主料┃

猪心 1 个，山药 50 克，柏子仁 10 克，大枣 5 枚。

┃辅料┃

姜 5 克，葱 10 克，绍酒 10 克，盐 3 克，鸡汤 1500 毫升。

┃制作步骤┃

① 猪心洗净，放入沸水锅中氽烫，捞出切片，加绍酒、姜、葱、盐稍腌。

② 山药削去外皮，清洗干净，切成小块备用；姜拍松；葱切成葱花备用。

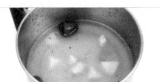

③ 鸡汤倒入锅中，烧沸，放入柏子仁、大枣、山药块，中小火煮 30 分钟。

④ 放入准备好的猪心，继续煮 15 分钟左右，撒入葱花，加适量盐进行调味即可。

🍲煲汤小贴士

处在更年期的女性十分容易烦躁，在日常生活的调理当中除了食用汤饮等膳食之外，还需要注意保持身心的愉悦，这样汤饮等膳食才能够充分发挥出其良好的养生治病效果。

滋补功能

这道鲜香美味的汤中含有丰富的蛋白质、钙、磷、铁等营养成分，能够补充身体中的气血，具有滋补气血、养心安神的功效。同时还能够补气养肾，增强抵抗力，更年期的女性食用可以滋补气血，调养身心。

双菜木耳肉片汤 ——凉血止血，清热润燥

|主料|

干黄花菜100克，肉片200克，木耳35克，油菜20克。

|辅料|

盐适量。

|制作步骤|

①黄花菜挑选好，去掉硬梗，用清水泡软，洗净后打结，备用。

②木耳反复清洗干净，撕成小朵备用；油菜清洗干净，切为小段备用。

③开火上锅，加适量清水煮沸，将准备好的黄花菜、肉片以及木耳放入锅中。

④等到肉片快煮熟的时候，放入油菜略煮片刻，加适量盐进行调味即可。

口味类型	操作时间	难易程度
咸鲜	60分钟	★★

煲汤小贴士

　　油菜含有多种营养元素，维生素含量也非常高，适合经常食用。油菜的食用方法比较多，可以炒、烧、炝、扒，油菜心还可以做配料来做其他美食，比如"蘑菇油菜"、"扒菜心"、"海米油菜"等。

滋补功能

　　黄花菜具有健脑、抗衰老的作用；木耳能够滋补气血；油菜则可以宽肠通便。三者搭配熬成的汤具有清热利尿、止血解烦、养血平肝的神奇功效。更年期女性经常适量食用，能够调理身体的多种不适症状，有效减少胸闷烦躁的现象。

三黄鸡元蘑豆腐汤 ——舒筋活络，强筋壮骨

口味类型	操作时间	难易程度
鲜香	90分钟	★★

煲汤小贴士

熬此汤时有一个诀窍，能够让汤最大程度上达到美味的效果，那就是先将食材放入锅中充分地翻炒，这样可以有效增加汤的香味，不过值得注意的是，在翻炒食材时不要放过多的油，否则汤会变得油腻，影响口感。

▌主料▌

三黄鸡半只，干元蘑120克，豆腐100克。

▌辅料▌

葱姜、盐、料酒、生抽、白糖、五香粉各适量。

▌制作步骤▌

❶三黄鸡治净，剁小块，用加了姜、料酒的水汆烫，捞出控水备用。

❷姜切片；葱切段；干元蘑用温水泡胀，摘洗干净后撕成小块，控干水分。

❸葱块、姜片爆香，下入鸡块中火翻炒，加生抽、料酒、白糖、五香粉炒匀，加入元蘑中火翻炒。

❹锅内加入适量开水，烧开后改中小火炖40分钟左右，加盐调味即可。

滋补功能

三黄鸡能够有效调补身体，强身健体；豆腐可以滋润肌肤；干元蘑能够调中补气。三者搭配煮成的汤鲜香可口，具有舒筋活络、强筋健骨的功效。更年期的女性时常饮用此汤，可以帮助自己舒缓身心，调理身体的多种不适症状。

蜜汁排骨炖腐竹 ——生津润肠，补充骨胶原

口味类型	操作时间	难易程度
鲜香	80分钟	★★

▌主料▐

猪小排 300 克，腐竹 100 克，海带 1 根。

▌辅料▐

料酒、葱、姜、蒜、八角、香叶、冰糖、生抽、盐各适量。

▌制作步骤▐

❶腐竹用温水泡透后，斜切为小段备用；海带洗净，切任意块备用。

❷猪小排用加了姜片、料酒的水汆烫过，捞出后入三四成热的油锅，加冰糖熬煎成金红色。

❸加葱、姜、蒜、八角、香叶、料酒、生抽翻炒出水气后，加入适量开水。

❹下入腐竹、海带，大火烧开后改中小火慢炖30分钟左右，加盐调味。

煲汤小贴士

在这款汤中，海带可以说是很适合爱美女性食用的食材之一。这是因为海带可以有效地抑制身体对脂肪的吸收，同时还能够促进脂肪的分解，阻止动脉硬化的过氧化质产生。

滋补功能

排骨具有滋阴润燥的功效，还能够益精补血；腐竹能够清热润肺；海带可以利尿消肿。三者相配熬成的汤，可以生津润肠，改善肌肤粗糙的情况，并且还能够缓解更年期气血不足、身体乏力等不适之症，非常适合更年期女性食用。

玄地乌鸡汤 ——养阴补气，防治更年期肾虚

| 主料 |

玄参 9 克，生地 15 克，乌骨鸡 1 只。

| 辅料 |

葱、姜、盐、鸡精各适量。

| 制作步骤 |

① 先将葱清洗干净，切为 1 厘米左右的小段备用；姜清洗干净，切为薄片备用。

② 将玄参和生地分别在清水中浸泡片刻，然后用清水冲洗干净，置晾一边备用。

③ 乌骨鸡宰杀后，除尽毛，去除内脏，清洗干净；将玄参、生地置鸡腹中缝牢。

④ 锅中加适量的清水，加入乌鸡、葱段和姜片，用文火炖熟 3 小时，加盐、鸡精调味即可。

口味类型	操作时间	难易程度
鲜香	220分钟	★★

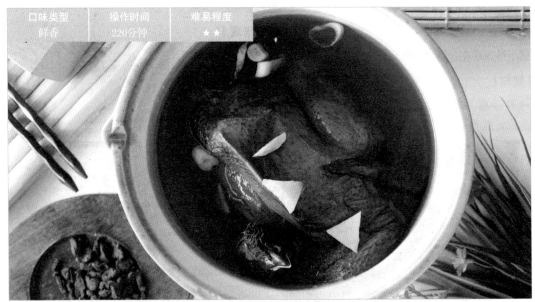

煲汤小贴士

在炖汤的时候，将玄参、生地全部放入鸡腹当中可以使二者的药效在炖汤的过程中充分地渗入到鸡肉当中去。同时，还能够防止玄参以及生地散落在汤汁中，给食用带来一些不方便，算得上是一举两得。

滋补功能

这款鲜香美味的汤是一款药膳汤。此药膳汤具有滋阴补肾、调理经血的功能。大多数女性在更年期的时候，非常容易出现肾虚等状况，食用此汤可以防治更年期的此种情况，并且可以使面部红润有光，减少皱纹。

五味滑鸡煲 ——补益气血，改善更年期综合征

口味类型	操作时间	难易程度
鲜香	90分钟	★★

┃主料┃

五味子 10 克，鸡肉 200 克，西芹 150 克，蘑菇 30 克。

┃辅料┃

葱、姜、料酒、盐、大蒜、植物油各适量。

┃制作步骤┃

❶五味子洗净，去杂质；姜洗净，切片；葱洗净，切段；大蒜去皮，洗净，切碎。

❷鸡肉洗净，切块；西芹洗净，切段；蘑菇发透，去蒂根，撕成瓣状。

❸开火上炒锅，烧热后加入适量植物油，油六成热时，下入姜、葱、蒜爆香。

❹加入鸡肉滑透后倒入汤锅，再加入西芹、蘑菇、五味子、盐和清水，用文火烫 35 分钟即成。

煲汤小贴士

五味子含有大量的有机酸、类黄酮、维生素、植物固醇，还有强效复原作用的木酚素等物质。五味子补肾宁心的效果非常好，也可将蜂花粉磨细成粉末，用时按量以温开水或与蜂蜜水一起冲服，可以达到很好的养身效果。

滋补功能

鸡肉具有温中补气的效果；西芹能够镇静安神；蘑菇则可以通便排毒；三者和五味子同煮成的汤鲜香美味，具有温中补脾、益气养血的效果。此汤十分适合更年期女性食用，定期食用能够有效改善更年期综合症。

白果菊梨淡奶汤 ——润容洁肤，防治老人斑

口味类型	操作时间	难易程度
甜润	40分钟	★★

▌主料▌

白果50克，白菊花4朵，雪梨4个。

▌辅料▌

蜂蜜适量，鲜奶适量。

▌制作步骤▌

①白果去壳，用滚水烫去外衣，去掉心；白菊花洗净，摘取花瓣备用。

②雪梨清洗干净，削去外皮后，用淡盐水微泡后，取梨肉，切小块备用。

③把准备好的白果以及雪梨肉放入滚水锅中，用文火煲至白果熟透。

④加菊花瓣、淡牛奶煲滚，熄火稍降温，加蜂蜜调成甜汤，即可饮用。

煲汤小贴士

在用牛奶煲汤的时候需要注意一点，牛奶容易熟，所以不用过早倒入锅中，以免长时间的煲煮破坏牛奶中的营养成分。此外，菊花瓣较嫩，也不宜过早放入锅中，所以菊花瓣和牛奶要在最后放入锅中，略煮即可。

滋补功能

此汤中含有丰富的蛋白质、维生素等营养元素，可以有效润洁肌肤，同时还具有防止色的产生功效。女性在更年期时期因为黑色素的凝结，容易长出老年斑，因此经常饮用此汤可以在一定程度上防止暗斑的生成。

田七牛膝木瓜猪蹄汤 ——补气养血，防治关节炎

|主料|

田七、怀牛膝、木瓜、续断、当归各 10 克，砂仁 4 克，猪蹄 2 个。

|辅料|

料酒、葱花、姜末、精盐、味精、五香粉各适量。

|制作步骤|

①猪蹄将残毛去除干净，然后用清水冲洗干净，剁成几大块，备用。

②田七、怀牛膝、木瓜、续断、当归分别拣杂、洗净，晾干后切碎，同放入纱布袋中，扎好口。

③纱布袋与猪蹄同放入锅中，加水适量，大火煮沸，烹入料酒，改用小火煮 1 小时。

④取出药袋，放入洗净的砂仁，加葱花、姜末，继续用小火煮至猪蹄爪酥烂，调味即可。

口味类型	操作时间	难易程度
鲜香	90分钟	★★

煲汤小贴士

在购买猪蹄时掌握挑选技巧，能够帮助我们买到最优质的猪蹄。在挑选时，最好挑选有筋的猪蹄，这是因为有筋的猪蹄不但吃起来好吃，而且其中含有丰富的胶原蛋白，营养丰富，能美容养颜，只是价格比无筋的稍微贵。

滋补功能

这款汤中含有多种中药成分，具有良好的补气养血、宁心安神的功效，同时还能够有效防治关节炎。更年期的女性如果能够长期、定期适量食用这款汤饮的话，还能够有效促进血液循环。

鲍鱼竹笋豌豆苗汤 ——滋阴润燥，防治高血压

口味类型	操作时间	难易程度
鲜香	60分钟	★★

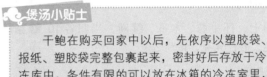

煲汤小贴士

干鲍在购买回家中以后，先依序以塑胶袋、报纸、塑胶袋完整包裹起来，密封好后存放于冷冻库中，条件有限的可以放在冰箱的冷冻室里，或者安置于凉快的地方，只要不受潮，大约可以存放半年到一年之久。

主料

鲍鱼50克，竹笋15克，豌豆苗60克。

辅料

料酒、精盐、味精、胡椒粉、高汤各适量。

制作步骤

❶ 竹笋用温水泡软，洗净切片，放入沸水锅内稍烫，捞入汤碗中备用。

❷ 鲍鱼清洗干净后，将肉放于案板上切成薄片；豌豆苗清洗干净，静置备用。

❸ 锅内放入高汤烧开，放入鲍鱼片汆烫一下，捞至放竹笋的汤碗中。

❹ 将汤撇去浮沫，加入料酒、精盐、味精、胡椒粉调好味，倒入放竹笋的汤碗中即可。

滋补功能

鲍鱼具有调经润肠的作用；竹笋可以帮助我们开胃健脾；豌豆苗则有助于食物的消化。三者搭配熬成的这道美味汤具有滋阴润燥、平肝养胃的功效，还可以降低血压，所以更年期的女性食用此汤饮能防止血压的升高。

人参甲鱼滋阴汤 ——滋阴补血，防治肾虚

口味类型	操作时间	难易程度
鲜香	100分钟	★★

主料

甲鱼1只，人参1根，红枣5颗。

辅料

盐、胡椒粉、白糖、鸡精、料酒、葱段、姜各适量。

制作步骤

① 甲鱼宰杀后，烫皮开壳，取出内脏，清洗干净后剁块，氽水后捞出冲凉。

② 姜清洗干净后，拍破备用；红枣清洗干净，在碗中放清水，将红枣泡透备用。

③ 炒锅上火，放入甲鱼块炒干水气，加水大火烧开，去除浮沫，入葱、姜、料酒、人参。

④ 汤入砂锅中小火煲50分钟，调入白糖、盐、鸡精、胡椒粉，放入红枣继续煲10分钟即可。

煲汤小贴士

甲鱼性味甘平，归属于肝经和脾经，有清热、散结、养阴、凉血、补肾等多重功效，甲鱼的周身均可食用，特别是甲鱼四周下垂的柔软部分，称为"鳖裙"，其味道鲜美无比，是甲鱼最鲜、最嫩、最好吃的部分。

滋补功能

甲鱼可以补阴血；人参能够补脾益肺、安神益智；而红枣则可以补五脏、疗虚损。三者相搭配熬成的汤能够很好地滋阴补血，同时还能够防治肾虚。更年期的女性经常适量食用可以调节肾虚的状况，调节肌肤情况。

甜椒香菇鸡肉豆腐汤 ——分泌雌激素，防治更年期综合症

口味类型	操作时间	难易程度
鲜香	60分钟	★★

|主料|

鸡肉 100 克，红甜椒 1 个，油菜 200 克，豆腐 50 克，香菇 20 克。

|辅料|

清鸡汤、水淀粉、盐、胡椒粉各适量。

|制作步骤|

❶ 鸡肉清洗干净，切为小肉片，备用；豆腐清洗干净，切小块备用。

❷ 红甜椒洗净，切小块备用；油菜洗净，切小段备用；香菇洗净撕成小份备用。

❸ 汤锅中加入鸡汤，大火烧开后，放入备好的油菜煮沸，再加入红甜椒。

❹ 煮沸后加入水淀粉煮开，倒入鸡肉、豆腐、香菇，慢炖半小时，加盐、胡椒粉调味即可。

🍲 煲汤小贴士

在煲汤的时候想让汤更美味有一个技巧，那就是在汤中加入适量的水淀粉，可以使汤饮变得更加滑润，食用起来会更加爽口。不过，需要注意的是水淀粉的量不适合放得过多，否则会影响原汤的味道。

滋补功能

这道鲜香美味的汤中含有丰富的维生素、蛋白质等营养成分，可以帮助女性分泌雌激素，防治更年期综合征。更年期的女性定期食用此汤，不仅可以有效调节身体的不适，还能缓解情绪方面的不良因素。

第6章

汤饮对抗妇科病，轻轻松松做女人

妇科疾病较为棘手，例如乳腺增生、月经不调、子宫肌瘤等疾病，一直困扰女性的生活。其实在日常生活中，除了治疗，还可通过靓汤来预防和改善妇科疾病。

乳腺增生和子宫肌瘤等疾病是由于体内气血不足等多种情况形成了瘀块，多食用具有顺气补血、理气化瘀的汤饮可以得到预防和缓解；月经不调是由于身体虚寒、气血不畅等多种情况导致的，如果多饮用益气补血、滋阴补虚汤饮可以缓解不适症状；带下病则多是由炎症等引起，可多饮用具有抗菌消炎、和血止带的汤饮。总之，选择适当的汤饮，可以帮助女性对抗难缠的妇科顽症，从而收获轻松自在的生活。

乳腺增生

玫瑰花川芎汤 ——活血化瘀，防治乳腺增生

|主料|

玫瑰花 25 克，川芎 10 克。

|辅料|

红枣 10 颗，枸杞 15 克，蜂蜜适量。

|制作步骤|

❶将玫瑰花挑选好后，在清水中稍微浸泡后清洗干净；川芎也洗净备用。

❷将红枣泡在碗里的清水中，泡发后去掉核，然后洗净，备用。

❸把红枣、枸杞和川芎放入煮锅当中，倒入清水，用大火煮沸。

❹放入玫瑰花，转中小火煮15分钟，稍晾，倒入适量蜂蜜，即可。

口味类型	操作时间	难易程度
甜润	60分钟	★★

🍲煲汤小贴士

蜂蜜是一种营养非常丰富的食品，在煲汤的时候加入适量的蜂蜜，不仅可以提升汤饮的味道，同时还能增加汤饮的营养价值，长期食用还能够使肌肤变得光泽。对于女性朋友来说，蜂蜜是汤饮的最佳伴侣之一。

滋补功能

玫瑰花具有通经活络的功效；川芎能够活血止痛。二者搭配使得此汤具有活血化瘀、生津润燥的功能。女性经常适量食用，可以促进身体血液循环，防治乳腺增生，同时还能够改善体内荷尔蒙失调等情况。

合欢花西葫芦汤 ——理气健脾，消积化聚

口味类型	操作时间	难易程度
甜润	50分钟	★

┃主料┃

西葫芦50克，合欢花15克。

┃辅料┃

枸杞、冰糖各适量。

┃制作步骤┃

① 将西葫芦清洗干净，去掉两端，切为两瓣后挖去内瓤，切成小片备用。

② 将合欢花清洗干净备用；枸杞在水中泡开清洗干净，捞出沥水备用。

③ 开火上锅，加入适量水，将备好的西葫芦放入清水锅中，用大火煮沸。

④ 放入清洗好的合欢花、枸杞以及冰糖，转小火煮10分钟左右即可。

煲汤小贴士

在选购西葫芦时，要挑选表面光亮、笔挺坚实、表面不存在伤痕的，不要选表面晦暗、有凹陷或有失水情况的西葫芦，此类西葫芦为老葫芦。西葫芦中的钙质含量非常高，此外还有丰富的维生素C、葡萄糖等营养物质，适合经常食用。

滋补功能

西葫芦能够有效调节人体的代谢，同时还具有防癌抗癌的功效；合欢花能够滋阴补阳、活血消肿。二者搭配熬成的汤具有消肿散结、理气健脾、消积化聚的功能，可以在一定程度上帮助患有乳腺增生的女性缓解病情。

豆腐蔬菜汤 ——生津润燥，抑制乳腺增生

口味类型	操作时间	难易程度
甜润	30分钟	★★

主料

豆腐300克，番茄1个，玉米笋100克，红萝卜、胡萝卜各半根，小青菜2棵。

辅料

味噌、冰糖、白芝麻各适量。

制作步骤

① 开火上锅，将准备好的白芝麻用干锅均匀翻炒8分钟，盛出晾凉备用。

② 豆腐清洗干净，切成小块备用；番茄清洗干净，去掉蒂，切为小块备用。

③ 玉米笋洗净；红萝卜洗净切薄片；胡萝卜洗净切小块；小青菜洗净择好。

④ 锅中加水煮开，放入味噌、冰糖、玉米笋、红萝卜、胡萝卜、豆腐和番茄煮15分钟，放入小青菜续煮，菜熟后撒上白芝麻。

煲汤小贴士

在熬煮这道汤的时候，可以先用两汤匙热水将味噌在小碗里充分搅拌均匀，然后再放入汤中，这样就可以有效避免味噌在汤中出现结块的情况了。需要注意的是，在汤中如果加入味噌和冰糖，一定要等到充分溶化后再加其他食材。

滋补功能

这款甜润美味的汤中含有丰富的蛋白质、维生素、钙、磷等营养成分，可以达到生津润燥、清热解毒、抗血凝聚的作用。女性经常适量食用该汤，不仅可以有效抑制乳腺增生等疾病，还能使皮肤变得富有弹性和光泽。

藕片红枣鲫鱼汤——提升免疫力，预防乳腺增生

|主料|

鲫鱼1条，胡萝卜半根，藕100克，红枣6颗，豆腐200克。

|辅料|

姜、黄酒、盐、味精、清汤各适量。

|制作步骤|

① 胡萝卜清洗干净，切为小块备用；藕洗净，切片；红枣洗净，去核。

② 鲫鱼宰杀，去掉鱼鳞，清空内脏，反复清洗干净，擦干水分，用油煎至两面金黄取出。

③ 锅中加油烧热，放入姜片爆香，烹入黄酒，加入清汤、藕、黄芪、红枣，放入煎好的鱼，大火煮开后转小火慢煲1小时。

④ 加入胡萝卜小火继续慢煲半小时，加适量盐、味精调味出锅即可食用。

口味类型	操作时间	难易程度
鲜香	90分钟	★★

煲汤小贴士

藕中含有化学物质单宁，能与铁互相作用发生反应。所以，在煮含藕类的汤饮时，不太适宜用铁锅，如果用铁器材料煮藕会破坏藕中的营养成分，使藕发黑。所以说在煮藕时，最好选用砂锅。

滋补功能

鲫鱼能够增强机体的抗病能力；胡萝卜可以帮助身体清热解毒；藕能在一定程度上开胃益血。三者与红枣、豆腐熬成的汤，能够有效地调节身体，提高身体免疫力，对抗多种疾病。

菊花黄瓜豆腐汤 ——清热消炎，预防乳房肿块

❙ 主料 ❙

豆腐 300 克，鸡蛋 100 克，黄瓜 30 克，香菜 15 克，菊花 5 克。

❙ 辅料 ❙

盐、味精、香油、淀粉各适量。

煲汤小贴士

在做汤的时候，在搅拌蛋液时也是有一定技巧的。当准备将蛋液入锅的时候，先在蛋液当中加入适量的生粉，就可以使蛋液变得更加滑润，然后再将其倒入汤饮中，那么就可以有效地防止蛋液在汤中凝结成块状。

❙ 制作步骤 ❙

❶ 豆腐切成丝，用开水烫一下捞出备用；黄瓜洗净切成丝；菊花冲洗备用。

❷ 取一只碗，打入鸡蛋，然后加入适量盐和少许生粉，充分搅拌均匀备用。

❸ 开火上油锅，将备好的鸡蛋摊成鸡蛋薄饼，从中间切开后对折，切成丝。

口味类型	操作时间	难易程度
咸鲜	220分钟	★★

❹ 锅内注清汤，下豆腐、黄瓜、蛋饼丝、菊花烧 3 分钟，加水淀粉勾芡，加香菜、盐和味精，淋上香油即可。

滋补功能

豆腐是清热润燥、补中益气的佳品；黄瓜具有延年益寿的功效；菊花清热解毒功效良好。所以此汤既能增补身体中的营养成分，又能预防炎症。女性食用该汤可以预防乳房肿块，进而防止乳腺增生等病症。

鲜虾木耳油菜豆腐汤 ——补虚强体，消肿除瘀

口味类型	操作时间	难易程度
鲜香	60分钟	★★

▌主料▌

鲜虾 200 克，油菜 50 克，黑木耳 20 克，豆腐 60 克。

▌辅料▌

虾酱、葱丝、姜末、盐、味精、料酒、植物油、高汤、香油各适量。

▌制作步骤▌

① 鲜虾去除虾线后洗净；黑木耳浸水泡发；油菜洗净，用沸水焯一下，切成段。

② 炒锅内倒入适量油，将葱丝、姜末煸香，放入虾酱和大虾翻炒几下。

③ 加入适量味精、料酒、盐、高汤、豆腐、黑木耳，用中小火炖 20 分钟。

④ 20 分钟后再加入油菜段继续炖煮 10 分钟，淋上香油调味即可出锅。

煲汤小贴士

在购买豆腐时需要注意一点，豆腐本身的颜色是略带点微黄色的，如果你见到的豆腐色泽过于苍白，那么就有可能添加了漂白剂，是不宜选购的。此外，生吃豆腐、凉拌豆腐，都属于不错的健康饮食方法。

滋补功能

鲜虾可以在一定程度上增强人体的免疫力；油菜中含有植物激素，可以吸附进入人体内的致癌物质；黑木耳能够滋润养颜；豆腐可以预防乳腺癌。所以，四者共同熬成的汤，可以强身健体，预防癌症的发生。

百叶豆皮白菜汤 ——分泌雌激素，预防乳房疾病

| 主料 |

牛百叶100克，豆腐皮80克，白菜300克。

| 辅料 |

生姜、盐、味精、料酒各适量。

| 制作步骤 |

① 牛百叶用水浸透，清洗干净后切片，下油锅用姜爆炒，盛出备用。

② 豆腐皮清洗干净，切丝后，用开水加少许盐焯烫3分钟后，捞出备用。

③ 白菜清洗干净，切片，下油锅煸炒至回软，烹入料酒，炒匀后盛出备用。

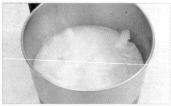

④ 汤锅中加入牛百叶、大白菜、豆皮及适量清水，烧至汤汁浓白，加入适量盐和味精即可。

口味类型	操作时间	难易程度
鲜香	50分钟	★★

煲汤小贴士

在炒白菜时可以先用开水稍微焯一下然后再炒，这是因为白菜中含有破坏维生素C的氧化酶，这些酶在60℃～90℃的范围内容易使维生素C受到严重的破坏。所以在炒菜前要先焯煮一下，以避免维生素被破坏。

滋补功能

这道鲜香美味的汤中含有丰富的B族维生素、纤维素以及一些微量元素等营养成分，可以在一定程度上帮助女性分解同乳腺癌有联系的雌激素，从而预防乳房疾病。女性朋友在日常三餐中常饮该汤，可以达到一定的食疗效果。

蒲公英虾米鸡汤 ——解毒消炎，消除肿块

▍主料▍

连骨鸡肉 100 克，虾米 40 克，蒲公英 30 克。

▍辅料▍

姜、葱、胡椒粉、盐各适量。

▍制作步骤▍

① 鸡肉洗净，切块，加水熬汤备用；姜洗净切为片；葱洗净切葱花备用。

② 鸡汤熬好后，加入虾米、姜片、白胡椒粉，用中火熬煮 30 分钟左右。

③ 把蒲公英清洗干净，加入汤中，用小火稍煮 10 分钟左右，关火。

④ 在汤中加入适量盐调味后，盛入碗中，撒上几片蒲公英叶和葱花即可。

口味类型	操作时间	难易程度
鲜香	80分钟	★★

煲汤小贴士

蒲公英当中含有蛋白质、脂肪、碳水化合物、微量元素及维生素等多种营养物质，有丰富的营养价值。蒲公英可以生吃、炒食、做汤，是药食兼用的植物。将蒲公英清洗干净，在开水中焯熟后凉拌也是很方便很养生的吃法。

滋补功能

虾米具有良好的通乳功效；鸡肉能够补益五脏；蒲公英可以消痈散结。三者搭配熬成的汤具有解毒消炎，消除肿块的作用。患有乳腺增生的女性经常适量食用，可以有效提高身体免疫力，达到消除肿块的食疗效果。

杜仲夏枯草瘦肉汤 ——清热泻火，化瘀散结

口味类型	操作时间	难易程度
鲜香	90分钟	★★

主料

猪瘦肉 150 克，夏枯草 30 克，杜仲 20 克。

辅料

红枣、姜、盐各适量。

煲汤小贴士

　　不管是用猪肉做汤还是炒菜都要注意，在切肉时猪肉要斜切，这是因为猪肉的肉质比较细、筋少，如果是横切的话，等肉熟后就会变得凌乱散碎，如果是斜切，那么就可以使其不破碎，而且吃起来还不塞牙。

制作步骤

❶夏枯草去杂质洗净；杜仲洗净；红枣洗净，去核；生姜洗净，切片。

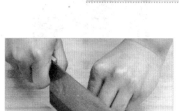

❷猪肉清洗干净，切为小肉片，在沸水中氽烫一下后，捞出静置备用。

❸将备好的夏枯草、杜仲、红枣一同加入汤锅中，加适量水熬煮 1 小时。

❹接着放入肉片、姜片，转为小火慢炖半小时左右，加适量盐调味即可。

滋补功能

夏枯草具有清肝火、降血压的作用；杜仲则具有抗肿瘤的作用；瘦肉能够滋阴润燥。三者搭配一起熬成的汤具有清热泻火、化瘀散结等功效，女性食用不仅可以防治乳腺增生等病情，还能补肝血，缓解身体不适。

天门合欢黄花蔬菜汤 ——活络止痛，消肿除痈

口味类型	操作时间	难易程度
咸鲜	150分钟	★★

| 主料 |

天门冬 20 克，合欢花 10 克，黄花菜 30 克，
红枣 5 颗，青菜 100 克，香菇 3 朵。

| 辅料 |

盐适量。

| 制作步骤 |

❶ 天门冬、合欢花
分别清洗干净备用；
红枣在清水中泡发，
洗净去核备用。

❷ 黄花菜清洗干净，切段备用；
香菇洗净，撕小朵；青菜择洗
干净备用。

❸ 将备好的天门冬、合欢花、
红枣一同放入锅中，加入适量
清水熬煮 1 小时。

❹ 加入黄花菜、香菇小火熬煮
40 分钟，放入青菜，2 分钟后
加盐调味即可。

煲汤小贴士

通常情况下，红枣适合与大多数食物
相搭配。但是，还是有一些食材不宜与红枣
同食，如蟹、虾、葱、蒜、胡萝卜和鱼等。
而且，在吃红枣时最好选择水煮，这样既
不会改变进补的药效，也可避免生吃所引
起的腹泻。

滋补功能

这道咸鲜美味的汤具有宁心安
神、理气开胃、活络止痛的作用，女
性朋友定期适量食用此汤，可以增补
气血，并缓解体内肿块淤积等现象，
进而能够有效缓解乳腺增生等病症，
患有此病的女性可以定期食用这道天
门合欢黄花蔬菜汤。

橘络红花燕窝汤 ——散结通络，缓解乳腺增生

口味类型	操作时间	难易程度
鲜香	250分钟	★★★

▌主料▐

燕窝40克，红枣6颗，橘核、橘络各20克，红花、丹参各6克。

▌辅料▐

红糖、鸡汤各适量。

▌制作步骤▐

① 干燕窝用纯净水浸泡4小时，待燕窝充分轻软膨胀后，去除干净燕毛。

② 处理好的燕窝倒入炖盅内，加适量纯净水，置于蒸锅内，加盖隔水以文火炖2小时。

③ 汤锅中加适量鸡汤、红枣、橘核、橘络、红花、丹参，大火烧开后，小火炖1小时。

④ 将炖好的燕窝倒入汤锅中，然后加入适量红糖，搅拌均匀即可出锅。

煲汤小贴士

燕窝的保存有很多的讲究。在保存燕窝时，要先将燕窝放入密封的燕窝保鲜盒当中，然后再存放于冰箱。如果燕窝不小心沾上了湿气，那么可以放在冷气口进行风干，一定注意不可以焙烘或者是放在太阳底下晒干。

滋补功能

燕窝、红枣、橘核等食材均具有活络止痛的作用，所以其共同熬成的汤具有很好的散结通络的作用，可以有效缓解乳腺增生。女性在日常常饮此汤，不仅可以防治此病的发生，同时还能够有效增补气血，令面部红润。

茵陈白菜郁金汤 ——活血化瘀，消除肿胀

▌主料▌

黄豆60克，白菜100克，茵陈30克，郁金9克，栀子、柴胡、通草各6克。

▌辅料▌

盐适量。

▌制作步骤▌

① 黄豆洗净，浸泡1小时；茵陈、郁金、栀子、柴胡、通草分别洗净。

② 白菜清洗干净，切为大小适中的片状，放入锅中煸炒至回软。

③ 汤锅中加适量清水，放入黄豆、茵陈、郁金、栀子、柴胡、通草熬煮1小时。

④ 加入备好的白菜，用小火继续炖煮20分钟，加入适量盐进行调味即可。

口味类型	操作时间	难易程度
咸鲜	180分钟	★★

煲汤小贴士

大白菜在沸水中焯烫的时候时间不可过长，最佳的焯烫时间为20～30秒，否则烫得时间太长的话，就太软、太烂了，口感也就不太好了。不过在做汤的时候，就可以适当时间长一点了，但是也不能太长，所以一般选择在汤快好的时候，再加入大白菜。

滋补功能

这道咸鲜美味的汤饮中所选用的食材较多，一般均具有活血化瘀、温中补气、调理脾胃的功效，所以这道汤的温补效果非常好，患有乳腺增生的女性经常适量食用该汤，可以有效缓解胸部肿胀的现象。

当归红枣鸡蛋汤 ——益气补血，调经止痛

▌主料▌

鸡蛋 2 个，当归 10 克，红枣 10 个。

▌辅料▌

红糖适量。

▌制作步骤▌

① 鸡蛋彻底清洗干净外壳后，放入沸水锅中煮熟，捞出剥掉壳，备用。

② 当归、红枣洗净后，再放入清水中，浸泡 10 分钟左右，备用。

③ 把当归、红枣、鸡蛋依次放入锅中，倒入适量水，用大火煮沸。

④ 转为小火继续煲 30 分钟左右，然后放入适量红糖，搅匀。

口味类型	操作时间	难易程度
甜润	80分钟	★

煲汤小贴士

红枣的食用方法有很多，蒸、炖、煨、煮均可。最常用的方法是将红枣煎水服用，这样既不会影响保肝的药效，也可以避免生吃引起的腹泻。日常用红枣泡水喝也是不错的养生办法。

滋补功能

当归具有调经止痛的作用；红枣可以补气益血；鸡蛋能够滋阴润燥。三者相配熬成的汤能够达到健脾益胃、补中益气的功效，女性在经期适量食用此汤，可以有效帮助自己缓解疼痛，调理经期的多种不适之症。

姜枣红糖水 ——温中益气，防治痛经

口味类型	操作时间	难易程度
甜润	30分钟	★

▌主料▌

生姜 10 克，红枣 20 克。

▌辅料▌

红糖 30 克。

▌制作步骤▌

① 生姜清洗干净后，去掉外皮，然后切成小薄片，放置一边备用。

② 红枣在清水中泡发后，去掉内核，用清水浸泡清洗干净，沥水备用。

③ 将备好的红枣、生姜放入锅中，再加入适量清水，用中火煮开。

④ 汤煮开后，放入适量红糖，然后继续煎煮10分钟左右，即可出锅。

煲汤小贴士

生姜本身具有一定的异味，单纯用来做汤，其味道有人会难以接受。不过，如果向熬煮出来的姜水中加入适量的红糖，那么就可以在一定程度上缓和生姜的味道，同时还能够使汤饮变得更为甜润，效果也得到了增加。

滋补功能

生姜具有温中散寒、回阳通脉的功效；红枣可以补气养血，二者一起熬成的这道汤简单易学，味道甜润，具有温补身体的良好作用，可以辅助治疗脾胃虚寒、脘腹冷痛等症，适合月经不调、经期腹痛等症状的女性食用。

栗子丝瓜汤 ——滋阴补虚，调经止痛

口味类型	操作时间	难易程度
鲜香	50分钟	★★

▌主料▌

丝瓜 50 克，熟栗子适量。

▌辅料▌

姜适量。

▌制作步骤▌

❶丝瓜去掉外皮后，在水中清洗干净，然后切成 0.3 厘米左右的薄片，备用。

❷姜不用去皮，彻底清洗干净后，切成小薄片，放入小碗中静置备用。

❸将备好的丝瓜片、姜片放入锅中，倒入适量水，大火煮沸后转中小火。

❹用中小火小煮十多分钟之后，加入备好的栗子，再次煮开后，即可出锅。

煲汤小贴士

在煲汤时要提前将栗子剥好，而栗子的内皮容易与果肉相连在一起，不过将栗子的外壳去掉后，放入冷水中浸泡 30 分钟左右，就能够轻易地将其内皮剥掉了，并且也不易伤手。剥干净后再煮熟备用，即可。

滋补功能

丝瓜具有活血通络、清热润肤的功效；栗子则具有养胃健脾的作用。二者一起熬成的汤可以达到滋阴补虚、调经止痛的作用。有月经不调症状的女性朋友经常适量饮用此汤，可以有效帮助其改善月经紊乱的现象。

苹果甲鱼羊肉汤 ——补益阴血，缓解经痛

口味类型	操作时间	难易程度
鲜香	90分钟	★ ★

▎主料▎

甲鱼1只，苹果150克，羊肉500克。

▎辅料▎

盐、胡椒粉、生姜、鸡精各适量。

▎制作步骤▎

① 甲鱼清洗干净，去壳，切成小块备用；羊肉清洗干净，切块备用。

② 苹果清洗干净后，削去果皮，切成大小均匀的小块，在淡盐水中过一下，备用。

③ 甲鱼与羊肉一同放入锅中，煮至八成熟后，加入备好的苹果以及生姜。

④ 大火煮开后，改用小火继续炖熟，最后用盐、胡椒粉、鸡精进行调味。

🥄 煲汤小贴士

这款汤中用到了美味的苹果，苹果想要防止快速氧化，可以在削皮前或者削皮后用淡盐水泡一下。此外，因为苹果中含有一定的酸性物质，其能腐蚀牙齿，所以吃完苹果后最好漱漱口，这样可以防止蛀牙，保护牙齿。

滋补功能

甲鱼能够滋阴补血；苹果可以养心益气、除烦润燥；羊肉则可以温补肝肾。三者功效互补，一起用来煲汤可以使汤达到补益阴血、缓解经痛的功效。月经不调及痛经的女性适量食用此汤可以有效缓解经期不适。

当归黄芪海螺煲 ——补血活血，调经止痛

|主料|

海螺、瘦肉各200克，当归15克，黄芪10克。

|辅料|

葱段、姜片、盐各适量。

|制作步骤|

① 海螺买回来后置于水中让其吐尽泥沙，洗净备用；瘦肉洗净，切片备用。

② 开火上锅，锅内放入适量油加热，油热后放入姜片、葱段爆香，捞出。

③ 锅中下入肉块、海螺、当归、黄芪，并加入适量清水，用大火烧开。

④ 接着改为小火继续煲1小时左右，然后加入少许盐进行调味即可。

口味类型	操作时间	难易程度
鲜香	90分钟	★★

煲汤小贴士

在烹饪海螺时要注意一点：海螺的脑神经分泌的物质会引起食物中毒；海螺引起的食物中毒潜伏期短，中毒后会出现恶心、呕吐、头晕等多种不适症状，所以我们在烹制过程中，一定要先把海螺的头部去掉，然后再用来做汤。

滋补功能

这道鲜香的汤品当中，含有极为丰富的维生素A、蛋白质、铁以及钙等营养元素，可以达到补血活血、滋养身心、调经止痛的作用。女性在经期食用此汤可以有效缓解经期腹痛、调理经期血液。不过不可过量饮食，控制在一天只一餐食用即可。

乌鸡白凤尾菇汤——改善月经不调，延缓衰老

| 主料 |

乌鸡1只，白凤尾菇50克。

| 辅料 |

葱、姜、料酒、盐、味精、鸡汤、胡椒粉各适量。

| 制作步骤 |

① 乌鸡治净，切成方块，放入开水中汆烫片刻，捞起后去除血污备用。

② 葱清洗干净后，斜切为小段备用；生姜清洗干净后切为薄片备用。

③ 在锅中加入切好的葱段、姜片、乌鸡块、料酒以及备好的鸡汤，用大火烧开。

④ 改小火焖煮40分钟，放入白凤尾菇、盐、味精，再烧5分钟左右撒入胡椒粉即可。

口味类型	操作时间	难易程度
鲜香	90分钟	★★

煲汤小贴士

白凤尾菇的营养非常丰富，蛋白质含量高达21.2%，同时含有人体所必需的八种氨基酸。此外，白凤尾菇含有的一些生理活性物质，能够诱发干扰素的合成，有效提高人体的免疫能力。白凤尾菇的脂肪、淀粉含量很少，非常适合糖尿病以及肥胖症患者。

滋补功能

乌鸡具有补中止痛、益气补血的作用；白凤尾菇可以养益精髓。所以二者相配熬成的汤饮具有补益肝肾、生精养血、养益精髓的功效。女性经常适量食用，可以有效提高生理机能，改善月经不调症状，而且还能够延缓衰老。

参芪红枣乌鸡瘦肉煲 ——补气养血，调理月经

口味类型	操作时间	难易程度
鲜香	180分钟	★★

主料

黄芪、党参各30克，乌鸡1只，猪瘦肉100克，红枣7颗。

辅料

盐、料酒、姜汁各适量。

煲汤小贴士

猪肉在烹调前一定不要用热水清洗，这是因为猪肉中含有一种肌溶蛋白物质，在15摄氏度以上的水中容易被溶解，如果用热水浸泡，就会使得猪肉散失很多营养。同时，被热水浸泡过的猪肉在烹饪后的口味也会不太理想。

制作步骤

①将乌骨鸡身上的鸡毛清理干净，去除内脏，清洗干净后，切为小块备用。

②猪瘦肉洗净、切片，放入沸水中氽去血水，武火煮3分钟，捞出过冷水。

③红枣用水泡开后清洗干净备用，黄芪和党参也分别用清水清洗干净备用。

④将所有食材放入锅中，加适量清水，武火煮沸，文火煲2小时，用盐调味即可起锅。

滋补功能

黄芪、党参均具有活血调经、美颜滋养的疗效；乌鸡可以有效调补气血；瘦肉则能够补肾养血，这些食材与红枣同煮成汤是强身健体、补益气血之佳品。女性经常食用可以在一定程度上帮助自己调理月经不调，延缓衰老。

红黑莲藕乳鸽煲 ——滋阴润肺，调经补血

口味类型	操作时间	难易程度
鲜香	220分钟	★★

主料

莲藕300克，黑豆100克，红枣8颗，乳鸽1只。

辅料

陈皮、香菜、盐、料酒、清汤、蜂蜜各适量。

制作步骤

① 莲藕洗净，去皮，切片；红枣洗净，去核；黑豆洗净，入锅中炒至豆衣开裂。

② 乳鸽治净，放入开水中氽烫片刻，捞起洗净后，在案板上切为小块备用。

③ 锅中放入清汤、料酒、莲藕、黑豆、乳鸽、红枣、陈皮，大火烧开后，撇去浮沫。

④ 改小火炖3小时，用盐调味后，撒上香菜，晾凉后调入适量蜂蜜即可。

煲汤小贴士

在煲汤的时候，等汤稍微晾凉一些后给汤中加入适量的蜂蜜，在调经补血的功效方面效果能更好。这里需要注意的就是一定要在汤变温以后再加入蜂蜜，否则高温将会蜂蜜中所含的营养物质破坏掉，这样效果就大打折扣了。

滋补功能

乳鸽具有活气补血的功效；黑豆可以补肾益阴；莲藕能够清热凉血。三者之间功效互补，所以其共同熬成的汤具有滋阴润肺、调经补血的功效。女性定期食用可以有效地调理月经不调等症状，同时还能够改善面部暗沉的情况。

枸杞银鱼蛋清羹 ——滋阴补虚，调节经量

口味类型	操作时间	难易程度
鲜香	90分钟	★★

▌主料▐

小银鱼 200 克，鸡蛋 2 个，枸杞 10 颗。

▌辅料▐

植物油、葱段、姜片、清汤、料酒、盐、味精各适量。

▌制作步骤▐

❶ 将小银鱼的头部去掉，拣出杂质后反复冲洗干净；鸡蛋取蛋清，搅拌均匀。

❷ 开火上锅，加入适量植物油烧热后，放入葱段、姜片、然后放入小银鱼稍煸炒。

❸ 在锅中加入适量清汤，烧开后放入蛋清、料酒、枸杞，煮开后撇去浮沫。

❹ 接着加入适量盐以及味精进行调味，然后关火起锅，倒入汤碗中凉片刻即可。

✿ 煲汤小贴士

　　银鱼干在挑选购买的时候，以鱼身干爽、色泽自然明亮者为佳品。不过，需要注意的是如果鱼身的颜色太白的话，也并不能完全证明银鱼就是优质的，太过于白的鱼干还须要提防是否掺有了荧光剂或者是漂白剂。

滋补功能

　　这道汤饮中含有丰富的钙、锌、铁等营养元素，能够起到滋阴补虚、调节经量的作用。女性在经期食用该汤可以有效地帮助自己滋补身体，在一定程度上缓解经期身体不适的情况，并能够逐渐帮助经量变得正常。

灵芝银耳蜜枣猪心煲 ——活血化瘀，调经止痛

口味类型	操作时间	难易程度
咸鲜	220分钟	★★

主料

灵芝 30 克，银耳 100 克，猪心 1 个，蜜枣 8 颗。

辅料

盐、料酒、清汤各适量。

制作步骤

① 银耳泡发后清洗干净，然后撕成小朵备用；灵芝清洗干净，切片备用。

② 猪心清洗干净后切为片状，然后放入沸水中氽烫片刻，捞出控干水分备用。

③ 锅内放入清汤、料酒，用大火烧开后，放入灵芝、银耳、猪心、蜜枣。

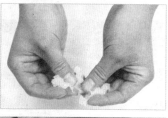

④ 等锅中再次煮开后，转为小火慢炖 3 小时，最后加入适量盐进行调味即可。

煲汤小贴士

新鲜的灵芝可以拿来直接食用，不过其保存期非常的短。从市场上买回来的散装灵芝，在使用前最好用清水反复清洗干净后再食用。此外，灵芝在保存时要注意置于干燥通风的地方，这样可以避免发霉或者被虫蛀。

滋补功能

灵芝在增补气血方面有良好的功效；银耳则可以很好地滋阴润燥；猪心则能够帮助人们安神定精。三者与养血调经的红枣搭配熬成的汤可以达到补气养血、养心安神的功效。女性经期食用可以有效活血化瘀、预防痛经。

人参白姜五味子汤 ——活血增温，健胃祛寒

| 主料 |

瘦肉 150 克，人参 1 根，子姜 100 克，五味子 20 克，白术 5 克。

| 辅料 |

盐适量。

| 制作步骤 |

① 将人参、子姜分别清洗干净，然后切片备用；五味子、白术分别冲洗干净备用。

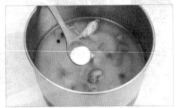

② 将备好的瘦肉用清水冲洗干净后，切为肉片，然后入锅氽水，捞出沥水待用。

③ 将瘦肉、人参、子姜、五味子、白术一同入锅，加入适量清水，大火烧开。

④ 烧开后转为小火，慢炖 1 小时左右，然后加入适量盐进行调味即可。

口味类型	操作时间	难易程度
咸鲜	90分钟	★★

🍲煲汤小贴士

做汤时如果肉没有用完剩下了，可以将肉切成片状，然后将肉片平摊在金属盆中，放入冰箱冷冻室中冻硬。然后再用塑料薄膜将冻好的肉片逐层包裹起来，放于冰箱的冷冻室中贮存，随时取用，可以保存 1 个月而肉不变质。

滋补功能

这道汤饮具有清热行气、补元固脱、益损止渴、安神止痛的良好功效。女性经期可以适当饮用一些，能够在一定程度上帮助身体活血增温、健胃祛寒，从而可以帮助女性预防痛经，提高女性在经期的免疫力，有效避免疾病的侵袭。

玫瑰甘草鱼丸红薯汤 ——活血散瘀，调经止痛

口味类型	操作时间	难易程度
咸鲜	70分钟	★★

|主料|

玫瑰花 30 克，甘草 20 克，鱼丸 200 克，红薯 1 个。

|辅料|

葱段、姜片、盐各适量。

|制作步骤|

① 将红薯清洗干净后去皮，切成块备用；玫瑰花、甘草分别冲洗干净备用。

② 把准备好的红薯块、甘草与姜片一同放入汤锅，加适量水用大火煮沸。

③ 水沸后转为小火，继续煲20分钟左右，然后加入鱼丸和备好的葱段。

④ 转为旺火煮沸，继续煲15分钟左右，然后加入玫瑰花及适量盐调味即可。

煲汤小贴士

优质的鱼丸应该是肉质紧实的，咬在嘴里有弹性，口感滑、弹，不存在淀粉味。如果吃起来有太多淀粉的感觉，那么就说明不是纯鱼肉的鱼丸。另外，这款汤虽然适合经期女性，但是也不适合天天饮食，不然会对经期的脆弱肠胃造成一定的负担，隔天饮食或者隔顿比较合适。

滋补功能

玫瑰花气味香甜，能够调气补血、舒缓神经；甘草具有缓急止痛的作用；鱼丸可以养肝补血；红薯则具有补虚乏的功效。四者互相搭配熬成的汤具有补虚乏、益气力、活血散瘀的良好功效。女性在经期食用能够很好地调经止痛。

带下病

白果腐竹鸡蛋汤 ——清热解湿，和血止带

|主料|

白果20克，莲子25克，鸡蛋2个，腐竹30克。

|辅料|

盐适量。

|制作步骤|

① 鸡蛋把外壳清洗干净后，放入沸水锅中煮熟，捞出，剥掉外壳备用。

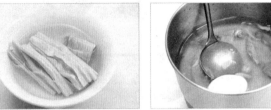

② 白果和莲子放入清水中浸泡30分钟，洗净；腐竹泡透，切段。

③ 将白果、莲子、鸡蛋、腐竹放入锅中，加水用大火煮沸。

④ 水沸后转为中小火继续煲40分钟，加入盐调味即可。

口味类型	操作时间	难易程度
咸鲜	90分钟	★★

煲汤小贴士

真正的优质腐竹看起来是淡黄色的，蛋白质呈纤维状，迎着光线可以看到瘦肉状的一丝一丝的纤维组织。而假的或者劣质的腐竹则看起来一块白、一块黄、一块黑，色泽不均匀，看不出瘦肉状的纤维组织。

滋补功能

白果能够有效促进人体的血液循环；莲子可以益肾涩清；腐竹可以清热解毒；这些食材与滋润肌肤的鸡蛋同煮成的汤能够达到清热解湿、和血止带的功效。

肉苁蓉猪腰汤——滋阴补肾，防治带下病

口味类型	操作时间	难易程度
鲜香	80分钟	★★

主料

猪腰 3 个，肉苁蓉 60 克，菟丝子 30 克。

辅料

红枣 10 个，盐适量。

制作步骤

①肉苁蓉清洗干净后切片备用；红枣清洗干净后，浸泡在水中备用。

②将猪腰清洗干净，去掉白脂膜后，切为片状，在开水中汆烫一下，捞出备用。

③把备好的猪腰、肉苁蓉、菟丝子、红枣放入清水锅中，用大火煮沸。

④转为中小火继续煲 40 分钟左右后关火，最后加入适量盐进行调味即可。

煲汤小贴士

正品优质的菟丝子在放大镜下观察时，能够看到表面有细密的深色小点，其中一端有微凹的线形种脐；如果用硬物挤压，正品成片状，不容易压碎，而伪品的菟丝子则会呈现出粉状或颗粒状，在购买时需多加注意。

滋补功能

猪腰有健肾补腰、和肾理气的功效；肉苁蓉可以滋阴补肾，此二者与补气益血的红枣等材料相搭配，使得熬成的汤具有很好的滋阴补肾的功效，从而可以帮助女性朋友防治女性白带增多等带下疾病，有效缓解身体不适，解除女性烦恼。

山归羊肉墨鱼汤 —补血养肝，温经止带

口味类型	操作时间	难易程度
咸鲜	220分钟	★★★

|主料|

羊肉 300 克，墨鱼 200 克，当归 20 克，山药 50 克，红枣 5 颗。

|辅料|

生姜、盐各适量。

|制作步骤|

❶羊肉清洗干净后，切为小肉块，放入开水中氽烫，以去除膻味。

❷墨鱼反复清洗干净，取出墨鱼骨，稍微敲碎；红枣去核，洗净泡水备用。

❸当归清洗干净，山药去皮洗净切为块，生姜洗净切片，三者一同放入锅中。

❹羊肉、墨鱼、墨鱼骨、红枣也放入锅内，加适量水，大火烧沸转小火煲 3 小时，加盐调味即可。

 煲汤小贴士

　　乌贼的身体当中含有大量的墨汁，不容易清洗干净，在清洗时可以先撕去其表皮，拉掉灰骨，然后将乌贼放在装有水的盆中，在水中将其内脏拉出，以使其流尽体内的墨汁，然后多换几次清水，反复冲洗将内外洗净即可。

滋补功能

　　此汤食材品种多样，营养丰富，具有补血养肝、温经止带的作用。患有带下病的女性常食可以有效地帮助缓解病情，改善白带增多以及阴部瘙痒等情况。此外，还可以有效地滋润肌肤，令肌肤变得富有光泽和弹性。

茶树菇乌鸡汤 ——调经止带，延缓衰老

口味类型	操作时间	难易程度
咸鲜	220分钟	★★★

煲汤小贴士

有一些女性朋友可能不太喜欢鸡汤中的油，那么可以把煮好的鸡汤盛入小碗后，静置放凉，等到油凝固后，将其轻轻撇去，然后再将汤加热之后食用。或者，还可以直接用吸管来喝汤，这样就能够有效地避开漂浮在汤面上的油花了。

║主料║

茶树菇100克，乌鸡1只，瘦肉200克，胡萝卜80克。

║辅料║

黑枣10克，陈皮10克，盐适量。

║制作步骤║

❶乌鸡除干净鸡毛，清理干净内脏后，用冷水洗净，斩成大块备用。

❷胡萝卜清洗干净，切为小块状备用；茶树菇反复清洗干净，备用。

❸乌鸡入锅，加适量清水，大火烧开，让乌鸡渗出血沫，熄火捞出，用冷水清洗干净。

❹所有食材一同入汤煲，加入足够的水，大火烧开后调成小火煲3小时即可放盐调味。

滋补功能

这道汤饮中的滋补食材较多，具有调经止带、养血补血等良好功效。女性食用不仅可以有效改善带下增多的情况，还能有效改善头发干枯毛躁等情况，并可以帮助机体和皮肤延缓衰老。不过由于滋补功能比较强，也不适合每天每顿都饮食。

旱莲芡实黑豆牛肉汤 ——健脾补肾，祛湿止带

口味类型	操作时间	难易程度
咸鲜	150分钟	★★

|主料|

旱莲草 15 克，红枣 5 个，芡实 30 克，黑豆 30 克，核桃 10 个，牛肉 300 克。

|辅料|

盐适量。

|制作步骤|

① 先将新鲜的牛肉清洗干净，然后放在案板上切成小块，盛入碗中静置备用。

② 核桃敲开外壳，取出果肉；黑豆清洗干净，在清水中浸泡一小时备用。

③ 旱莲草、红枣、黑豆、核桃、牛肉、芡实一同放入锅中，倒入适量清水，大火煮开。

④ 汤沸腾后转为小火继续煲 2 小时左右，最后调入适量盐进行调味即可。

煲汤小贴士

牛肉每天吃多少最好呢？是不是越多越好？其实，日常生活中，普通人一周吃一次牛肉就可以了，不宜食用太多。另外，牛肉的脂肪比较多一点，所以应该是以少食为妙，否则容易增加体内胆固醇以及脂肪的积累量。

滋补功能

这道汤里面含有多种营养食材，其中的黑豆是美发的佳品，而且核桃、红枣与芡实等都具有补益肝肾的作用，所以此汤具有抑制白带增多的作用，同时还能够有效祛湿，适合患有带下病的女性食用。而且，此汤对滋养头发也有一定的益处。

黑豆蛋酒汤

——调中下气，和血止带

口味类型	操作时间	难易程度
清香	90分钟	★★

▌主料▌

黑豆60，鸡蛋2个。

▌辅料▌

黄酒100毫升。

煲汤小贴士

黑豆在浸泡的过程当中会有掉色，水色加深的现象，这都属于正常的现象。但是，如果仅仅是稍微清洗了一下，就出现了掉色的情况，或者是在浸泡的时候水的颜色不一般的深，那么就很有可能是假的黑豆。

▌制作步骤▌

❶黑豆清洗干净，放在碗中，用清水浸泡1小时左右，捞出沥干水分备用。

❷将新鲜鸡蛋泡在清水中，反复搓洗，确保蛋皮上的脏污彻底清洗干净，静置备用。

❸把清洗好的黑豆与干净的鸡蛋一同放入锅中，加入适量水，开火熬煮。

❹等到鸡蛋煮熟后，捞出来去掉外壳，再放入汤汁中，加黄酒稍煮片刻即可。

滋补功能

黑豆具有温中补气、解表清热的良好功效；鸡蛋能够有效解毒止痒，还具有补心宁神的功效。二者熬成的汤具有调中下气、解毒利尿的作用。女性朋友经常食用，可以有效缓解女性白带异常以及下腹部阴冷等烦恼症状。

芦荟红枣冬瓜汤 ——清热利湿，防治带下

口味类型	操作时间	难易程度
咸鲜	100分钟	★★

|主料|

芦荟 20 克，冬瓜 100 克，冬瓜子 15 克。

|辅料|

红枣 10 颗，盐适量。

|制作步骤|

❶芦荟清洗干净，切成小段备用；红枣泡发，清洗干净，去核备用。

❷冬瓜削去外面的绿皮，切为片状备用；冬瓜子清洗干净，沥干备用。

❸锅中加适量清水烧开，加入芦荟、红枣、冬瓜子，熬煮40分钟左右。

❹加入切好的冬瓜，用小火继续熬煮半小时，然后加入适量盐调味即可。

煲汤小贴士

很多人都追捧芦荟的美容功效，这是因为芦荟当中含有丰富的黏液素，在进入人体之后，这种黏液素会存在于人体的肌肉以及胃肠黏膜等处，让人体的组织富有弹性，所以说这种黏液素具有一定的抗衰老作用，是一种美容佳品。

滋补功能

芦荟具有抗炎杀菌的功效；红枣能够滋补气血；冬瓜可以护肾消肿，利尿清热功效良好。三者搭配熬成的汤具有清热利湿、活血化瘀的功效。女性经常食用可以有效防治白带异常、白带增多等情况，还能够缓解泌尿系统的一些小问题。

荸荠豆腐紫菜藕片汤 ——清热凉血，止带去异味

口味类型	操作时间	难易程度
咸鲜	180分钟	★★

┃主料┃

紫菜30克，豆腐80克，藕60克，荸荠100克，瘦猪肉120克。

┃辅料┃

姜、盐各适量。

┃制作步骤┃

①紫菜浸透发开，淘洗干净；豆腐洗净，切小块；藕洗净，切片。

②荸荠去蒂、去皮，洗净，切块；瘦猪肉洗净，切片；生姜洗净，切片。

③汤锅内加入清水烧开，放入荸荠、藕片、猪肉、生姜，改用中火煲2小时。

④加入准备好的豆腐、紫菜，用小火继续煲半小时左右，加入适量盐调味即可。

煲汤小贴士

需要注意的一点就是，紫菜性寒，所以脾胃比较虚寒、常有腹痛便溏情况的女性朋友就要注意少吃或者不吃了。对于身体虚弱的女性朋友，在食用紫菜时最好搭配一些肉类，来减低紫菜的寒性，以达到更适合体弱者食用的目的。

滋补功能

这道汤具有清热凉血、止带去异味的食疗功效。有血热不适、白带异常等症状的女性朋友定期食用此汤饮，可以有效帮助自己缓解带下增多的情况，以减缓病情。此外，这款荸荠豆腐紫菜藕片汤还能帮助女性滋补肝肾，延缓衰老。

菟丝子黄柏羊肉汤 ——抑菌消炎，祛火解毒

口味类型	操作时间	难易程度
鲜香	150分钟	★★

|主料|

羊肉100克，菟丝子20克，黄柏15克。

|辅料|

姜、葱、料酒、盐各适量。

煲汤小贴士

人们常在吃完羊肉后容易有口干的情况，这个时候喝点米汤就可以很好的缓解这一情况了。此外，羊肉属热性食物，不适合夏季食用，而且，在其他季节食用的时候，一次性也最好不要多吃。

|制作步骤|

① 羊肉清洗干净，整块放入开水当中氽透，去赶紧血沫后，切成块备用。

② 菟丝子、黄柏分别在清水中反复清洗干净，然后一起装入纱布包中。

③ 开火上油锅，将羊肉放入锅内，同姜煸炒，加入料酒，再倒入汤锅内。

④ 汤锅内加入纱布包及适量清水，大火烧开后小火慢炖2小时，调味撒葱花即可。

滋补功能

羊肉具有温补脾胃、补血脉的功效；菟丝子可以滋补肝肾；黄柏能够清热燥湿。三者功效互补，使得此汤具备了抑菌消炎、祛火解毒，温补肾阳的神奇功效，白带异常者食用此汤饮可以有效缓解不舒适的症状。

茉莉花绿茶肉片汤 ——益气抗菌，温中散寒

口味类型	操作时间	难易程度
甜润	120分钟	★★

▌主料▌

绿茶 20 克，茉莉花 10 克，瘦猪肉 100 克。

▌辅料▌

枸杞 10 克，蜂蜜适量。

▌制作步骤▌

① 绿茶、茉莉花分别冲洗干净，备用；枸杞冲洗干净，泡发备用。

② 瘦猪肉清洗干净，切片后在开水中氽烫一下，去干净血污备用。

③ 汤锅中加入适量水烧开，加入绿茶、茉莉花、枸杞，小火炖 1 小时。

④ 加入备好的肉片，继续炖半小时左右，晾凉后调入适量蜂蜜即可食用。

🍲 煲汤小贴士

茶叶当中含有大量的茶多酚、咖啡碱等元素，对胎儿在母体中的成长有着许多不利的因素，为了能够让胎儿的智力在母体中得到正常的发育，孕妇应该注意避免咖啡碱对胎儿的过分刺激，孕妇应少饮或不饮茶。

滋补功能

这道汤饮具有清热解暑、生津止渴、降火明目等很多功效。患有带下病的女性饮用该汤可以有效治疗带下异常的病症。同时还能够达到益气抗菌、温中散寒的效果，以达到滋补身体的目的。

藏红花金瓜汤 ——活血化瘀，抗菌消炎

口味类型	操作时间	难易程度
鲜香	60分钟	★★

|主料|

藏红花 10 克，小金瓜 1 个。

|辅料|

骨汤、盐、胡椒粉各适量。

|制作步骤|

❶小金瓜去掉皮后，再挖去瓜瓤，然后用清水清洗干净，切块备用。

❷开火上汤锅，倒入骨汤，骨汤中加入金瓜大火煮开，转文火煲煮 20 分钟。

❸把准备好的藏红花加入一些水煮沸，然后倒入搅拌机，打成糊状备用。

❹藏红花糊倒回汤锅，煮沸，加盐、胡椒粉调味，撒少许干藏红花即可。

 煲汤小贴士

藏红花很多人不经常接触，所以没掌握选购要领。其实方法很简单，鉴别藏红花的真伪时，可取适量藏红花，将其放入水中并加一滴碘酒，如果不变色即为真品；如果变成了蓝色、蓝黑色或紫色，说明就是伪品。

滋补功能

小金瓜又名南瓜，具有驱虫解毒的功效，同时还有利尿、美容等作用；藏红花具有活血化瘀、凉血解毒的作用；二者熬成的汤饮可以达到活血化瘀、抗菌消炎的功效，女性常食可以防止体内防御能力下降，有效调经止带。

子宫肌瘤

益母草陈皮鸡蛋汤 —调理气血，防治气滞血瘀

| 主料 |

益母草 50 克，鸡蛋 2 个，陈皮 9 克。

| 辅料 |

冰糖适量。

| 制作步骤 |

① 将新鲜鸡蛋泡在清水中，反复搓洗，确保蛋皮上的脏污彻底清洗干净。

② 将洗干净的鸡蛋放入沸水锅中，煮熟后捞出来，剥掉外壳。

③ 锅中加水烧开，加益母草、陈皮，再将去壳鸡蛋放入。

④ 大火煮沸后，转为中小火继续炖煮 30 分钟，加冰糖即可。

口味类型	操作时间	难易程度
甜润	60分钟	★

煲汤小贴士

益母草具有补血益气的功效；鸡蛋能够宁心安神；陈皮可以理气健脾。三者搭配熬成的汤能够起到活血调经、利尿消肿的作用，女性经常适量食用，可以有效调理气血，防治气滞血瘀等现象。

滋补功能

益母草能补血益气；鸡蛋能够宁心安神；陈皮可以理气健脾。三者搭配熬成的汤能起到活血调经、利尿消肿的作用，女性饮用可以有效调理气血，防治气滞血瘀等现象。

莪术地龙鸡蛋汤 ——疏肝理气，防治子宫肌瘤

口味类型	操作时间	难易程度
甜润	60分钟	★★

┃主料┃

地龙 30 克，莪术 10 克，鸡蛋 1 个。

┃辅料┃

枸杞 15 克，冰糖适量。

┃制作步骤┃

① 将地龙捡净杂质后，烘烤干透，然后用器具细细研成末状，备用。

② 鸡蛋外壳洗干净后，放入锅中煮八分钟左右，煮熟后剥掉蛋壳备用。

③ 将地龙、莪术、枸杞、鸡蛋放入锅中，加入适量清水，用大火煮沸。

④ 接着在锅中加入适量冰糖，转为中小火继续煮15分钟左右，即可出锅。

🍲煲汤小贴士

鸡蛋的挑选看起来简单，但也深藏着学问。在挑选鸡蛋时要仔细观察鸡蛋，鲜蛋的蛋壳上往往附着一层霜状粉末，蛋壳的颜色鲜明，气孔明显；而时间放久了的鸡蛋正好是与此相反的，有的还会有油腻的状况。

滋补功能

地龙具有通经活络的作用；莪术则具有消积止痛的功效；二者与滋阴补虚的鸡蛋一起搭配熬成的汤具有疏肝理气、清热息风、利尿通淋等诸多功效，能够防治子宫肌瘤等情况，所以比较适合女性日常食用。

王不留行牡蛎汤 ——疏肝理气，攻坚破瘀

┃主料┃

牡蛎 150 克，王不留行 7 克。

┃辅料┃

党参 3 克，枸杞、盐各适量。

┃制作步骤┃

❶牡蛎清洗干净放入沸水锅中，煮至牡蛎开壳，捞出后取出牡蛎肉备用。

❷枸杞挑拣除去杂质后，用清水清洗干净，然后浸泡在清水中备用。

❸将准备好的牡蛎肉、王不留行、党参、枸杞放入清水锅中，开火煮沸。

❹然后转为中小火继续熬煮 30 分钟左右，接着加入适量盐进行调味即可。

口味类型	操作时间	难易程度
咸鲜	60分钟	★★

煲汤小贴士

牡蛎的营养非常丰富，食用价值很高，一般人都可以食用牡蛎。不过需要注意的是，急慢性皮肤病患者、脾胃虚寒的患者，以及慢性腹泻便溏者则不宜多吃，也不能经常食用，否则容易加重病情。女性经期最好也不要食用。

滋补功能

牡蛎具有强肝解毒的作用；王不留行可以有效行血调经、消肿止痛。二者与党参等熬成的汤具有疏肝理气、攻坚破瘀的神奇食疗功效，患有子宫肌瘤的女性食用此汤可以在一定程度上缓解病情，并且还能达到护肤的食疗作用。

冬瓜鲤鱼豆腐汤 ——利水消肿，保养子宫

口味类型	操作时间	难易程度
鲜香	100分钟	★★

|主料|

鲤鱼1条，冬瓜200克，豆腐100克。

|辅料|

盐、葱、姜、料酒各适量。

|制作步骤|

❶ 鲤鱼刮去鱼鳞、去掉鱼鳃、清理干净肠肚后，用清水洗净擦干备用。

❷ 鲤鱼下油锅煎至金黄；冬瓜去掉外皮和瓜瓤，清洗干净后切为小块备用。

❸ 在锅中加适量水及姜、料酒，放入鱼用大火烧开，转小火慢炖至奶白色。

❹ 半小时后，将葱、姜、豆腐、冬瓜块放入汤中，小煮片刻，加少许盐调味即可。

煲汤小贴士

日常生活中，从外面买回来的鱼如果不立即进行烹饪食用的话，要将鱼冷冻后进行保存以免腐坏变质。冷冻前，要将鱼分条装入塑料袋中，逐一进行冷冻，在需要烹饪的时候，拿出进行解冻即可使用，如此能延长鱼的保质期。

滋补功能

鲤鱼可以补脾健胃、利水消肿；冬瓜能够帮助身体抗癌解毒；豆腐能够清热润燥。三者互相搭配熬成的汤能够达到利水消肿的作用，同时还能在一定程度上减少癌症的发生率，女性经常食用还可以达到保养子宫的目的。

雪莲花党参炖鸡 ——调经补血，温暖子宫

口味类型	操作时间	难易程度
鲜香	200分钟	★★

▮主料▮

整鸡1只，雪莲花1朵，薏苡仁50克，党参30克。

▮辅料▮

姜片、葱段、盐各适量。

▮制作步骤▮

❶党参、雪莲花择洗干净，分别切段，用纱布包好备用。

❷薏苡仁用清水淘洗后浸泡一小时左右，然后用另一个纱布包好。

❸鸡治净切块下入锅中，加入适量清水，然后把两个纱布包和姜、葱放入锅中。

❹大火烧沸，改文火炖2～3小时，将鸡肉、薏苡仁捞入碗中，加汤，用盐调味即可。

🍲煲汤小贴士

薏米虽然好，但因其性寒，不适合经期和孕期女性经常食用，尤其不适合长期大量食用，一般食用频率最好不要超过一周一次。长期大量单独食用薏米，容易导致肾阳虚，引起体质下降，造成抵抗力降低，严重的还容易导致不育不孕。

滋补功能

这款美味的汤饮中含有丰富的蛋白质、钙、锌等营养成分，可以起到调经补血、益气生津的作用。女性日常食用此汤，能够达到很好的温暖子宫的效果，并且还能够有效地改善皮肤粗糙的情况，适宜女性经常饮用。

益母草鸡蛋汤 ——活血散瘀，防治子宫出血

口味类型	操作时间	难易程度
甜润	90分钟	★★

主料

益母草 30 克，鸡蛋 2 个。

辅料

红糖适量。

煲汤小贴士

益母草买回家一次性用不完的话，要注意贮藏于防潮、防压、干燥的地方，以免受潮发霉变黑，同时也防止受压破碎，造成损失。此外，益母草的贮存期不宜过长，时间太长的话容易变色，其功效也容易受到影响。

制作步骤

❶ 将新鲜鸡蛋泡在清水中，反复搓洗，确保蛋皮上的脏污彻底清洗干净。

❷ 益母草择去杂质，在清水中浸泡洗净，用刀切成小段，沥干水备用。

❸ 汤锅中加入适量水，将益母草、鸡蛋下入锅内同煮，8 ～ 10 分钟后鸡蛋煮熟。

❹ 捞出鸡蛋，外壳去掉，再将鸡蛋放入此汤中，再煮 20 分钟，最后用红糖调味即可。

滋补功能

益母草具有活血通经的作用；鸡蛋能强身健体。所以二者相搭配熬成的汤具有活血调经、利尿消肿的良好作用，能够防止子宫肌瘤等病症，适合女性日常食用。此外，适当的饮食此汤也可以帮助女性调理月经不调等症状。

玫瑰升麻甲鱼汤 ——散邪解毒，活血祛瘀

口味类型	操作时间	难易程度
鲜香	200分钟	★★★

▍主料▍

玫瑰花 15 克，升麻 6 克，甲鱼 1 只。

▍辅料▍

姜、葱、料酒、盐各适量。

▍制作步骤▍

① 玫瑰花、升麻分别洗净；姜洗干净切为片；葱洗干净切为小段。

② 甲鱼宰杀后，烫皮、开壳、取内脏，清洗干净，在开水中氽烫后，切成小块备用。

③ 锅中加适量清水烧开，加入甲鱼、葱段、姜片、料酒烧开后，转小火炖 1.5 小时。

④ 加入备好的玫瑰花和升麻，用小火慢炖 1 小时左右，加盐调味即可。

煲汤小贴士

玫瑰花具有一定的美容功效，平日里时常适量饮用玫瑰花茶，可以使皮肤变得细腻滑润，适合皮肤粗糙者饮用，定期饮用玫瑰花茶还可以改善肤色。所以说玫瑰花不论是做汤还是泡茶，都是女性朋友的很好选择。

滋补功能

甲鱼可以抑制癌症的发生；升麻能够有效清热解毒；玫瑰花可以滋润养颜。三者相配熬成的汤具有益气补血、散邪解毒、活血祛瘀的良好效果，女性适量食用此汤可以帮助机体去除淤积、凝血等。

川归熟地肉桂鸡汤 ——养血调经，消肿除结

|主料|

当归、川芎各 12 克，熟地黄 24 克，肉桂 3 克，鸡肉 100 克。

|辅料|

姜片、盐、淀粉、料酒各适量。

|制作步骤|

① 将当归、川芎、熟地黄和肉桂分别浸泡清水中清洗干净，沥水备用。

② 鸡肉清洗干净，切为小片盛入碗中，加盐、姜片、淀粉、料酒抓匀腌制 20 分钟。

③ 汤锅加水，放入当归、川芎、熟地黄熬煮 40 分钟后，加入鸡肉炖至鸡肉熟。

④ 接着加入肉桂，再用小火继续煮 30 分钟，加入适量盐进行调味即成。

口味类型	操作时间	难易程度
鲜香	100分钟	★★

煲汤小贴士

在饮用此汤时要注意的一点就是，鸡肉中含有丰富的蛋白质，而蛋白质摄取过多容易加重肾脏的负担，因此有肾病的人应该尽量少吃一些，尤其是尿毒症患者，更应该禁食。

滋补功能

这款汤饮是款药膳汤，其中含有多种中药成分，具有补血滋阴、养肝益肾的功效。女性经常食用此汤可以起到养血调经、消除肿块的作用，进而可以有效预防子宫肌瘤等病症。

十全大补双肉汤 ——补气养血，暖宫驱寒

口味类型	操作时间	难易程度
鲜香	90分钟	★★

|主料|

母鸡1只，猪肉200克，党参3克，茯苓12克，白术12克，炙甘草6克，当归9克，川芎5克，熟地、白芍、黄芪各10克，肉桂2克。

|辅料|

姜、葱、盐、味精各适量。

|制作步骤|

① 党参、茯苓、白术、炙甘草、熟地、白芍、黄芪、肉桂、当归、川芎洗净装纱袋扎口。

② 母鸡治净、切块后与药袋一同入锅，加水适量，大火烧开，撇去浮沫。

③ 猪肉洗净，切片，加入汤锅中，并加葱、姜、料酒，改用文火煨炖至熟烂。

④ 捞出纱布袋放置一边，然后在汤中加入少许食盐、味精进行调味即成。

煲汤小贴士

我们在做汤时经常会用到各种肥肉和瘦肉，如何切肉，尤其是切肥肉也是很有讲究的。在切肥肉时，可以先将肥肉蘸一下凉水，然后放到案板上，一边切一边洒点凉水，这样切起来省力，肥肉也不会滑动，而且还不易粘案板。

滋补功能

此款汤中含有大量的滋补食材，营养较为均衡和全面，具有补气益血、暖宫驱寒、健胃益脾等多种食疗功效，女性在日常三餐当中适量饮用该汤，可以消除体内淤积，同时还能够有效预防子宫肌瘤等病症。

茯苓栗子枣冬薏仁汤 ——补脾利湿，消肿排毒

口味类型	操作时间	难易程度
甜润	90分钟	★★

▌主料▐

茯苓 15 克，栗子 100 克，红枣 10 颗，麦冬20 克，薏苡仁 120 克。

▌辅料▐

藕粉、白糖各适量。

▌制作步骤▐

① 茯苓、麦冬分别清洗干净；薏苡仁清洗干净后在清水中浸泡半小时。

② 红枣在清水中洗净泡发后，去掉核备用；栗子去掉核后洗净备用。

③ 锅中加水、茯苓、栗子仁、红枣、麦冬、薏苡仁，烧开后用小火炖至薏苡仁熟烂。

④ 改用大火继续炖煮，并加入适量白糖，同时加入适量藕粉和枸杞即可。

煲汤小贴士

藕粉的冲调有一定的技巧：在冲调藕粉时为了能够使藕粉变得稠一些，最好先加少量温水将藕粉充分化开，搅匀后再慢慢地加入滚烫的开水，一边加一边匀速搅拌，最后藕粉就会变成透明的胶状。

滋补功效

这道汤品不仅味道甜润可口，同时还具有补脾利湿、消肿排毒、强身健体的良好功效。女性在日常三餐中适量食用该汤，可以帮助身体消解血瘀，在一定程度上缓解子宫肌瘤等妇科疾病。此外，其还能调节气血，防治四肢乏力等症状。